DICIONÁRIO DE CIÊNCIA AMBIENTAL
UM GUIA DE A a Z

Tudo o que você precisa saber
sobre como salvar o nosso planeta

H. Steven dashefsky

Tradução
Eloisa Elena Torres

© H. Steven Dashefsky, 1995

Título no Original
ENVIRONMENTAL LITERACY

Publicado em Língua Inglesa
RANDOM HOUSE

3ª EDIÇÃO, 2003
2ª REIMPRESSÃO, 2007

Diretor Editorial
JEFFERSON L. ALVES

Diretor de Marketing
RICHARD A. ALVES

Assistente Editorial
ALEXANDRA COSTA DA FONSECA

Assistente Produção
FLÁVIO SAMUEL

Preparação de Texto
RONALDO A. DUARTE

Revisão
ALBERTINA PEREIRA LEITE PIVA
ELIANE DE ABREU MATURANO SANTORO

Capa
EDUARDO OKUNO
MAURÍCIO NEGRO

Editoração Eletrônica
ANTONIO SILVIO LOPES

Dados Internacionais de Catalogação na Publicação (CIP)
(Câmara Brasileira do Livro, SP, Brasil)

Dashefsky, H. Steven
Dicionário de ciência ambiental / H. Steven Dashefsky ; l
3ª ed. – tradução Eloisa Elena Torres l. – São Paulo : Gaia, 2003.

Título original: Environmental literacy.
Bibliografia.
ISBN 85-85351-65-9

1. Ciência ambiental – Dicionários – I. Título.

| 97-5711 | CDD– 363.7003 |

Índices para catálogo sistemático:
1. Ciência ambiental : Dicionários 363.7003

Direitos Reservados

EDITORA GAIA LTDA.
(pertence ao grupo Global Editora
e Distribuidora Ltda.)

Rua Pirapitingüi, 111-A – Liberdade
CEP 01508-020 – São Paulo – SP
Tel.: (11) 3277-7999 – Fax: (11) 3277-8141
e-mail: gaia@editoragaia.com.br
www.editoragaia.com.br

Colabore com a produção científica e cultural.
Proibida a reprodução total ou parcial desta obra
sem a autorização do editor.

Nº DE CATÁLOGO: **1972**

AGRADECIMENTOS

Gostaria de agradecer às mais de seiscentas organizações ambientais por seu acervo literário e valorosa consultoria, e à minha mulher, pelas incontáveis horas em que me ajudou a preparar o manuscrito, e por apoiar inteiramente este projeto.

Para Lindsay e Kim

PREFÁCIO

Nosso planeta tem sido comparado a uma nave espacial, e a analogia é especialmente pertinente quando consideramos os ocupantes dos dois ambientes. Tanto os astronautas quanto os habitantes da Terra devem confiar na integridade de suas naves para sobreviver e aproveitar, da melhor maneira, os recursos a bordo. A maioria das pessoas consideraria que os astronautas correm mais risco do que aqueles que vivem aqui embaixo. Mas quem está realmente numa situação mais perigosa?

Os astronautas sabem exatamente aquilo que podem e não podem fazer enquanto estiverem vivendo naquele ambiente. Eles sabem que botões devem apertar para manter a temperatura ambiente de sua nave, de onde vem a sua comida e que destino dar a seus resíduos. Por outro lado, entre nós, temos uma percepção muito pequena das conseqüências que podemos gerar quando apertamos os controles. Estamos apenas começando a descobrir como usar os recursos e qual o impacto de nossos resíduos sobre o mundo. Não tivemos o privilégio de fazer vôos simulados ou aprender previamente os procedimentos emergenciais em caso de pane. A nave Terra não veio com um manual de instruções e, dessa forma, temos de escrever um à medida que viajamos.

Criar essas instruções será uma tarefa difícil. Os cientistas devem primeiramente chegar a um acordo sobre o que é necessário ser feito. Depois devemos apoiar essas novas iniciativas, incorporá-las ao nosso modo de vida e convencer os políticos a aprovarem legislações que assegurem um compromisso de longo prazo, no sentido de preservar a integridade do nosso planeta.

O principal objetivo deste livro é ajudar você a tomar decisões acertadas. Seja criando seu próprio conjunto de prioridades, escrevendo para parlamentares exigindo uma legislação seja votando em leis específicas, seu julgamento deve estar baseado na realidade. As decisões que você tomar irão se tornar parte do manual de instruções que determinará o destino de nossa nave.

Tomar decisões ambientalmente pertinentes e manter-se envolvido é difícil. À medida que você lê ou assiste às notícias diárias, depara com vários assuntos relacionados ao meio ambiente. Lá estão as mais recentes crises ecológicas exigindo atenção, novas e pendentes legislações em nível local, estadual ou federal a serem debatidas, e políticos eleitos que são escolhidos ou não para ocuparem um cargo. Se você decide tomar parte em algum assunto particular, deve fazer isso logo já que a maioria desses assuntos passa rapidamente pelos refletores, com uma chance muito pequena de incorporar nossas opiniões.

A maioria de nós não tem tempo de pesquisar um tema. Mesmo as pessoas que querem aprender sobre as questões ambientais e tomar alguma atitude estão freqüentemente ocupadas com seus afazeres. Tornar-se e permanecer ambientalmente informado é difícil por muitas razões. A Ecologia, por definição, é o estudo das inter-relações. Para compreender um determinado tema ambiental você talvez precise pesquisar em livros de Biologia, Química, Geologia, Física, Sociologia, Engenharia, Agricultura e publicações de leis para levantar todos os dados. Mesmo assim, você não estará vendo o quadro completo, apenas as peças que devem ser combinadas e analisadas como um todo. Este livro foi projetado para tratar de temas ambientais, não de disciplinas individuais. Todos os tópicos são examinados a partir de uma perspectiva ecológica com explicações destinadas a pessoas leigas.

Existem outros problemas que você pode encontrar enquanto tenta se manter informado. Muitos termos importantes ou frases que você escuta ou lê não são encontrados num dicionário padrão ou em enciclopédias. Isso ocorre por duas razões. A primeira é que muitas das frases usadas no movimento ambiental de hoje são novas e desconhecidas. São necessários anos de uso para que frases ou termos sejam aceitos pela nossa língua. Nós não temos tempo a perder, uma vez que o entendimento desta terminologia é importante agora.

Muitos cientistas e líderes altamente respeitados dão algo em torno de 40 anos para que mudemos nosso caminho antes que seja tarde demais. Mesmo que algumas dessas terminologias mudem completamente em poucos anos e nunca sejam aceitas como parte de nossa língua, a relevância desses termos torna-os demasiadamente importantes para serem ignorados. Este livro inclui verbetes considerados importantes mas que não são encontrados em qualquer outra obra de referência.

A especificidade é a outra razão de muitas frases e termos ambientais serem difíceis de pesquisar. Muitos desses tópicos são focalizados de forma tão estrita que ficariam inadequados em qualquer outro texto de referência. O mesmo acontece com muitas pessoas, organizações, atos legislativos e leis que se relacionam com essas questões. Todos esses verbetes estão incluídos neste livro e se destinam a qualquer pessoa que esteja interessada no meio ambiente.

Os problemas ecológicos são naturalmente complexos e geralmente controversos. A única maneira de a maioria das pessoas, mesmo daquelas com um interesse inato, permanecerem atentas e atualizadas é a informação ser rapidamente acessível e facilmente entendida. Esta obra de referência foi elaborada para proporcionar exatamente isso.

Este livro traduz os fatos numa linguagem simples, e desta forma você pode tomar suas decisões sobre o modo de gerir nosso meio ambiente. A informação é apresentada de maneira clara, concisa e fácil de ler, além de ter sido escrita para pessoas com pouca ou nenhuma educação formal em ciências ambientais. Cada verbete foi elaborado para, em primeiro lugar, fornecer uma informação básica e, se necessário, uma informação específica sobre o tópico, a partir de uma perspectiva ambiental.

COMO USAR ESTE LIVRO

Imagine-se recortando as páginas de um dos muitos livros sobre meio ambiente existentes no mercado, rearranjando-as e colando-as na seqüência de sua preferência. Você descartou aquelas páginas que não lhe interessavam e recolheu as que considerou mais importantes. É claro que você não desejaria fazer isso, nem tem de fazê-lo.

Todo mundo tem seus próprios interesses e prioridades, e é difícil encontrar um livro feito sob medida para suas necessidades. *Dicionário de Ciência Ambiental* oferece um modo alternativo de ler sobre nosso meio ambiente. Ele foi concebido para fluir de acordo com seus interesses, quaisquer que sejam eles, abrindo novas portas a cada passo do caminho. Ler este livro deve ser como uma experiência de aprendizado livre, com cada tópico sugerindo um convite para o próximo.

A melhor maneira de começar a leitura deste livro é folhear aleatoriamente suas páginas. Quando um verbete chamar sua atenção, leia-o e observe as palavras em negrito, pois elas também são verbetes. Essas palavras conduzirão a novos tópicos de interesse, permitindo que você se aprofunde sobre aquele tópico ou fornecendo material básico para um melhor entendimento. Outros verbetes relacionados também estão listados. Deixe que cada verbete guie você para o próximo, criando sua própria direção, de acordo com a leitura e a experiência de aprendizado.

Este livro pode também ser usado como referência e é uma fonte obrigatória para termos e temas ambientais. A Lista de Verbetes (página 291) pode ajudá-lo a encontrar um determinado termo ou frase. Ou, se você preferir uma orientação mais direcionada, veja Uma Nota Especial para Educadores, na página 281.

UMA NOTA AO LEITOR

Muitos nomes e frases são mais conhecidos pelos seus acrônimos. Por exemplo, Diclorodifeniltricloroetano é mais conhecido como DDT. Outro exemplo são os clorofluorcarbonos, conhecidos como CFCs. Palavras como essas são listadas abaixo de seus acrônimos.

As palavras em negrito, que indicam serem elas mesmas verbetes, podem não estar exatas. Por exemplo, **resíduo de pesticida** dentro de um verbete remete você para o verbete **resíduos de pesticida nos alimentos**.

INTRODUÇÃO

Já faz mais de 30 anos que **Rachel Carson** escreveu *Silent Spring* (*Primavera silenciosa*), a semente que se transformou gradativamente num movimento de ação nacional. Poucos anos depois, milhões de pessoas embarcaram no festivo movimento ambiental que culminou no primeiro **Dia da Terra**, em 1970. As pessoas sentiam-se dinâmicas e motivadas à medida que centenas de organizações difundiam as questões de conservação do meio ambiente. Uma montanha de livros foi publicada abordando temas que iam desde a ética ambiental e a ecoestática até como construir abóbadas geodésicas, além do então proposto transporte supersônico. As pessoas monitoraram o nível de **chumbo** na gasolina, o **DDT** nos **pesticidas**, e compararam a população mundial com uma bomba relógio aguardando a hora de explodir. Houve um grande interesse em saber se a temperatura global iria gradualmente subir devido ao **efeito estufa** ou se iria esfriar devido aos poluentes acumulados nas altas atmosferas, causando outra idade do gelo.

Foi como se todo mundo tivesse descoberto a **Ecologia**. Mas, então, aconteceu uma coisa curiosa. O entusiasmo começou a esmorecer. O interesse pelo meio ambiente declinou e depois passou lentamente para segundo plano. O interesse fundamental nunca terminou, mas o ativismo sumiu. A legislação começou a relaxar muitas das leis destinadas a proteger nosso meio ambiente. E não é que, subitamente, 20 anos mais tarde, a Ecologia está de volta! Onde esteve ela nos últimos 20 anos? Temos novas ameaças de **aquecimento global, depleção de ozônio, chuva ácida**, e outro Dia da Terra em 1990. Nós agora temos *ecosacs, ecopacs* (embalagens ecológicas) e **Ecologia profunda**. As fontes de **energia alternativa** e a arquitetura ambientalmente apropriada chamam nossa atenção mais uma vez.

Existe um sério problema a caminho. Gostamos de nos entusiasmar com as coisas quando existe um movimento festivo nos motivando. As novidades podem ser divertidas, e não há nada de errado em participar de festividades. Entretanto, o problema é que o impacto que o homem causa no nosso planeta não é uma novidade passageira. Nossa **biosfera** continua a sofrer um lento, penoso e constante processo de deterioração. Os problemas ambientais que existiam há 20 anos ainda existem hoje.

Lamentavelmente, a mãe Terra não é uma novidade nem ressurge a cada ciclo de 20 anos. Embora nosso interesse por uma limpeza geral do meio ambiente pareça atingir o máximo a cada ciclo de poucas décadas, continuamos a poluir e danificar nosso frágil **ecossistema** ao longo dessas mesmas décadas. Esses problemas devem ser tratados hoje, amanhã, e enquanto for possível resolvê-los, e digam respeito a todo mundo.

Algumas pessoas querem preservar nosso meio ambiente por razões puramente intrínsecas, mesmo que não haja qualquer ameaça a nossa maneira de viver. Mas nós não precisamos decidir se os valores intrínsecos são razões suficientes. As mudanças que estamos fazendo em nosso planeta ameaçarão nossa existência caso não sejam corrigidas. Você não tem de ser um ambientalista para salvar nosso planeta — você apenas precisa querer sobreviver.

UMA QUESTÃO DE RECURSOS

Existem muitas razões pelas quais nós chegamos a uma crise ambiental. Antes de tudo é uma questão de recursos — os recursos do homem.

Recursos são aquilo que um determinado organismo necessita para sobreviver como indivíduo e como população. Cada forma de vida requer sua própria cadeia de recursos, cada qual com sua própria perspectiva. O que é recurso para um organismo pode ser o resíduo de outro organismo. Um esquilo precisa de certos tipos de castanhas para se alimentar, árvores para abrigar-se e galhos e folhas para construir seu ninho. Os resíduos do esquilo podem ser alimento para outro organismo.

Cada espécie é impedida de exceder sua demanda sobre esses recursos devido a um complexo conjunto de controles e equilíbrios naturais. Dependendo do nível de formação técnica, esses controles e equilíbrios podem ser denominados "mãe natureza", **cadeia de alimentos** com mecanismos de retroalimentação ou homeostase. Todos significam a mesma coisa – todas as espécies são mantidas sob controle e o equilíbrio é mantido.

Uma repentina abundância de certo tipo de planta resulta num dramático crescimento da população de insetos que se alimenta daquela planta. O aumento da população de insetos rapidamente conduz à redução daquela população de plantas. A conseqüente diminuição dessas plantas restabelece a população original dos insetos. Isso pode soar extremamente simples, mas demonstra perfeitamente o equilíbrio da natureza.

Poucos milhares de anos atrás, o homem era parte desse sistema, usando um número limitado de recursos para sustentar a vida e seguindo o mesmo conjunto de controles e equilíbrios que todas as outras formas de vida. Mas, quando o homem começou a desenvolver sofisticadas tecnologias, ele não só deixou de fazer parte do sistema como passou a controlá-lo. Nós agora consideramos a biosfera inteira como recursos nossos.

O CONSUMIDOR FINAL

Nós nos transformamos em **consumidores** finais e temos feito desse fato o ponto central da nossa sociedade. Temos movimentos de consumidores, união de consumidores e consumismo. Os norte-americanos são os mais agressivos, consumindo cerca de 30% dos recursos mundiais embora representem apenas 6% da população mundial.

O termo "consumidor" exemplifica melhor que qualquer outro o modo pelo qual nos distanciamos da natureza. Recordando o seu curso de Biologia do segundo grau, um consumidor é um organismo que come seu alimento, em vez de produzi-lo. Os consumidores obtêm seus alimentos comendo os **produtores**, as plantas verdes, que usam a energia do Sol para produzir alimento. Os consumidores primários obtêm sua comida diretamente comendo plantas, enquanto os consumidores secundários alimentam-se de animais que comem plantas.

Todos os consumidores, com exceção do homem, preenchem um pequeno **nicho**; ajustam-se perfeitamente em intrincadas cadeias alimentares; usam um número limitado de recursos; e respeitam os controles e equilíbrios naturais que impedem cuidadosamente que qualquer espécie tente explorar excessivamente a terra.

Apenas o homem tem o poder de consumir sem controle os recursos naturais. Ele **desmata** as florestas, **minera** a terra e colhe os frutos dos oceanos com grandes **redes de pesca**. Ele pode devastar milhares de hectares de terra para cultivar um único tipo de plantação. Mais impressionante do que criar um ambiente instável é sua capacidade de impô-lo. Quando catástrofes naturais, como a erupção do Monte Santa Helena, devastam uma área, a natureza lentamente reconduz a área a um estado de equilíbrio. Mas quando nós limpamos a terra para semear nossas plantações, usamos **pesticidas**, **herbicidas** e **fertilizantes** para manter esse ambiente instável e artificial.

O PERIGO QUE VEM DE DENTRO

Nós temos sido capazes de subjugar o sistema por um longo tempo, com um impacto aparentemente pequeno. Recentemente, entretanto, tornou-se óbvio que existem sérios perigos nesse controle que podem tornar-se desastrosos para todas as formas de vida, incluindo o homem. Podemos dividir esses perigos potenciais em duas categorias – a exploração dos recursos e a **poluição** resultante dessa exploração. Ambas não precisam necessariamente destruir nosso planeta, se o dano for mantido dentro de certos limites. A natureza possui uma capacidade de recuperação espantosa e habilidade para equilibrar os desvios que ocorrem.

Mas nós não seguimos qualquer critério. A quantidade de poluentes que despejamos no ar, na água e no solo é assombrosa, e a velocidade com a qual poluímos e exploramos provoca falhas no sistema natural. A natureza trabalha lentamente, e as mudanças se estabilizam lentamente. Por exemplo, a transição de uma área que passa de um ecossistema simples a um ecossistema complexo, denominada **sucessão**, leva centenas de anos para ser concluída. O homem, entretanto, muda um ecossistema inteiro em questão de dias e descarrega toneladas de resíduos em poucos minutos.

Exploramos nossos recursos, impomos essa exploração, poluímos a biosfera e, apesar disso, muitas pessoas não percebem a crise ambiental. Por quê? O homem está acostumado a reagir rapidamente às mudanças, mas a natureza responde lentamente – muito lentamente para que o homem note. Temos grande dificuldade em despertar nosso interesse por qualquer evento que não se conclua dentro do nosso breve espaço de atenção. E essa é a razão básica de os problemas ambientais de poucas décadas atrás terem se transformado na crise de hoje. O dano que estamos infligindo à Terra está ocorrendo a passos rápidos, mas a resposta da Terra é lenta. Observar as mudanças deveria ser como assistir ao crescimento de uma planta. Nós temos um espaço de tempo muito curto para fazê-lo e só nos tornamos conscientes quando a planta começa a morrer. Se você for observador, pode ver sintomas óbvios de que o problema surgiu muito antes de a planta morrer.

A RESPOSTA TECNOLÓGICA

Muitas pessoas acreditam que a tecnologia é a resposta para os nossos problemas, e em muitos casos elas estão corretas. Tecnologias novas e aperfeiçoadas têm permitido à espécie humana proezas que há poucas décadas teriam sido consideradas extraordinárias. Quando existe uma ameaça iminente à destruição do meio ambiente, a tecnologia parece vir em nossa salvação. Uma escassez mundial de alimentos foi contida por tecnologias agrícolas tais como pesticidas e **plantações resistentes** a pragas, sofisticados equipamentos de colheita e sistemas de **irrigação** que nos têm permitido aumentar dramaticamente nossos recursos alimentares em menores áreas de terra. A safra mundial de grãos aumentou quase 2,5 vezes desde 1950, e podemos produzir um frango de cerca de 2,3kg com menos de 4kg de ração. A tecnologia tem afetado todos os setores da sociedade e da nossa vida. A Medicina moderna pode melhorar a qualidade de nossas vidas e aumentar sua longevidade.

Nossos sucessos, contudo, não deveriam nos tranqüilizar complacentemente em relação aos nossos problemas. É ingênuo acreditar que a tecnologia é uma panacéia para todos os nossos infortúnios e que ela não trará sua contrapartida de problemas e imperfeições. Ela é uma faca de dois gumes que pode tanto nos destruir quanto nos salvar. A tecnologia pode explorar nossos recursos na terra e nos mares, freqüentemente com um impacto devastador. Ela pode causar uma enormidade de problemas que vão desde **resíduos tóxicos no ar, água e solo** até **aterros sanitários** que transbordam de produtos não-biodegradáveis e substâncias tóxicas. E, na pior das hipóteses, ela pode provocar doenças agudas e crônicas, ou até mesmo a morte, tal como acontece devido a alguns pesticidas e **resíduos perigosos.**

Nós podemos estar demasiadamente otimistas quanto ao fato de a tecnologia sempre nos salvar no último momento – tal como a cavalaria norte-americana subindo pelas colinas. Com a população mundial aumentando em cerca de 80 milhões de pessoas a cada ano e provavelmente excedendo a 6 bilhões por volta do ano 2000, os desgastes que causamos ao nosso planeta exigirão que a tecnologia produza resultados acerca dessa assustadora, senão absurda, escalada.

Outro fato desconcertante sobre a tecnologia é a nossa incapacidade de implementar tecnologias úteis, quando elas já se encontram disponíveis. Existem muitas tecnologias que, se fossem amplamente utilizadas, melhorariam consideravelmente nossos atuais problemas ambientais. Muito menos combustíveis fósseis precisariam ser usados para aquecer as casas se usássemos a mesma tecnologia de superisolantes encontrada em algumas partes do Canadá, ou se desenvolvêssemos os recursos da **energia solar**, como no Japão e em Israel. Poderíamos usar apenas uma fração dos pesticidas que envenenam nosso planeta se uma efetiva técnica de **gestão integrada contra pragas** fosse testada e aprovada. Essas e muitas outras tecnologias não são largamente utilizadas porque não aceitamos mudar nossa maneira de viver até que o problema se torne grave. Nós precisamos ser constantemente lembrados de que é muito melhor resolver um problema antes de ele se transformar numa crise.

Apenas desenvolver uma tecnologia para um problema não significa necessariamente resolvê-lo. A mesma inteligência que foi empregada para criar a tecnologia tem de ser usada para implementá-la, complementá-la com soluções não-tecnológicas e aceitar as imperfeições que ela possa apresentar, para que as alternativas sejam encontradas.

abertura de clareira Trata-se de um método de derrubada de florestas no qual todas as árvores de uma região são cortadas. Esse é um dos métodos mais antigos de desmatamento, usado mundialmente. A abertura de clareira é econômica para a indústria madeireira, mas devastadora para a floresta. Quando grandes extensões são abertas na floresta, o hábitat de muitos animais é eliminado e o ecossistema da região inteira é afetado. A abertura de clareira, principalmente em terrenos inclinados (íngremes) e onde a rebrota é lenta, provoca a **erosão do solo**, tornando a restauração impossível para o ecossistema. Acredita-se que a abertura de clareiras por todo o planeta afeta o equilíbrio do dióxido de carbono em toda a **biosfera**. O uso de abertura de clareira nas florestas nacionais dos Estados Unidos tem provocado a ira dos ambientalistas, que estão tentando impedir mais essa destruição.
A abertura de clareira em extensões relativamente pequenas de florestas, situadas em regiões com relevo suave e com processo de rebrota rápido, tem sido realizada com sucesso por décadas. Essa abertura de clareira diminuta remove apenas trechos da floresta, deixando a vegetação vizinha intocada. Isso produz menos danos aos hábitats dos animais e dificilmente provoca a erosão do solo. (Veja *Serviço Florestal, passado e presente; Desmatamento*)

abertura de clareira diminuta Veja *Abertura de clareira*

abiota Um **ecossistema** consiste em dois componentes principais interagindo entre si. A biota é o componente vivo (plantas e animais) e a abiota é o componente não-vivo, que inclui o solo, a água e o ar. (Veja *Biosfera*)

aclimatada Refere-se a espécies de plantas que se desenvolvem em estado selvagem mas que, acredita-se, foram originalmente introduzidas pelos seres humanos, com o objetivo de cultivo. (Veja *Espécie exótica; Endêmico*)

adubo de origem humana Refere-se às fezes humanas usadas algumas vezes como **fertilizante orgânico**, em países subdesenvolvidos.

adubo verde É um dos três tipos de **fertilizantes orgânicos**. Refere-se a qualquer planta que é misturada ao solo para melhorar a sua fertilidade. Aumenta a quantidade de matéria orgânica disponível para o desenvolvimento da próxima plantação. Os tipos mais usados de adubo verde incluem qualquer planta silvestre que se desenvolveu em um campo não-cultivado e que possa ser revolvida no solo, gramíneas rasteiras revolvidas no solo a ser cultivado ou plantas que ajudam a fixar o nitrogênio, como a alfafa, que é plantada para enriquecer o solo. (Veja *Fixação do nitrogênio*)

Aerobiologia Estudo de organismos, como **bactérias** e **algas**, ou células reprodutivas, como germes e pólens, que flutuam livremente através do ar.

Agência de Proteção Ambiental (EPA - Environmental Protection Agency) Começou a funcionar em dezembro de 1970. Seu objetivo era consolidar as atividades ambientais federais que estavam sendo realizadas por numerosas agências. A EPA foi autorizada a monitorar a **poluição da água** e do ar, e os **pesticidas**. Também é responsável pelo monitoramento do descarte de **resíduo sólido municipal**, **resíduos perigosos** e **resíduos radioativos**. Sua administração está localizada em Washington DC, e existem dez outros escritórios regionais espalhados pelos Estados Unidos. (Veja *Agência de Proteção Ambiental, passado e presente*)

Agência de Proteção Ambiental, passado e presente Antes de 1970, os Ministérios do Interior e da Agricultura dos Estados Unidos controlavam os problemas de poluição em nível federal, e ocasionalmente o Congresso norte-americano debatia a legislação ambiental. No final da década de 1960, os norte-americanos chegaram à conclusão de que a saúde de nosso planeta estava intimamente relacionada com a saúde e o bem-estar dos seres humanos, e que os debates federais simplesmente não seriam satisfatórios. Poucos meses depois do primeiro **Dia da Terra**, realizado em 22 de abril de 1970, tiveram início os planos para criar a Agência de Proteção Ambiental norte-americana.

Em janeiro de 1971, a EPA foi legalizada para "lutar pela formulação e implementação de ações que conduzam a um equilíbrio entre as atividades humanas e a capacidade dos sistemas naturais em suportar e sustentar a vida". Com um orçamento de 3 bilhões de dólares, uma equipe de trabalho composta por 7.000 funcionários e William Ruckelshaus, como seu primeiro administrador, a EPA começou a trabalhar.

A primeira década da EPA foi de impulso e progresso. Algumas das suas realizações foram: 1) Em 1970, o Congresso norte-americano aprovou uma emenda ao **Estatuto do Ar Limpo**, concedendo à EPA a responsabilidade de estabelecer os padrões de qualidade para cada poluente. 2) Em 1972, o

Agência de Proteção Ambiental, passado e presente

Congresso norte-americano aprovou o Estatuto do Controle de Poluição das águas, permitindo que a EPA estabelecesse os padrões de qualidade da água e regulasse a **poluição da água**. A EPA denunciou agressivamente os infratores ao Ministério da Justiça. 3) Em 1976, o **Estatuto de Recuperação e Conservação dos Recursos** foi aprovado pelo Congresso norte-americano, que determinou que cabia à EPA prevenir os problemas relacionados com os **resíduos perigosos** provenientes das indústrias.

Em 1978, o **Canal do Amor** mostrou ao público norte-americano a magnitude dos problemas relacionados com os resíduos perigosos e que não podiam mais ser evitados, uma vez que já existiam. O público começou a perceber que havia milhares de outros "canais do amor". Como resposta, em 1980, o Congresso norte-americano aprovou o Estatuto de Amplo Compromisso, Responsabilidade e Compensação Ambiental – mais conhecido como **Superfundo**. Esse fundo se destinava a ajudar a pagar o manejo e a limpeza dos locais atingidos pelos resíduos perigosos. A EPA não só era responsável pela prevenção da poluição, mas também pela limpeza. Foi criada uma Lista de Prioridade Nacional dos locais a serem limpos e as coisas começaram a mudar na EPA e na percepção pública acerca dessa instituição. Os avanços da EPA foram freados e passaram a retroceder no começo de 1980, sob uma nova administração. O então presidente norte-americano, Ronald Reagan, achava que o bem-estar ambiental era incompatível com o bem-estar econômico e trabalhou para que muitas das conquistas da EPA fossem revistas. O Escritório de Gestão e Orçamento foi instruído para revisar o impacto econômico de todas as regulamentações propostas pela EPA. A nova administradora nomeada para a EPA, Anne Gorsuch, cortou a verba da EPA em 50% e reduziu o número de seus funcionários em mais de 25%. O número de violações ambientais denunciadas pela EPA ao Ministério da Justiça diminuiu em quase 70% nos dois primeiros anos dessa administração. Em 1984, contudo, o Congresso norte-americano ampliou as funções do Estatuto de Recuperação e Conservação dos Recursos e, em 1986, aumentou a verba para o Superfundo e aprovou o **Estatuto da Água Limpa**. Respondendo à preocupação do público com a existência da EPA e com o meio ambiente, William Ruckelshaus voltou à direção da EPA, em um esforço para reconquistar a confiança pública e melhorar a moral interna.

As principais mudanças foram realizadas em meados da década de 1980 e deixaram muitos ambientalistas preocupados. O método pelo qual as **avaliações de riscos** sobre resíduos perigosos eram determinadas mudou para refletir uma crescente boa vontate em aceitar certos níveis de perigo baseados na importância econômica de uma substância.

Em 1989, William Reilly foi nomeado diretor da EPA, o que agradou a muitos **ambientalistas**. Suas realizações foram muitas a princípio, mas pouco depois

Agenda 21

seus avanços foram contidos pela administração da Casa Branca. As divergências se tornaram públicas durante a **Cúpula da Terra**, no Brasil, quando ele e o presidente dos Estados Unidos apresentaram diferentes opiniões sobre quais notas (faturas) e tratados deveriam ou não ser assinados.

Durante o final da década de 1980, o governo Bush ampliou a importância da economia sobre o meio ambiente, usando o **Conselho do Presidente para a Competitividade** como uma arma. Esse conselho, junto com o Escritório de Gestão e Orçamento, reviu e reescreveu as regulamentações ambientais que contrariassem os interesses empresariais (embora entre os membros do conselho não figurasse nenhum especialista em meio ambiente). O conselho determinou novos padrões de poluição, permitindo que as indústrias aumentassem os níveis de poluentes, sempre que considerassem necessário. Redefiniu o conceito de **terras úmidas** para excluir milhares de hectares identificados como tais pelos cientistas e vetou uma proposta para reciclar baterias de automóveis, a principal causa do **envenenamento por chumbo**. Ao final de 1992, a EPA tinha dez escritórios regionais, uma equipe de 17.000 funcionários e um orçamento de aproximadamente 6 bilhões de dólares.

Agenda 21 Um dos cinco documentos produzidos durante a **Conferência da Terra**, no Rio de Janeiro, em junho de 1992, ela é o documento mais amplo, contendo mais de 900 páginas, divididas em 40 capítulos. Um dos assuntos da Agenda 21 é a maneira pela qual os muitos projetos necessários para assegurar a sobrevivência do nosso planeta serão financiados. Alguns dos principais pontos discutidos nesse documento são: pobreza, mudança nos padrões de consumo, população, saúde humana, políticas para o desenvolvimento sustentado, proteção da atmosfera, resíduos perigosos, salvaguarda dos recursos oceânicos e promoção da consciência ambiental. O documento foi adotado por consenso.

agente laranja Era uma mistura, comumente usada, de dois **herbicidas**. Os tambores que continham essa substância geralmente possuíam faixas laranja brilhantes, de onde derivou o seu nome. Durante a guerra do Vietnã, mais de 100 milhões de toneladas de Agente Laranja e outros herbicidas foram despejados no sudoeste da Ásia para desfolhar áreas florestais e, dessa forma, expor o inimigo. Entre 1965 a 1970, quando os Estados Unidos interromperam o uso, cerca de 50.000 pessoas do corpo militar dos Estados Unidos e um número desconhecido de vietnamitas foram expostos à substância.

Descobriu-se que o agente laranja foi contaminado pela **dioxina**, uma substância altamente tóxica. A exposição ao herbicida contaminado foi considerada a provável causa das doenças desenvolvidas por muitos veteranos de guerra. Em 1984, uma ação judicial resultou na compensação das vítimas, por parte dos fabricantes. (Veja *Pesticidas*)

água

agente patogênico Refere-se a organismos que provocam doenças.

agricultura sustentada Muitas práticas agrícolas utilizadas atualmente contaminam o solo e a água com **fertilizantes** e **pesticidas** sintéticos. A **erosão do solo**, a **salinização** e a **impermeabilização** são efeitos colaterais dessa agricultura. O custo da produtividade a curto prazo é a destruição da terra a longo prazo. A agricultura sustentada tenta estabelecer um relacionamento contínuo com a terra, resultando em produtividade a longo prazo, com poucos efeitos prejudiciais.

A agricultura sustentada utiliza os mais recentes avanços tecnológicos e antigas práticas agrícolas para assegurar o uso continuado da terra e menos danos ao meio ambiente. A pesquisa contínua no campo da agricultura sustentada não é uma idéia "interessante", mas algo economicamente viável para o agricultor assim como um benefício para todos.

Muitas universidades que recebem ajuda financeira do governo norte-americano estabeleceram programas de "agricultura sustentada de baixo custo", com financiamentos do governo federal destinados à pesquisa. Muitos aspectos da agricultura sustentada são semelhantes às técnicas de **agricultura orgânica**, mas numa escala maior. Elas incluem uma combinação de práticas agrícolas antigas, tais como a **rotação de culturas** e o **cultivo de superfície**, com novas tecnologias que utilizam plantas, criadas geneticamente, que resistem a pragas e secas. O **manejo integrado de pragas** também é usado na agricultura sustentada para reduzir o uso de pesticidas.

água Recurso mais abundante e importante do nosso planeta. As estimativas indicam que a quantidade total de água, em todas as suas formas, na **biosfera** é de 1,362 sextilhão de litros; não é por acaso que a Terra é chamada de planeta água. Mais de 97% de toda a água encontra-se nos oceanos e é comumente chamada de água salgada. Os 3% restantes compõem-se de água doce. Cerca de 2% encontram-se nas geleiras e 0,5% são **águas subterrâneas**; apenas 0,2% são águas superficiais (correntes, rios, poços, lagos e reservatórios); 0,1% está no solo, e menos do que isso encontra-se na atmosfera. A água cobre mais de 70% da superfície da Terra e é um componente majoritário no controle do clima por reter grande quantidade de calor. Ela é essencial a todas as formas de vida, que são compostas principalmente de água.

A água atravessa o ciclo hidrológico ou **ciclo da água**, que continuamente reabastece os suprimentos de água doce, fundamentais para a maioria das formas de vida. A despeito da grande quantidade de água existente, a água doce é um recurso escasso em muitas partes do mundo, inclusive em muitas áreas dos Estados Unidos, onde ela é utilizada na **irrigação**.

A água disponível para o consumo humano (água doce) divide-se em **águas subterrâneas** e **águas superficiais**. Muitas das águas superficiais já estão

água potável

poluídas e muitos aqüíferos subterrâneos estão ficando contaminados, o que torna essas águas inadequadas para o consumo humano. Os **aqüíferos** subterrâneos estão se exaurindo, principalmente devido a um processo de irrigação chamado de **mineração de água**.

água de beber Na maioria dos **países subdesenvolvidos**, a água de beber é rara e as doenças veiculadas pelas águas são comuns. E muitos dos países mais desenvolvidos também são afetados por esse problema. Nos Estados Unidos, cerca de metade da água potável é proveniente de **águas subterrâneas** (poços) e a outra metade, das **águas superficiais** (lagos, rios etc.). Centenas de comunidades têm registrado, nos últimos anos, surtos de doenças veiculadas pela água. Algumas são causadas pelos altos níveis de bactérias e outros micróbios, mas outras são provocadas por contaminantes tais como **pesticidas, metais pesados**, radioatividade, aditivos de gasolina e solventes de limpeza, encontrados nos mananciais de abastecimento d'água. Esses contaminantes têm poluído tanto as águas subterrâneas como as superficiais.

Alguns exemplos de problemas relacionados com a água de beber incluem o seguinte: os estudos têm revelado que um em cada seis habitantes dos Estados Unidos bebe uma água que contém excessiva quantidade de chumbo. Durante a estação chuvosa, metade dos riachos e rios do Cinturão do Milho norte-americano contém concentrações de pesticidas fora dos padrões sanitários de saúde, e um em cada três casos de doenças gastrintestinais é provocado por micróbios existentes na água de beber.

Os poços particulares têm de ser monitorados individualmente, mas a EPA (Agência de Proteção Ambiental dos Estados Unidos) é responsável pela determinação dos padrões de qualidade para as águas de abastecimento municipal. Entretanto, a maioria dos contaminantes encontrados na água não estão regulamentados pela EPA nem por nenhuma outra agência governamental. Para preencher essa lacuna, muitos estados têm criado regulamentações mais severas e compreensíveis.

água de esgoto Refere-se à água residual que flui através do esgoto. Se os resíduos se originam do **uso de água doméstica** (residências ou edifícios de escritórios), ela é chamada de água de esgoto doméstica. Se ela é proveniente do **uso industrial da água** tal como das instalações fabris, ela é chamada de água de esgoto industrial. Se proveniente dos sistemas de drenagem pluvial, ela é chamada de água de esgoto pluvial. As tubulações de água de esgoto carregam os resíduos para as estações de **tratamento de esgoto** ou diretamente para um córrego, rio ou corpos maiores de água, causando a **poluição da água**.

água potável Refere-se à **água** que é adequada para o consumo humano. Ela deve conter baixo teor de sais (**água doce**), possuir pouco ou nenhum resí-

alar

duo de origem animal e não estar contaminada por bactérias. A maior parte da água potável dos Estados Unidos é proveniente de **aqüíferos** e **águas subterrâneas**. A disponibilidade de água potável é um problema que ameaça a vida em muitos países do mundo. Um bilhão e meio de pessoas em todo o mundo não têm acesso regular à água potável e cerca de 5 milhões morrem a cada ano, devido a doenças relacionadas com a má qualidade da água. (Veja *Água de beber, Poluição da água*)

água salobra É a água que possui um grau de salinidade (concentração de sal) maior que o da água doce e menor que o da água salgada. (Veja *Ecossistemas aquáticos*)

águas subterrâneas As águas encontradas sobre a superfície da Terra são chamadas de **águas superficiais**. As que são absorvidas pela crosta terrestre e estocadas nos **aqüíferos** do subsolo são chamadas de águas subterrâneas. Apenas 0,5% de toda a água existente é subterrânea, mas ela fornece muito da água doce consumida no mundo. Cerca de 50% de toda a água de beber dos Estados Unidos provêm das águas subterrâneas. As águas subterrâneas se esgotám por causa de um processo chamado **mineração de água**. A **poluição das águas subterrâneas** está se tornando um problema ambiental grave.

águas superficiais Os recursos de água doce do mundo se dividem em águas superficiais e **águas subterrâneas**. As águas superficiais incluem córregos, rios, poços, lagos e reservatórios artificiais. Todas as águas doces que não são absorvidas pela terra (tornando-se águas subterrâneas) ou que não retornam à atmosfera como parte do **ciclo da água** são consideradas águas superficiais. Apenas 0,02% de toda a água do planeta é água (doce) superficial.

alar Substância aspergida sobre as maçãs para modificar seu crescimento. Ela faz com que a fruta demore mais a cair da árvore, o que realça seu formato e sua cor, além de ampliar seu tempo de vida durante a estocagem. Em 1989 houve pânico, quando foi anunciado que o alar poderia ser **carcinógeno**. Isto tornou-se especialmente preocupante para os pais, porque as crianças bebem grandes quantidades de suco de maçã. Os riscos envolvidos eram e ainda são altamente discutíveis e tipificam alguns dos problemas envolvidos com a **avaliação de riscos**. As experiências demonstram que o alar provoca câncer em animais de laboratório, mas não ficou provado que provocaria câncer em seres humanos. Poucos produtos químicos, no entanto, podem ser diretamente vinculados ao câncer em seres humanos. (Veja *Perigos dos pesticidas*)

albedo É uma das três coisas que acontecem quando a energia do Sol penetra na atmosfera terrestre. Aproximadamente 35% são refletidos de volta *alga*

pelas partículas de poeira ou nuvens. Essa energia refletida é chamada de albedo. Cerca de 15% da energia são absorvidos pela atmosfera e os 50% remanescentes, que alcançam a superfície da Terra, recebem o nome de insolação.

Uma teoria que foi muito popular poucas décadas atrás propunha que a crescente poluição na atmosfera faria aumentar a quantidade de energia refletida a partir da Terra (albedo), resultando num esfriamento global do nosso planeta, com o possível advento de outra idade do gelo. Entretanto, os cientistas atualmente estão mais preocupados com a energia que alcança a Terra (insolação) e com o **efeito estufa**, resultado de um aumento da temperatura. (Veja *Aquecimento global*)

Além das Fronteiras Norte-Americanas Programa educacional, baseado em aventuras, criado para formar líderes, por meio de atividades desafiadoras em ambientes selvagens. Seu objetivo é ajudar os indivíduos a aprenderem sobre si mesmos. Os instrutores são profissionais em educação ao ar livre. Alguns desses cursos incluem: velejar, navegar em balsas, expedições de canoagem, de caiaque no mar, de mochileiros, excursões a cavalo e longas caminhadas. Quatorze anos é a idade mínima para participar dos cursos. Escreva para 384 Field Point Road, Greenwich, CT 06830. (Veja *Tecnologias primitivas*)

alga Plantas aquáticas primitivas que variam desde organismos unicelulares microscópicos a grandes plantas multicelulares, como as algas marinhas. As algas são de grande importância em muitos **ecossistemas aquáticos** porque desempenham o papel de **produtores**.

Aliança para a Moratória da Pavimentação O objetivo dessa organização é deter o dano ambiental, social e econômico causado pela interminável construção de estradas. Seus membros acreditam que uma redução da pavimentação limitaria a expansão da população, redirecionando os investimentos para o interior das cidades e revitalizando a economia. Eles tentam impedir que as **zonas úmidas**, fazendas e florestas tornem-se pavimentadas em "nome do progresso". Escreva para a Aliança para a Moratória da Pavimentação, P.O. BOX 4347, Arcata, CA 95521. (Veja *Crescimento urbano desordenado; Urbanização* e *crescimento urbano*)

alternativas de combustível para automóveis Comparado a 25 anos atrás, os Estados Unidos fizeram grandes progressos na diminuição das emissões de automóveis, principal fonte de **poluição do ar**, do **efeito estufa** e da **depleção de ozônio**. Infelizmente, mesmo com a menor intensidade de fumaça emitida pelos carros, são mais numerosos os canos de escapamento circulando pelas estradas atualmente. Portanto, o problema, ao invés de melhorar, piorou. O setor de transportes norte-americano gasta hoje 1 mi-

ambientalista

lhão de barris de petróleo por dia a mais do que em 1973. As leis estaduais e federais exigem mais eficiência dos combustíveis e obrigam os fabricantes de automóveis a buscarem alternativas aos automóveis convencionais, movidos a gasolina.

Os combustíveis alternativos, incluindo o carro elétrico, são uma esperança para o futuro. O gás natural comprimido (CNG) e as alternativas a álcool, tais como o metanol e o etanol, reduzem as emissões. Mesmo que os veículos elétricos não produzam emissões, eles na realidade deslocam a fonte de poluição para as usinas que geram a eletricidade para a condução dos carros. Isso, entretanto, resultaria numa substancial redução das emissões.

Os veículos alternativos, movidos a combustíveis de álcool, como o metanol e o etanol, ou a gás natural comprimido, necessitarão de uma rede de distribuição e fornecimento do combustível – algo pouco provável de acontecer nos próximos anos. Os carros elétricos, todavia, só necessitam de lojas de produtos elétricos. Os principais fabricantes de automóveis estão preparando carros elétricos para entrarem em linha de produção, que devem estar disponíveis em breve. Os carros elétricos terão suas limitações. Mesmo com os avanços técnicos, eles ainda terão uma ação limitada comparados com os carros convencionais e provavelmente serão mais caros, ao menos no princípio. Os primeiros carros elétricos terão uma autonomia de aproximadamente 190km e precisarão ser recarregados durante a noite. Esse carro será ligeiramente mais pesado devido a sua bateria, mas a aceleração deve ser semelhante. (Veja *Energia alternativa; Reciclagem de automóveis*)

aluvião Refere-se à acumulação de partículas como areia e silte que são carregadas rio abaixo, depositando-se em suas embocaduras, tais como deltas e planícies de inundação, ou ao longo de suas margens, formando bancos de areia. As regiões com grandes quantidades de aluvião são consideradas as mais férteis do mundo. (Veja *Solo; Ecossistemas aquáticos*)

ambientalista Pessoa que entende o seu meio ambiente e usa esse entendimento para colaborar na gestão do nosso planeta. Gerir o planeta envolve mudança do estilo de vida, ativismo e participação nas eleições e plebiscitos. Mudar o estilo de vida pessoal pode parecer ter um pequeno impacto na correção dos problemas maiores, mas quando multiplicado por 1 milhão de pessoas, o impacto pode ser impressionante. Os indivíduos que compram produtos **reciclados** ou biodegradáveis não apenas mudam seus estilos de vida, como também mudam a maneira pela qual as empresas os produzem. Os **produtos verdes** e novas empresas estão prosperando em função desse novo mercado.

Em uma sociedade democrática, as pessoas não apenas podem tomar uma iniciativa pessoal, como também ajudar na criação de leis que produzem

amianto

efeitos em uma escala maior. Leis como o **Estatuto do Ar Limpo** e o Estatuto da Política Nacional de Meio Ambiente nos Estados Unidos foram criadas devido às pressões dos ambientalistas. Você pode excercer pressão para a aprovação de leis comunicando-se com seus representantes políticos, tanto em termos individuais como por meio de **organizações ambientais.**

Provavelmente, o melhor meio de ajudar na gestão da Terra é expressar seus sentimentos nas urnas eleitorais, votando em representantes com visões semelhantes às suas ou em referendos sobre o meio ambiente. Para que isso efetivamente se realize, os ambientalistas devem ser capazes de identificar o **discurso verde** e a **hipocrisia verde.** (Veja *Informações básicas sobre o meio ambiente; Liga dos Eleitores Conservacionistas; Educação ambiental; Ecoconservacionista*)

amianto Tem sido usado desde os tempos antigos por sua resistência, flexibilidade e resistência ao fogo. Ele também é impermeável e isolante acústico. Todas essas vantagens transformaram-no em um popular material de construção e isolamento durante a década de 50 e até a década de 80. O amianto torna-se perigoso quando suas fibras se soltam e são dispersas pelo ar. Por esse motivo, o isolante de amianto velho, quando se deteriora, constitui uma ameaça. Cortar, raspar ou granular materiais que contenham amianto também libera essas fibras e representa o mesmo perigo. As fibras de amianto, uma vez inaladas, ficam alojadas nos pulmões – provavelmente por toda a vida. O amianto é chamado de "assassino silencioso", porque permanece nos pulmões por décadas, antes de causar uma doença. Essas fibras estão conclusivamente relacionadas com a fibrose dos tecidos do pulmão e com o mesotelioma, um raro câncer de pulmão. Devido aos riscos para a saúde, o uso do amianto está sendo abandonado e será proibido completamente a partir de 1997.

Entretanto, o amianto ainda é encontrado à nossa volta. Ele é usado em muitos aparelhos domésticos tais como fornos, tostadeiras e lava-louças. Também é encontrado em pranchas para revestimento de paredes e juntas produzidas antes de 1970, em ripas e assoalhos de casas construídas na década de 50, e é usado em pisos vendidos até hoje. A remoção do amianto é um trabalho profissional e não deve ser tentado como uma tarefa do tipo "faça você mesmo". A maioria dos estados norte-americanos exige que os profissionais que removem o amianto sejam licenciados. A ONG de proteção ambiental de sua cidade pode indicar a você os profissionais licenciados. (Veja *Poluição de interiores; Partículas suspensas respiráveis*)

Amigos da Terra Essa organização trabalha com grupos ambientais populares, influencia os membros do Congresso norte-americano, promove oficinas de trabalho (*workshops*) e fornece informações e serviços ao público. Ela se concentra nos principais problemas ambientais, tais como a **depleção**

Antártida

de ozônio e os **resíduos tóxicos**, mas também se dedica à conservação de energia, às **taxas verdes** e à responsabilidade coletiva. Em 1990, ela uniu forças com dois outros grupos: o Instituto de Política Ambiental e a Sociedade Oceânica. Escreva para 218 D Street SE, Washington DC 20003.

amplificação biológica Os organismos que se alimentam de plantas e águas contaminadas por pesticidas podem acumulá-los em seus tecidos num processo chamado de **bioacumulação**. Se esses animais forem comidos por predadores, as substâncias serão passadas adiante. À medida que os organismos superiores da cadeia alimentar se alimentam de indivíduos contaminados, a concentração de substâncias tóxicas aumenta drasticamente num processo chamado de amplificação biológica.

A amplificação biológica tem sido demonstrada em muitas cadeias alimentares e em numerosas substâncias tóxicas, mas os estudos mais conhecidos foram os feitos com o **DDT**, em Long Island Sound. Descobriu-se que suas águas continham 0,000003 ppm (partes por milhão) de DDT. O plâncton existente na água bioacumulou, passando para uma concentração de 0,04 ppm. Pequenos peixes que se alimentam do plâncton tinham acumulado numa concentração de cerca de 0,3 ppm. Peixes maiores que se alimentam dos menores tinham níveis de 2,0 ppm. Os pássaros que se alimentavam desses peixes, tal como a águia-pescadora, tinham níveis de 25,0 ppm. Esse número é 10 milhões de vezes maior do que o encontrado originalmente na água!

A amplificação biológica pode afetar qualquer organismo. Como os seres humanos se alimentam da parte final das **cadeias alimentares**, concentrações significativas de muitas substâncias tóxicas têm sido encontradas em seus corpos. (Veja *Perigos dos pesticidas; Leite materno e toxinas*)

análise de risco ambiental Refere-se ao processo de reunir fatos e provas sobre os perigos potenciais à saúde humana ou ao meio ambiente causados por um projeto, produto ou tecnologia. Esses perigos podem incluir várias formas de **poluição**, **radiação**, envenenamento por **pesticidas** e efeitos sobre os **ecossistemas** ou **ciclos biogeoquímicos**.

A análise de risco tenta estabelecer uma diferença entre riscos reais e supostos. Uma análise de risco adequada deve conduzir à **comunicação de risco**, para educar o público, e ao **manejo de risco**, no qual o conhecimento adquirido é utilizado para eliminar ou reduzir os perigos, descobrir alternativas e equilibrar as vantagens econômicas com os riscos. (Veja *Riscos, realidade* versus *suposição*)

Antártida É o mais frio, tempestuoso e alto continente do planeta, cobrindo 1/16 da superfície terrestre. É coberta por camadas de gelo que alcançam mais de 4.500 m de altura e contém cerca de 75% de toda a **água doce** do mundo. As temperaturas podem cair a menos de -116 $^{\circ}$C. Cem milhões de

aquecimento global

pássaros se reproduzem a cada ano na Antártida, e cem espécies de peixes e mamíferos – tais como botos, golfinhos e baleias – vivem nesse meio ambiente de clima rigoroso. A Antártida é considerada por muitos como a última grande área selvagem no planeta. (Veja *Bioma*; *Eras do Gelo*)

antropocêntrico Refere-se à interpretação das ações de todos os organismos em termos de valores humanos; por exemplo, "O pássaro deve ter ficado desapontado porque não conseguiu apanhar a minhoca".

anzol sem farpa Quando o pescador liberta sua presa, procurando salvá-la, a probabilidade de sobrevivência do peixe aumenta muito quando anzóis sem farpa (ou anzóis que tiveram suas farpas aplainadas) são utilizados. Lançar de volta um peixe que morre por causa dos ferimentos produzidos pelo anzol não adianta nada. Muitos ribeirões de trutas nos Estados Unidos possuem **programas de captura e soltura**, exigindo o uso de anzóis sem farpa.

apartação Remoção seletiva ou assassinato de indivíduos para reduzir o tamanho de uma população. (Veja *Programa de Controle de Animais Danosos*)

aquários públicos Assim como os zoológicos, atraem milhões de visitantes anualmente. Em muitos desses aquários, existem instalações onde os animais aquáticos e marinhos podem ser tocados com segurança pelos visitantes, tal como acontece na seção de fazenda de alguns zoológicos. Os guias geralmente estão presentes para orientar os visitantes sobre a forma de tocar os espécimes e explicar um pouco sobre a sua história natural.

aquecimento global Os **gases-estufa** produzem o **efeito estufa**, que retém calor próximo à superfície terrestre, mantendo uma temperatura relativamente constante. Muitas atividades humanas aumentam a quantidade de gases-estufa na atmosfera, o que pode provocar um aumento gradual da temperatura da superfície da Terra, processo conhecido como aquecimento global.

O **dióxido de carbono** é um gás-estufa primário. Ele ocorre naturalmente e é vital, mas quantidades excessivas desse gás são liberadas pela queima de combustíveis fósseis (carvão, petróleo, gás natural). Outros gases-estufa são produzidos quase que exclusivamente pelas atividades humanas, tais como os **CFCs**, que são usados como refrigerantes. São também gases-estufa o **metano**, os **compostos de nitrogênio** e o **ozônio**. Cerca de 80% do aquecimento global se deve à propagação de todos esses gases.

aqüíferos

Acredita-se que o **desmatamento** contribui para os outros 20%. As plantas incorporam o dióxido de carbono em seus organismos durante a fotossíntese. Menos árvores por causa do desmatamento significam menos incorporação de dióxido de carbono. Além disso, queimar essa madeira (junto com combustíveis fósseis) libera o dióxido de carbono para a atmosfera em uma taxa acelerada.

Desde 1800, a temperatura média mundial aumentou cerca de $0{,}9^{\circ}C$. Isso, contudo, está dentro de uma faixa de flutuação normal, isto é, poderia ser uma mudança de curto prazo que retornaria ao normal em um futuro próximo. Modelos de projeção computadorizados, entretanto, estimam um aumento entre $0{,}7^{\circ}C$ e $11^{\circ}C$ no futuro. Mesmo o aumento mais baixo provocaria mudanças dramáticas no clima da Terra. (Veja *Desmatamento e queimada para cultivo*)

aqüicultura hidropônica Refere-se ao desenvolvimento de plantas e peixes juntos em sistemas circulares fechados, nos quais os peixes se alimentam com os vegetais hidropônicos ou outras plantas que crescem na água, sobre os resíduos dos peixes. Algumas empresas estão usando a aqüicultura hidropônica para criar peixes e vegetais a serem vendidos em supermercados de alimentos orgânicos. (Veja *Hidropônico*)

aqüíferos Nos Estados Unidos, cerca de metade da água destinada ao abastecimento e à irrigação é proveniente dos aqüíferos subterrâneos. Os aqüíferos não são corpos d'água reais, como muitos pensam, mas grandes áreas de rocha, cascalho ou areia permeáveis que ficam saturadas de água, da mesma forma que esponjas embebidas. Os aqüíferos podem cobrir áreas que vão de poucos a milhares de quilômetros quadrados, como o aqüífero de Ogallala, que se estende de Dakota do Sul até o Texas.

Existem dois tipos de aqüíferos: confinados e não-confinados. Os aqüíferos não-confinados situam-se perto da superfície do solo e são realimentados com a água proveniente diretamente da superfície, em um processo chamado de infiltração. As águas desses aqüíferos não se encontram sob pressão, e por isso é necessário bombeá-las para trazê-las à tona. Os aqüíferos confinados são encontrados nas camadas mais profundas do solo e possuem uma camada de rocha impermeável por cima, de forma que a água não pode simplesmente infiltrar-se neles. Ao contrário, as águas penetram onde as camadas impermeáveis alcançam a superfície. Estas áreas de "recarga" podem situar-se a quilômetros de distância da porção aqüífera. A partir do momento em que fica enclausurada dentro de um aqüífero, a água se encontra sob pressão e passa a se mover lentamente, em geral alguns centímetros por dia. Os poços que atingem os aqüíferos confinados extraem a água usando a pressão natural que existe no seu interior.

Tanto a quantidade como a qualidade das águas subterrâneas têm sido afe-

arboricida

tadas pelos humanos. A quantidade de **águas subterrâneas** extraída nos Estados Unidos saltou de 113 para 265 bilhões de litros por dia, entre 1950 e 1985. Em 35 dos 48 estados contíguos, mais água subterrânea tem sido extraída do que aquela que pode ser naturalmente reabastecida. Essa depleção, chamada de "mineração de água", tem resultado em escassez, em muitas áreas do país.

Pesticidas, fertilizantes, vazamentos de fossas sépticas e **resíduos tóxicos** provenientes de aterros sanitários estão contaminando os aqüíferos em todo o país. Numerosos sítios de manejo de **resíduos perigosos** abandonados e a prática de injetar **resíduos tóxicos** em poços subterrâneos profundos também contaminam os aqüíferos.

aquisição de terras, áreas selvagens Existem duas principais forças envolvidas na aquisição de áreas selvagens: o governo federal norte-americano e as **organizações não-governamentais (ONGs).** O governo adquire terras através do Fundo de Conservação da Terra e da Água, Fundo de Conservação das Aves Migratórias e Fundo de Conservação das Margens Úmidas Norte-Americanas. O Fundo de Conservação da Terra e da Água foi fundado com uma parte dos *royalties* recolhidos pela extração de petróleo e gás, em terras federais. A maioria das terras adquiridas estão próximas ou no interior das fronteiras de parques nacionais e florestas existentes. Passados mais de 27 anos, 35.000 projetos foram beneficiados com mais de 3 bilhões de dólares em fundos aprovados pelo Congresso norte-americano. O Fundo de Conservação das Aves Migratórias foi criado para recuperar e ampliar os hábitats das aves migratórias, com parte dos seus fundos proveniente da venda de selos de pato, enquanto o restante é proveniente da venda de ingressos em refúgios e impostos para a importação de armas de fogo. Cerca de 30 milhões de dólares são aplicados a cada ano em projetos relacionados à proteção de margens úmidas. O Fundo de Conservação das Margens Úmidas foi aprovado em 1989 pelo Congresso norte-americano, que autorizou a compra, o manejo e a recuperação de **margens úmidas** nos Estados Unidos, no Canadá e no México. Determinar exatamente o que é uma margem úmida e salvar essas áreas tem sido, nos últimos anos, mais semelhante a um jogo de futebol político do que uma tarefa científica.

As ONGs, tais como a **Conservação da Natureza,** têm sido bem sucedidas na salvação de várias dessas áreas selvagens.

arboricida Produto químico que mata as árvores. (Veja *Pesticida*)

arboricultura O cultivo de árvores. (Veja *Reflorestamento, Floresta decídua temperada; floresta tropical úmida, Serviço Florestal, passado e presente*)

arbusto Uma pequena planta lenhosa geralmente com altura inferior a 3 metros. (Veja *Árvore*)

árido

áreas agrícolas com alto valor de mercado Refere-se às áreas, nos Estados Unidos, que estão entre os 20% das melhores áreas para produção agrícola em cada estado. Mais da metade dessas áreas são metropolitanas ou vizinhas a elas e estão ameaçadas pelo **crescimento urbano desordenado** (expansão). A cada ano, aproximadamente 1 milhão de hectares das terras agrícolas norte-americanas passam a ter outra finalidade devido a essa expansão, não obstante a maioria delas serem as terras mais férteis e produtivas. (Veja *Perda de terras agrícolas*)

áreas selvagens O Congresso norte-americano definiu áreas selvagens no Estatuto das Áreas Selvagens de 1964 como "uma área onde a terra e sua comunidade de vida não foram pisadas pelo homem, onde o próprio homem é um visitante e não permanece nela". (Veja *Áreas selvagens, os dez principais países com; Sistema Nacional de Preservação de Parques e Regiões Selvagens*)

áreas selvagens, os dez principais países com Os países (e massas de terra) com as maiores quantidades de **áreas selvagens** remanescentes são os seguintes (em quilômetros quadrados/percentual da área total): 1) Antártida (13,4 milhões/100%); 2) nações que compreendiam a União Soviética (7,77 milhões/33,6%); 3) Canadá (6,47 milhões/64,6%); 4) Austrália (2,37 milhões/29,9 %); 5) Groenlândia (2,25 milhões/99,9 %); 6) China (2,18 milhões/22 %); 7) Brasil (2,09 milhões/23,7 %); 8) Argélia (1,45 milhão/59 %); 9) Sudão (821.000/31,7%); e 10) Mauritânia (738.000/69,2%). Os Estados Unidos aparecem em 16º lugar (453.700/4,7%).

areia Refere-se a partículas de **sedimento** que não aderem entre si e possuem um tamanho que varia entre 0,625 e 2,0 mm. Os tipos de areia se dividem em muito grossa, grossa, média, fina e muito fina. (Veja *Tipos de solo*)

árido Trata-se de **hábitats** que recebem menos de 250 mm de precipitação atmosférica por ano e onde a evaporação excede a quantidade de precipitação; por exemplo, um **deserto** é um **bioma** árido.

árvore Uma grande planta lenhosa, geralmente com um único tronco, que atinge pelo menos 3 m de altura. (Veja *Arbusto*)

assassino silencioso, o Veja *Amianto*.

Associação Ambiental dos Meios de Comunicação Associação sem fins lucrativos, com sede em Hollywood, dedicada a convencer os grandes estúdios a incluírem temas ambientais nos filmes e *shows* de televisão. A cada ano, ela concede o Prêmio da Mídia Ambiental, que reconhece a excelência neste campo. (Veja *Centro de Recursos para Filmes Ambientais; Escritório de Comunicações da Terra*)

aterro sanitário

Associação dos Empregados do Serviço Florestal para a Ética Ambiental Destina-se a mudar os valores atuais do **Serviço Florestal** norte-americano, para que ele reflita um entendimento ecológico mais amplo. Entre os membros encontram-se os empregados atuais do Serviço Florestal norte-americano, além de ex-empregados e empregados aposentados. Suas estratégias são ampliar o fórum de debate sobre o manejo das terras públicas, fornecer uma estrutura de apoio para os empregados do Serviço de Florestas e orientar a população e os empregados do Serviço de Florestas acerca de formas efetivas de praticar um bom manejo da terra. Publicam um boletim informativo que divulga as idéias em que acreditam e incentivam seus membros a opinarem sobre essas questões. Escreva para a AFSEEE, P.O. Box 11.615, Eugene, OR 97440.

Associação de Escritores pró Ar Livre da América (OWAA – Outdoor Writers Association of America) Composta por escritores profissionais que divulgam os assuntos relacionados com o ar livre. Os temas incluem a pesca, a fotografia da vida selvagem e questões ambientais. Os membros da OWAA não são apenas jornalistas profissionais, muitos são graduados em manejo da vida selvagem, ciências ambientais, florestas e áreas afins. Eles trocam informações por meio de conferências, revistas e comitês ambientais. Escreva para 2017 Cato Ave., Suite 101, State College, PA 16801.

Associação Norte-Americana para a Educação Ambiental (NAEE-North American Association for Environmental Education) Fundada em 1970, a NAEE se especializou na valorização do meio ambiente através da educação e tem sido uma importante instituição no treinamento de educadores ambientais em todos os níveis, desde o jardim de infância até o nível universitário. Seus mais de 1.000 membros incluem professores, escritores, naturalistas, empresários, cineastas e vários outros profissionais, envolvidos com a educação e preocupados com o meio ambiente. A NAEE patrocina um reunião anual que dura uma semana. A taxa anual paga por seus membros é de 35 dólares. Escreva para 1255 23rd Street NW, #400, Washington, DC 20037. (Veja *Educação ambiental*)

aterro sanitário Cerca de 80% de todos os **resíduos sólidos municipais** dos Estados Unidos são despejados em aterros sanitários. Os aterros sanitários modernos são bastante sofisticados. Eles possuem um revestimento especial que permite coletar os fluidos (chamados de **chorume**), que são bombeados para posterior tratamento, e sistemas de coleta de gás para remover o gás **metano**, na medida em que ele é produzido. Esse gás pode ser usado como combustível para geração de eletricidade. Aparelhos de monitoramento em torno do local avaliam se as **águas subterrâneas** estão sendo contaminadas ou se o gás metano está escapando. À medida que os resíduos

atmosfera

são despejados sobre o local, ele é coberto com uma camada de argila ou outro material, a intervalos regulares.

Ao contrário do que se acredita, não está previsto que o material disposto em um aterro sanitário se decomponha a uma determinada velocidade. A água e o oxigênio são necessários para que uma rápida decomposição ocorra. Uma vez que a maioria dos aterros sanitários são mantidos relativamente secos (para evitar que o chorume contamine as águas subterrâneas) e pouco oxigênio penetra nas pilhas de resíduos, esses fatores conjugados impedem a decomposição.

Quando o aterro sanitário atinge a sua capacidade máxima, ele é aplanado, capeado e geralmente transformado em algum tipo de área de lazer tal como um parque, um campo de golfe ou uma pista de atletismo. Devido aos muitos problemas relacionados com os aterros, o seu número está decrescendo em todo o mundo e é preciso encontrar uma alternativa para eles. (Veja *Problemas dos aterros sanitários*).

atmosfera Refere-se à mistura de gases, comumente chamada de ar, que envolve a Terra. Excluindo a umidade, ela é composta de aproximadamente 79 % de nitrogênio, 20 % de oxigênio, 0,035 % de **dióxido de carbono** e alguns traços de outros gases, como o argônio. A parte mais baixa da atmosfera é chamada de troposfera, onde ocorrem os nossos problemas de **poluição do ar**. O nível imediatamente acima é a estratosfera, onde se localiza a camada de **ozônio**. (Veja *Depleção de ozônio, Gases-estufa, Ciclo do carbono*)

atum que salva golfinhos Veja *Redes de pesca, Selo Flipper de Aprovação*.

aufwuchs Comunidade de plantas e animais que vivem no interior ou em torno de uma superfície submersa, tais como musgos ou plantas de hastes, em lagos ou pequenas lagoas. Geralmente, os organismos **dominantes** são as algas, vivendo em estreita associação com muitos insetos. (Veja *Ecossistemas aquáticos*)

auto-ecologia O estudo de organismos individuais ou de uma única espécie, que se destina a saber quais as características de um organismo que lhe permitem sobreviver (ou não) em determinados hábitats. Além de estudar a anatomia de um organismo, os pesquisadores também utilizam sofisticados instrumentos para analisar as relações entre um organismo e seu meio ambiente, nos níveis molecular e químico.

Um tema óbvio do estudo seria determinar como e por que um organismo vive na água doce enquanto outro vive na água salgada. Os estudos mais recentes resultaram na descoberta de que plantas em diferentes hábitats fazem diferentes tipos de fotossíntese. As plantas C3 (que sintetizam uma molécula de carbono-3) são encontradas em todos os hábitats aquáticos e na maioria dos terrestres. As plantas C4 (que sintetizam uma molécula de

avifauna

carbono-4) são encontradas apenas em meios ambientes quentes e áridos. (Veja *Sinecologia, Estudos ecológicos*)

autotróficos Veja *Produtores.*

avifauna Refere-se a todos os pássaros encontrados em um **ecossistema**. (Veja *Rotas migratórias*)

baby boomers No começo de 1945 e continuando até o início da década de 60, houve uma onda de nascimentos nos Estados Unidos. A taxa de natalidade atingiu 3,7 em 1957, muito acima da taxa de 2,1, em 1937. Essa onda de nascimentos alterou a **distribuição etária** da população norte-americana, que teve um aumento de 75 milhões de indivíduos, em um curto espaço de tempo. Hoje, quase metade da população adulta dos Estados Unidos é composta de *baby boomers* (bebês nascidos entre 1945 e o início da década de 60). À medida que esses indivíduos envelhecerem, a distribuição etária voltará a se modificar de forma acentuada. A média de idade da população norte-americana em 1970 era de 29 anos, mas atualmente é de 33 anos. As projeções indicam que essa média alcançará 36 anos no ano 2000 e 39 anos em 2010. (Veja *Capacidade de suporte; Tempo de duplicação nas populações humanas*)

bacia hidrográfica Bacia hidrográfica (também chamada de bacia de captação ou bacia de drenagem) refere-se às terras vizinhas a um lago ou rio. Essa área é responsável pela maior parte da água que entra em um lago ou rio. A precipitação cai sobre a bacia hidrográfica, que então recolhe a água para um lago ou rio, através do escoamento superficial. O tamanho da região, a forma e a vegetação influenciam na quantidade e no tipo de água que penetra no corpo de água. Por exemplo, as bacias hidrográficas em regiões de floresta podem contribuir com águas ricas em matéria orgânica, mas só depois que as árvores tenham absorvido a sua parcela de água. Rochas nuas, em uma região montanhosa, podem rapidamente transferir água com poucos nutrientes orgânicos, na medida em que a água corre violentamente através da bacia hidrográfica para o corpo de água. (Veja *Ecossistemas aquáticos; Bioma*)

bactéria Organismos microscópicos unicelulares encontrados em grande número, em muitos ambientes. Eles se reproduzem assexuadamente pela divisão simples (fissão). As bactérias desempenham um importante papel na **rede alimentar** dos detritos, ao decompor a matéria orgânica (plantas e animais mortos) e devolver as substâncias químicas ao solo, permitindo sua reutilização. Como a maioria dos organismos, algumas bactérias necessitam de oxigênio para sobreviver e por isso são chamadas de **aeróbicas**. Muitas,

baterias

contudo, sobrevivem sem oxigênio e são chamadas de **anaeróbicas**. (Veja *Ciclo do nitrogênio; Decompositores*)

baía Uma reentrância, na linha costeira, que é maior do que uma enseada e menor do que um golfo. (Veja *Ecossistemas marinhos; Zona nerítica*)

bancos de terra escavada Refere-se aos danos resultantes quando os efeitos da **mineração a céu aberto** não são restaurados.

banho de banheira* versus *banho de chuveiro Um banho de banheira típico utiliza aproximadamente 115 litros de água. Um banho de chuveiro típico gasta cerca de 23 litros por minuto. Isso significa que um banho de chuveiro de 5 minutos utiliza a mesma quantidade de água que um banho de banheira. Um banho de chuveiro de 10 minutos (230 litros) utiliza 115 litros a mais do que um banho de banheira. Os controladores de fluxo ou as torneiras de baixo volume do chuveiro podem reduzir substancialmente o volume da água utilizada no banho de chuveiro, para que a água seja economizada. (Veja *Uso de água doméstica; Conservação da água doméstica*)

barril de petróleo Um barril de petróleo contém cerca de 160 litros.

baterias Os norte-americanos usam 2,5 bilhões de baterias por ano. As baterias descartáveis são as mais comuns, mas as recarregáveis (também chamadas de baterias de níquel e cádmio ou ni-cads) somam cerca de 8% do total. Espera-se que, em poucos anos, as recarregáveis abarquem cerca de 20% do mercado.

Existem vantagens e desvantagens ambientais em relação a ambos os tipos de bateria. As descartáveis duram pouco tempo e depois têm de ser jogadas fora. Elas contêm **metais pesados** tóxicos, como o mercúrio, que contaminam o solo e as **águas subterrâneas**, no momento em que se desprendem, nos **aterros sanitários**. As baterias recarregáveis, por sua vez, podem ser usadas novamente, minimizando a quantidade de resíduos. Contudo, contêm cádmio, outro metal pesado. O cádmio é altamente tóxico, especialmente para os peixes, e pode provocar doenças renais em quem comer o peixe contaminado.

As empresas que vendem os dois tipos de baterias devem ter programas de coleta e reciclagem para reduzir os perigos potenciais ao meio ambiente e aos seres humanos. (Veja *Amplificação biológica; Aterro sanitário; Resíduos tóxicos*)

Baubiologia Refere-se à Biologia de uma construção ou, mais especificamente, ao impacto do ambiente de uma construção sobre a saúde de seus ocupantes. A Baubiologia aplica esse conhecimento para ajudar na arquitetura e na construção de residências e locais de trabalho saudáveis. O conceito teve origem na Alemanha, há cerca de 20 anos, e tornou-se recen-

bicicleta

temente popular em muitos países europeus, mas ainda é pouco difundido nos Estados Unidos. O conceito foi introduzido nos Estados Unidos pelo Instituto Internacional para a Baubiologia e Ecologia, que promove programas de segurança, consultorias arquitetônicas e seminários. O endereço do Instituto é P.O. Box 387, Clearwater, FL 34615. Tel: (001) (813) 461-4371. (Veja *Poluição de interiores; Casas saudáveis; Síndrome da doença das construções; Doenças relacionadas com as construções; Amianto*)

besouros Pertencem a uma ordem específica de **insetos** chamados coleópteros. Existem mais espécies de besouros sobre o nosso planeta do que todas as outras formas de vida (plantas e animais) juntas. De aproximadamente 1,4 milhões de espécies descritas, 360.000 delas são besouros. (Veja *Percevejo*)

bicicleta Assim como fontes de **energia alternativa** devem ser descobertas para reduzir a nossa dependência de **combustíveis fósseis**, têm de ser encontradas formas alternativas de transporte para substituir os automóveis movidos a gasolina. O automóvel movido a bateria pode oferecer uma solução no futuro, e o **transporte de massa** é uma alternativa viável em muitas cidades. Em muitas partes do mundo, contudo, a bicicleta é o principal meio de transporte. Existem mais de 800 milhões de bicicletas no mundo, numa proporção de duas para cada carro.

Ao contrário do que muitas pessoas pensam, as bicicletas não são uma forma de transporte encontrada apenas nos países pobres, onde a população não pode adquirir carros. Somando-se à China, com 300 milhões de bicicletas, Japão, Dinamarca e Holanda contribuem fortemente para o poder do pedal.

As bicicletas não poluem, não congestionam o tráfego e proporcionam um exercício saudável. Como não queimam combustíveis fósseis, elas não provocam a **poluição do ar** como fazem os automóveis. A gasolina consumida na condução de um carro gasta cinqüenta vezes mais energia do que a energia que você queima pedalando a mesma distância sobre uma bicicleta.

Alguém que viaja diariamente poucos quilômetros é um candidato a usar a bicicleta. Nos Estados Unidos, com seus 100 milhões de bicicletas, poucas são usadas para qualquer outra coisa que não seja esporte ou lazer, o que significa que elas não substituem os carros em viagens maiores. Apenas 4 milhões de pessoas vão para o trabalho de bicicleta nos Estados Unidos, ao contrário da China, onde quase todo mundo vai trabalhar diariamente de bicicleta, e do Japão, onde aproximadamente 15% da força de trabalho usa a bicicleta para ir trabalhar.

Por que algumas nacionalidades abraçam o conceito de ciclismo como um meio de transporte enquanto outras não o levam a sério? Países pró-ciclis-

biocombustíveis

mo encorajam-no providenciando pistas e estradas extensas para bicicletas, separadas do tráfego de automóveis por barreiras de proteção. Eles têm áreas proibidas aos automóveis no centro das cidades e muitas facilidades para o estacionamento de bicicletas. Embora os norte-americanos adorem pedalar, como indicado pelo número daqueles que o fazem por prazer, continuam limitados pela falta de pistas e estacionamentos próprios, o que torna o ciclismo impraticável, se não perigoso, para viagens diárias.

Nos Estados Unidos, a **Conservação de Anteparos para Pistas** é uma organização que trabalha com companhias de estradas de ferro e prefeituras, para adquirir e converter pistas abandonadas em ciclovias. Essas pistas tornaram-se muito populares tão logo foram abertas. Aquelas próximas às cidades tornaram-se vias diárias de acesso ao trabalho. A popularidade de velhas linhas de trens convertidas em ciclovias indica que muito mais pessoas poderiam ir para o trabalho de bicicleta, se houvesse vias confortáveis e seguras. A bicicleta tem potencial para se transformar em uma importante alternativa ao automóvel, nos Estados Unidos.

bifenil policlorado (PCB – PolyChlorinated Biphenyl) Ver *Compostos orgânicos voláteis.*

bioacumulação Muitos **pesticidas** permanecem tóxicos por longo período de tempo. Esses "pesticidas resistentes", como são chamados, permanecem nas plantas. Depois que estas são comidas, eles são absorvidos pelos tecidos gordurosos dos animais, aí se mantendo. A acumulação de pesticidas (ou de seus subprodutos) no corpo de um animal é chamada de bioacumulação. Ela pode prejudicar o animal ou ser passada para um predador que o coma. Esse processo é chamado de **amplificação biológica**. (Veja *Perigos dos pesticida*)

biocida Um produto químico perigoso a todas as formas de vida. (Veja *Pesticidas*)

biocombustíveis Existem muitas fontes de **energia alternativa** que podem substituir os **combustíveis fósseis**. A **energia de biomassa** é uma dessas alternativas. Existem três formas de energia de biomassa: **biomassa de combustão direta**, em que a biomassa (organismos e resíduos) é queimada, transformando-se diretamente em energia; **combustíveis de óleo de planta**, em que os óleos, naturalmente produzidos por certas plantas, são refinados e utilizados como combustíveis; e os biocombustíveis, em que a biomassa é convertida em um combustível que é depois transformado em energia.

Os biocombustíveis são produzidos de duas maneiras: pela **conversão bioquímica**, que usa organismos tais como bactérias, e pela conversão termoquímica, que usa calor. A conversão bioquímica cria combustíveis como etanol e metano (um biogás), enquanto a **conversão termoquímica** cria combustíveis como o metanol e o gás sintético natural (singás).

biodiversidade

Os biocombustíveis normalmente não têm preços competitivos, mas poderiam ficar mais baratos com os avanços da tecnologia e os aumentos do preço do petróleo. Os biocombustíveis poderiam substituir um terço do consumo de combustíveis fósseis nos Estados Unidos, o que reduziria drasticamente os **gases-estufa**. Existem preocupações relacionadas com o cultivo de plantas destinadas à produção de energia, que poderiam competir com plantas destinadas à alimentação. Por esse motivo, os biocombustíveis produzidos pelos produtos residuais, tais como os **resíduos sólidos municipais** ou a **lama de esgoto**, são as melhores alternativas para o futuro.

biodegradável Substância ou produto que tem a capacidade de naturalmente se subdividir em elementos básicos ou compostos, de forma que possam ser reutilizados como **nutrientes** pelas plantas. Essa decomposição ocorre quando as bactérias e outros micróbios se alimentam da substância. As matérias orgânicas, como plantas e animais mortos e seus resíduos, são rapidamente biodegradadas na natureza, e é por isso que as florestas e outros hábitats não acumulam sobre o terreno plantas mortas e carcaças de animais.

Entretanto, os produtos manufaturados, como os plásticos, não são biodegradados imediatamente. Os produtos que não se decompõem têm de ser descartados de outra forma. (Veja *Resíduo sólido municipal; Lama de esgoto; Aterro sanitário; Incineração*)

biodiversidade Refere-se à grande diversidade de plantas e animais do planeta e considera a importância de todos. Cerca de 1,4 milhões de organismos foram identificados, mas podem existir dez ou cem vezes mais organismos que ainda não foram identificados. Os organismos são encontrados em toda parte. Os hábitats incluem as águas doces, salgadas e salobras, o solo e o ar. Os organismos são encontrados no ártico, nos desertos e em cada **hábitat** existente entre eles. (Veja *Biodiversidade, perda de*)

biodiversidade, perda de Quando as pessoas falam de perda de **biodiversidade**, estão se referindo ao número excepcionalmente grande de espécies ameaçadas de extinção devido às atividades humanas. A **extinção** das espécies não é um fenômeno novo e acontece há muito tempo, muito antes de o homem habitar o planeta, mas a velocidade com que os animais estão sendo extintos atualmente é um assunto importante.

Existem muitas facetas relacionadas com esse impacto. Existe o valor intrínseco de cada forma de vida. Muitas pessoas acreditam que os seres humanos não têm o direito de forçar a extinção de nenhum organismo. Existe o impacto sobre um ecossistema. Se a espécie perdida for uma **espécie-chave**, isso pode provocar o colapso do ecossistema inteiro, e mesmo mudanças suaves freqüentemente influem no sistema inteiro.

biogás

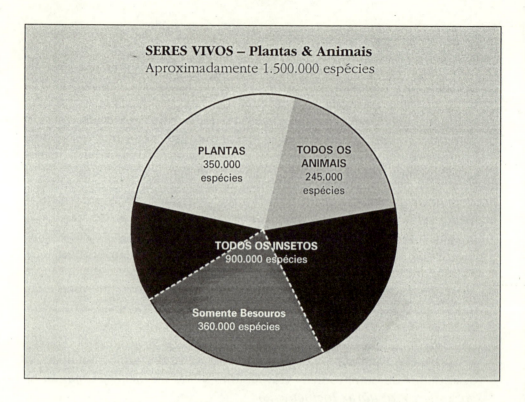

Existem efeitos mais tangíveis de perda de biodiversidade, incluindo a perda de substâncias potencialmente úteis tais como plantas medicinais, alimentares e fibras. Possíveis curas do câncer e de outras doenças fatais se perdem quando plantas são extintas antes de serem estudadas em laboratório. Alguns estimam que aproximadamente 10% de todas as plantas possuem algum valor medicinal, muitas podendo conter o tratamento do câncer. Estima-se que quando um hábitat é reduzido em 10%, 50% das espécies desse hábitat são extintas. **As florestas tropicais úmidas**, que contêm cerca de metade das espécies conhecidas, estão sendo destruídas numa velocidade assombrosa.

A forma mais prática de evitar mais perdas da biodiversidade do nosso planeta é reduzir as perdas em áreas selvagens, transformando-as em áreas protegidas. Muitas organizações ambientais, como a **Conservação da Natureza**, estão na vanguarda dessa atividade. Além disso, os governos federais deveriam desempenhar um importante papel na proteção da biodiversidade das terras públicas e na preservação e controle da exploração dos recursos naturais. (Veja *Conversão da dívida em projetos ambientais; Desmatamento; Ecossistema; Serviço florestal, passado e presente*)

biogás Mistura de 40% de dióxido de carbono e 60% de metano, produzido por uma bactéria **anaeróbica** que se alimenta de resíduos de plantas e ani-

bioma

mais. O biogás pode ser produzido controladamente em **digestores de metano** e usado como combustível. (Veja *Energia de biomassa; Biocombustíveis*)

Biogeoquímica Está essencialmente relacionada com a maneira pela qual os elementos, tais como carbono, nitrogênio e fósforo, são usados pelos organismos e o impacto que isso provoca na composição química da Terra. Isso está intimamente relacionado com o estudo da Ecologia, no que diz respeito à maneira como a composição da Terra influi na vida. (Veja *Nutrientes essenciais; Ciclos biogeoquímicos; Fotossíntese; Ciclo do carbono; Ciclo do nitrogênio*)

bioincrustação Refere-se ao crescimento e colonização de plantas e animais em superfícies submersas. A bioincrustação ocorre nos cascos de embarcações, nas bóias de sinalização marítima, atracadouros e em quase todas as superfícies submersas. As redes de aqüicultura, usadas em fazendas de cultivo de salmões para criar os peixes jovens, também são afetadas pela bioincrustação. Quando essas redes tornam-se colonizadas, não se consegue introduzir mais nutrientes e oxigênio, nem tampouco se consegue retirar os resíduos produzidos, resultando na morte de seus habitantes.
Até 1987, os aqüicultores costumavam aplicar pinturas à base de organometais na superfície das redes para prevenir a bioincrustação. Essas substâncias são prejudiciais ao meio ambiente circundante e por isso foram banidas. Uma nova geração de antiincrustantes não é tóxica porque age fisicamente e não quimicamente, como os anteriormente usados. Essas medidas dificultam a adesão dos organismos à rede. (Veja *Poluição da água; Aqüicultura hidropônica*)

bioluminescência Alguns organismos, como os pirilampos, podem converter a energia química em luz. Essa luz é freqüentemente chamada de "luz fria" já que muito pouco calor é produzido. Apenas 2% da energia usada para gerar a bioluminescência é perdida como calor, em comparação com uma típica lâmpada incandescente, que perde cerca de 96% de sua energia como calor; é por esse motivo que ela está tão quente quando a tocamos. (Veja *Insetos; Lâmpada de bulbo de ondas de rádio*)

bioma As regiões secas da Terra estão divididas em grandes ecossistemas chamados biomas, cada um com determinadas combinações de clima, geologia e grupos de organismos relativamente estáveis. Os dois fatores mais importantes que determinam os tipos de plantas e animais encontrados em cada um desses biomas são a temperatura e a pluviosidade. Os especialistas discordam em relação ao número dos diferentes tipos de biomas; algumas descrições incluem seis, outras vinte. Oito biomas são relacionados aqui: 1) **deserto**; 2) **tundra**; 3) **pastagem**; 4) **savana**; 5) **bosque**; 6) **floresta conífera**; 7) **floresta temperada decídua**; e 8) **floresta tropical úmida**.

biomassa

Os biomas são encontrados em altitudes e latitudes correspondentes, já que elas podem produzir o mesmo tipo de meio ambiente. Por exemplo, a tundra é encontrada em regiões subpolares (latitudes próximas aos pólos) e também nas regiões alpinas (altas altitudes bem acima da linha das árvores). (Veja *Zonas de vida*)

biomassa Refere-se ao peso da matéria seca dos organismos. Ela é usada normalmente de duas maneiras. Em primeiro lugar, para descrever a quantidade de certos grupos de organismos (chamados de níveis tróficos) que existem em um ecossistema. Por exemplo, a biomassa de **produtores** (plantas verdes) em um ecossistema é muito maior do que a dos **consumidores** primários. Em outras palavras, considerando o peso, existem mais plantas do que animais em um ecossistema típico.

A biomassa é também usada como uma fonte de energia. Por exemplo, queimar madeira ou converter plantas em **biocombustíveis** são formas de usar a **energia de biomassa**. (Veja *Pirâmides de energia*)

biomassa de combustão direta A **energia de biomassa** é uma alternativa à queima de **combustíveis fósseis**. A biomassa de combustão direta é uma das três formas de uso da energia de biomassa e se refere à queima de biomassa para a produção de calor, vapor ou eletricidade. Quase todos os tipos de **biomassa** (matéria orgânica seca) podem ser queimados, sendo a madeira a mais comum. Aproximadamente 5% das residências norte-americanas utilizam a madeira como fonte primária de calor. Existem também pequenas usinas de geração de eletricidade através da queima de madeira, a maioria delas pertencentes aos produtores independentes de energia, associados com a indústria madeireira. A maioria dessas geradoras de energia usam a madeira residual, produzida em fábricas de madeira e papel, na medida em que é mais barato usá-la como combustível de biomassa do que descartar-se dela.

Outros tipos de biomassa são usados também para a combustão direta. As plantações de espécies de plantas energéticas foram estabelecidas para cultivar árvores de crescimento rápido, arbustos ou gramas, para fornecer especificamente combustíveis de biomassa. O **resíduo sólido municipal (RSM)** é freqüentemente queimado em muitas usinas de energia de resíduo em vez de ir para os aterros sanitários. Cerca de 8% de todo o RSM nos Estados Unidos vão para essas usinas de energia de resíduo para gerar eletricidade para as regiões adjacentes.

Existem vantagens e desvantagens no uso da biomassa de combustão direta. Substituir os combustíveis fósseis pelo combustível de biomassa reduz as emissões de dióxido de carbono, um gás-estufa, ao mesmo tempo que as plantas queimadas são replantadas e crescem novamente. A nova planta cresce absorvendo continuamente (durante a fotossíntese) o dióxido de car-

biosfera

bono emitido pela queima de plantas, algo que os combustíveis fósseis não podem fazer.

A poluição proveniente da biomassa de combustão direta é um assunto importante. A combustão de biomassa produz grandes quantidades de **material particulado** que contribuem para a **poluição do ar**. Se o resíduo sólido municipal é queimado, ele também pode conter substâncias tóxicas, criando um problema de manejo. Estabelecer grandes fazendas de plantas energéticas significa mais **monoculturas** danosas ambientalmente e acompanhadas de **pesticidas**. Além disso, isto está relacionado com o uso da terra para a plantação de plantas energéticas que competirão com as plantações destinadas à alimentação.

Embora existam algumas aplicações para a biomassa de combustão direta, a conversão da biomassa em **biocombustíveis** se mostra mais promissora como uma alternativa aos combustíveis fósseis.

biominerais A biorremediação é o uso de plantas e animais para limpar os ambientes contaminados. Um método experimental usa plantas que podem absorver do solo altas concentrações de contaminantes, tais como os **metais pesados**. Com isso, o solo fica limpo desses contaminantes. Essas plantas, chamadas de biominerais, teoricamente podem depois ser processadas como um minério para recuperar o metal que seria, em seguida, reciclado para outros propósitos. (Veja *Hiperacumuladores*)

biorremediação Refere-se ao processo de uso dos organismos para desintoxicar, absorver ou restaurar o meio ambiente de **resíduos tóxicos**, danosos e perigosos. Bactérias e plantas estão sendo testadas para limpar os resíduos perigosos encontrados na água e no solo. (Veja *Remediação de resíduos perigosos; Fitorremediação; Biominerais; Hiperacumuladores*)

biosfera Porção de nosso planeta que contém vida. Trata-se de uma porção incrivelmente pequena. Os organismos podem ser encontrados: a) na porção mais baixa da **atmosfera** (troposfera); b) na camada que fica sobre ou logo abaixo da superfície da terra (litosfera); e c) no interior dos corpos de **água** (hidrosfera) e nos sedimentos imediatamente abaixo. Com algumas exceções, isso coloca todas as formas de vida poucos centímetros abaixo ou poucas centenas de metros acima da terra e das águas do planeta. As exceções incluem alguns micróbios e células reprodutivas que são ocasionalmente carregados pelas correntes de ar para altas altitudes atmosféricas e algumas formas raras de **bactéria** que acredita-se vivam em **reservas de petróleo**, quilômetros abaixo da superfície terrestre.

Biosfera 2 Empreendimento privado que integra projetos científicos de grande escala com a indústria cultural. Os 1,27 hectares de instalações de uma estufa no deserto do Arizona, 32 km ao norte de Tucson, custaram 150

biota

milhões de dólares para serem construídos. O hábitat artificial contém milhares de espécies de plantas e animais e foi projetado para reproduzir muitos **biomas** naturais, incluindo uma floresta tropical, uma savana, um pântano gigantesco e um deserto. Em setembro de 1991, quatro homens e quatro mulheres foram "confinados" no interior da estufa, com o objetivo de realizar experimentos ambientais contínuos, em um meio ambiente fechado por dois anos. As áreas selvagens reciclam naturalmente os gases e purificam as águas. Os resíduos seriam reciclados como fertilizantes e uma pequena fazenda seria erguida e produziria a comida "biosferana".

A princípio, o projeto foi criticado por ter mais caráter de *show* do que base científica. O dono da instalação convocou um comitê de cientistas respeitáveis para registrar os méritos dos aspectos científicos do projeto. O relatório do comitê estabeleceu que o projeto deveria gastar mais tempo em ciência e menos em negócios, se pretende fornecer dados científicos válidos e contribuir para os estudos ambientais.

biota Refere-se à parte que tem vida em um **ecossistema**. A biota é também chamada de flora e fauna. (Veja *Abiota; Biosfera*)

Boone and Crockett Club Fundado por Theodore Roosevelt, em 1877. Seu objetivo é proteger os **hábitats de vida selvagem** e assegurar que a caça seja praticada de forma responsável. Esse clube ajudou a salvar o Parque Nacional de Yellowstone do desenvolvimento e impulsionou a legislação que fundou o Sistema Nacional de Florestas e o Serviço Nacional de Parques. Por criar as Regras para a Caçada Permitida para as atividades de caça responsável, o Boone and Crockett Club funciona como uma das defesas da nação para os direitos dos caçadores. Escreva para o Boone and Crockett Club, Old Milwaukee, 250 Station Drive, Missoula, MT 59801.

Bopal Bopal, na Índia, foi o cenário do pior acidente industrial do mundo, ocorrido em 1984. Quarenta toneladas de um gás (metil isocianeto) usado para a fabricação de pesticidas de carbamato vazaram de uma instalação de estocagem de uma fábrica da Union Carbide. Cerca de 3.700 pessoas morreram e 300.000 ficaram feridas. Muitas pessoas acreditam que o desastre poderia ter sido evitado com um investimento de aproximadamente 1 milhão de dólares. A briga judicial entre a Índia e a Union Carbide continua, mas provavelmente custará centenas de milhões de dólares à Union Carbide, antes de terminar. (Veja *Resíduos tóxicos; Perigos dos pesticidas*)

botânica A divisão da Biologia que se dedica ao estudo das plantas.

Brower, David R. David Brower tem sido chamado de o **John Muir** dos dias atuais. Foi diretor do **Sierra Club** (fundado por Muir) de 1952 a 1969, período em que seus membros aumentaram de 2.000 para 77.000. Brower fundou os Amigos da Terra, em 1969 e a **Liga dos Eleitores Conservacionistas**, em 1970. Mais tarde, em 1982, fundou o **Earth Island Institute**, o qual dirige atualmente. Foi indicado para o Prêmio Nobel da Paz duas vezes durante a década de 70 e recebeu numerosas homenagens. A autobiografia de Brower foi publicada em dois volumes: *For Earth's Sake: The Life and Times of David Brower* (*Pelo amor da Terra: a vida e a época de David Brower*) e *Work in Progress* (*Obra em curso*).

Brown, Lester R. Lester R. Brown começou como fazendeiro, mas iniciou sua carreira pública no Departamento de Agricultura dos Estados Unidos. Atualmente é o presidente do altamente respeitado **Worldwatch Institute**, fundado por ele em 1974, com a ajuda da Fundação dos Irmãos Rockefeller. Esse instituto de pesquisas se destina à análise dos temas ambientais globais. Dez anos depois da fundação do instituto, Brown começou a publicar o boletim anual *State of the World* (*Situação do mundo*), que é traduzido para as principais línguas do mundo e que conquistou ultimamente um *status* semi-oficial.

Quatro anos depois, em 1988, Brown expandiu as publicações do instituto lançando o *Worldwatch* (*Vigília do mundo*), uma revista bimensal divulgando as pesquisas da organização. Brown é um conferencista internacional e autor de muitos livros, tais como: *Man, Land and Food* (*O homem, a terra e a comida*), *Seeds of Change* (*Sementes da transformação*), *By Bread Alone* (*Apenas pelo pão*), *The Twenty-Ninth Day* (*O vigésimo nono dia*) e, mais recentemente, *Saving the Planet* (*Salvando o planeta*). Ele também recebeu muitos prêmios, inclusive o Prêmio de Meio Ambiente das Nações Unidas, o Humanista do Ano e o Prêmio Robert Rodale de Conferências.

BTU (unidade térmica britânica) Medida-padrão para a quantidade de calor disponível em um combustível. Um BTU é aproximadamente igual à **energia** liberada quando um palito de fósforo é aceso.

Buzzworm O *Buzzworm: The Environmental Journal* (algo como *O zumbido do bicho: o jornal do meio ambiente*) é uma **eco-revista** bem escrita e altamente informativa, disponível em bancas e através de assinatura. É uma publicação bimensal e apresenta fatos e ilustrações interessantes, além de fazer amplas coberturas de temas ambientais importantes. Para assinaturas, ligue para (001)(800) 825-0061.

caça ilegal Refere-se à captura ilegal de animais selvagens, ou seja, daqueles classificados como **espécies vulneráveis** e **espécies ameaçadas**. Tentativas internacionais de controle da caça e do comércio ilegais envolvendo animais selvagens estão sendo empreendidas pelas nações filiadas à **CITES**. O **comércio de marfim** é um exemplo típico de como a caça ilegal tem afetado as populações de animais selvagens, reduzindo drasticamente o número de elefantes africanos. A população do rinoceronte negro, também na África, diminuiu de aproximadamente 65.000, em 1976, para apenas 10.000 poucos anos depois que os caçadores promoveram um verdadeiro massacre por causa de seus chifres, que valem dezenas de milhares de dólares no mercado negro, por serem considerados afrodisíacos. (Veja *Estatuto das espécies ameaçadas*)

cadeia alimentar O fornecimento de alimentação em qualquer ecossistema pode ser rastreado para identificar a hierarquia de "quem come o quê". Essa hierarquia, em sua forma mais simples, cria uma cadeia alimentar com os **produtores** no começo da cadeia, isto é, plantas sobre a terra ou fitoplânctons nos oceanos. O próximo elo contém os animais que comem as plantas, chamados de **consumidores** primários. Estes, por sua vez, são comidos por outros animais, chamados de consumidores secundários. Os consumidores terciários ou, possivelmente, quaternários são geralmente o último elo na maioria dos ecossistemas. As cadeias alimentares são as linhas individuais dos encadeamentos de uma complexa **rede alimentar**. (Veja *Pirâmides de energia; Relacionamento simbiótico; Relacionamento predador-presa*)

calafetagem Considera-se calafetar uma casa a forma mais fácil e econômica de preservar energia e dinheiro. Uma casa média (12 janelas e 2 portas) necessita de aproximadamente 25 dólares de **materiais de calafetagem** e geralmente reduz as despesas com aquecimento e refrigeração em pelo menos 10%. (Veja *Isolamento, Superisolante*)

Caliologia Estudo das casas de animais tais como tocas, ninhos e colméias. (Veja *Hábitat, Nicho*)

camadas encharcadas Em áreas onde as camadas do solo são excepcionalmente impermeáveis e a água não pode ser drenada adequadamente, o solo se torna encharcado, retendo excessiva quantidade de água.

canal do amor

campina Área plana, chuvosa, com um crescimento contínuo de pastagens e outras plantas não-florestais (herbáceas).

canal do amor Simboliza os problemas relacionados com o **descarte de resíduos perigosos**. Durante 10 anos, a partir do final dos anos 40, a Hooker Chemicals and Plastics Corporation despejou tambores de aço contendo cerca de 22.000 toneladas de **resíduos tóxicos**, em um antigo canal (cujo nome é uma homenagem ao seu construtor, William Love). Em 1953, a empresa aterrou o local contendo os tambores e cedeu a propriedade para o distrito escolar de Niagara Falls. Uma escola, áreas de lazer e quase 1.000 casas foram construídas sobre o local, nos anos seguintes.

No começo de 1976, os habitantes começaram a sentir odores estranhos e descobriram que as crianças que brincavam perto do canal freqüentemente apresentavam queimaduras químicas. Os cidadãos preocupados, entre os quais **Lois Gibbs**, realizaram estudos informais sobre a saúde que revelaram uma alta incidência de muitos tipos de distúrbios. Os tambores estavam deixando escapar substâncias tóxicas para os esgotos, gramados e até mesmo para os porões das casas próximas ao local. A publicidade gerada pelos cidadãos obrigou o governo estadual a realizar estudos formais de saúde e, em 1978, fechou-se a escola e mudaram-se alguns dos residentes que viviam mais próximos do canal. Mais de setecentos residentes remanescentes finalmente convenceram o governo federal a declarar o desastre ecológico em toda a área, o que resultou na mudança de quase todas as famílias da região.

O local foi recoberto e um sistema de drenagem foi instalado, para remover as substâncias tóxicas que estavam vazando. A EPA gastou aproximadamente 275 milhões de dólares de impostos para limpar o local. Em 1990, a EPA declarou parte do local habitável e a área passou a se chamar Black Creek Village. O **Escritório de Avaliações Tecnológicas** previu que um local "limpo" de resíduos perigosos provavelmente se tornará inseguro novamente.

cancerígeno Refere-se às substâncias que podem causar câncer. (Veja *Classificação cancerígena; Resíduos tóxicos*)

capacidade de suporte Capacidade de suporte é o número máximo de organismos que um hábitat pode suportar e sustentar, sem degradar o meio ambiente de cada organismo. Suportar e sustentar uma população significa fornecer recursos naturais suficientes, tais como água, alimento e abrigo, que assegurem a sobrevivência da população. Isso envolve também a capacidade de eliminação dos produtos residuais do meio ambiente do organismo e a interação com os outros organismos do mesmo meio ambiente.

O termo **superpopulação** é usado quando a capacidade de suporte de uma área é excedida, resultando na degradação ambiental, geralmente seguida de um declínio da população.

carbamatos

Os seres humanos possuem uma vantagem sobre outros organismos porque podem manipular a capacidade de suporte do seu hábitat pela modificação da sua forma de consumo e pela criação e utilização de tecnologias avançadas. Contudo, as tentativas de aumentar a capacidade de suporte do nosso planeta, por meio da tecnologia e da conservação, provavelmente se tornarão inúteis se a população humana continuar a crescer de acordo com as taxas atuais. Atualmente, a população humana mundial é de cerca de 5,4 bilhões. Dentro de aproximadamente 40 anos, a população mundial estará em torno de 10 bilhões, se essas tendências forem mantidas. Muitos cientis-

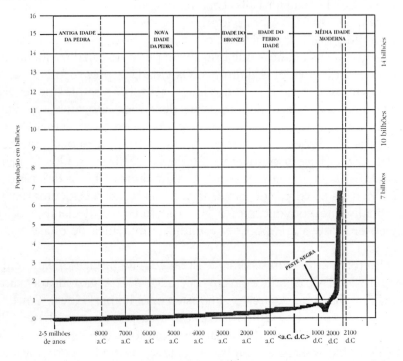

tas acreditam que 8 bilhões de pessoas é a capacidade de suporte do mundo, pois acima disso haveria mortes em massa devido a fome e doenças, um fato que já ocorre localizadamente em algumas partes do mundo. (Veja *Tempo de duplicação nas populações humanas; Fator limitante*)

carbamatos Uma das quatro principais categorias de **inseticidas** sintéticos comumente usados, hoje em dia, no controle de pragas. Eles são considerados "pesticidas suaves", já que se decompõem rapidamente em substâncias inofensivas, depois da aplicação — em geral, em poucos dias ou semanas. Os carbamatos, junto com os **organofosfatos**, matam, porque desintegram o sistema nervoso do organismo. Embora eles se decomponham rapidamente, são seriamente tóxicos aos seres humanos, o que significa que representam um grave risco para aqueles que aplicam os inseticidas ou para

carvão

aqueles que estão nos arredores da aplicação. O carbaril, vendido com o nome comercial de Sevin, e o aldicarbo, vendido com o nome comercial de Temik, são exemplos de carbamatos.

carbonizado A matéria orgânica em forma de carvão vegetal que permanece depois da combustão de biomassa. (Veja *Biomassa de combustão direta; Incineração*)

carnívoro Os animais que comem somente outros animais são chamados de carnívoros, ou seja, comedores de carne. O tubarão e a libélula são carnívoros. (Veja *Cadeia alimentar; Consumidor; Relacionamento predador-presa; Pirâmides de energia*)

Carson, Rachel Bióloga marinha e escritora, é mais conhecida por seu livro *Silent Spring* (*Primavera silenciosa*, 1962). Nesse livro ela descreve como os pesticidas causam problemas a longo prazo para pássaros, peixes, seres humanos e outras formas de vida selvagem, e só fornecem soluções de curto prazo para o controle de pragas. A partir do resultado de seu trabalho, o presidente John F. Kennedy formou um comitê consultivo e científico para investigar suas descobertas. Elas foram logo confirmadas, e o **DDT** e vários outros **pesticidas** foram banidos dos Estados Unidos, seis anos depois. (Veja *Conselho Rachel Carson, Inc.; Inseticidas naturais*)

cartuchos de tinta reciclados para copiadoras A maioria das máquinas de fotocópia utiliza cartucho de tinta descartável. A Xerox Corporation introduziu uma nova copiadora com cartuchos recicláveis. Depois de aproximadamente 25.000 cópias, o cartucho é enviado de volta para a companhia, onde é reciclado e retorna para o usuário. (Veja *Reciclagem; Poluição produzida por computador; Reciclagem de papel*)

carvão **Combustível fóssil** que fornece 28% de todo o combustível mundial. Cerca de 65% de todo o carvão usado é queimado em caldeiras para produzir vapor que, por sua vez, produz eletricidade. Nos Estados Unidos, mais da metade da eletricidade é produzida dessa forma. A maior parte do carvão é extraído da terra por meio de **mineração a céu aberto (superficial)** ou de **mineração profunda**.
Mais de 50% das reservas mundiais de carvão (depósitos identificados) estão localizados na China, que ao lado dos 10% das reservas norte-americanas asseguram o uso contínuo por aproximadamente 220 anos, se o nível atual de demanda for mantido. A projeção quantitativa das reservas de carvão (depósitos não-identificados) podem, no entanto, garantir cerca de 900 anos de extração, no nível de demanda atual.
O carvão possui alto conteúdo energético com custo econômico, mas muitos problemas ambientais estão relacionados com seu uso. O carvão é

células fotovoltaicas

o combustível fóssil que mais polui, de forma que necessita de sofisticados aparelhos de controle da poluição. A queima de carvão libera poluentes que contribuem para a **chuva ácida** e mais dióxido de carbono do que qualquer outro combustível fóssil, ampliando o **efeito estufa**.

A mineração de carvão a céu aberto devasta a área e freqüentemente provoca sérias erosões. Mesmo quando tentativas de regeneração são feitas, com recomposição da camada superficial do solo e replantio, o ecossistema nunca recupera plenamente sua **biodiversidade**.

Novas tecnologias podem queimar carvão mais eficientemente e de forma menos poluente. Isso inclui o método de combustão em câmara fluida, que começará a substituir os velhos queimadores de carvão até o final desta década. Ele converte o carvão sólido em combustíveis líquidos ou gasosos chamados de **combustíveis sintéticos**. (Veja *Energia não-renovável*)

casas saudáveis Construídas de acordo com um conjunto de princípios propostos pela filosofia da **Baubiologia**. Esses princípios incluem construir casas com materiais que não emitem substâncias tóxicas, usar materiais de construção naturais, eliminar o uso daqueles que emitem **radiação** e reduzir os campos eletromagnéticos. Essas práticas de construção tornaram-se populares na Europa há muitos anos, mas só agora começam a ser adotadas nos Estados Unidos. (Veja *Radiação eletromagnética; Poluição de interiores*)

cascalho Porção de **sedimento** que mede de 2 a 256mm de diâmetro. O cascalho se subdivide em seixo, cristal de rocha e grânulo. (Veja *Partículas do solo*)

células fotovoltaicas Também chamadas de células solares, convertem a energia solar diretamente em eletricidade. As fotovoltaicas foram criadas primeiramente, em 1954, pelos Laboratórios Bell e tornaram-se muito conhecidas anos depois, através das calculadoras solares. Os avanços tecnológicos permitem que, atualmente, as células fotovoltaicas atendam as necessidades energéticas de 6.000 comunidades da Índia e 10.000 residências nos Estados Unidos.

Essas residências norte-americanas situam-se em áreas remotas como o Alasca, onde fica muito caro estender linhas de transmissão de energia elétrica.

Essas células contêm silício purificado (proveniente da areia) e traços de substâncias (como o sulfeto de cádmio) que conduzem pequenas quantidades de eletricidade, quando atingidas pela luz solar. Como cada célula produz uma pequena quantidade de energia, elas têm de ser mantidas juntas para atender as necessidades energéticas de uma residência. Áreas com superfícies maiores (muitos quilômetros quadrados) dessas células podem atuar como usinas de energia solar. Estima-se que 25% das necessidades energéticas do mundo e 50% das dos Estados Unidos poderiam ser supridas pelas usinas de **energia solar** em 50 anos.

Centro de Conservação Marinha

Ao contrário dos combustíveis fósseis, essa energia produz pouca poluição do ar e da água e nenhum acréscimo de dióxido de carbono ao **efeito estufa**. Atualmente, as células fotovoltaicas são caras e não-competitivas, mas espera-se uma mudança dessa situação nos próximos anos, devido a novas tecnologias e ao aumento do consumo.

Embora a energia fotovoltaica seja considerada uma das melhores apostas para o suprimento das necessidades energéticas do mundo, as pesquisas nos Estados Unidos, nesse campo, diminuíram em 75% nos últimos 10 anos, a partir do início da década de 80. Isso significou para os Estados Unidos uma perda de 50% de sua fatia no mercado mundial de células solares, enquanto os japoneses duplicaram sua fatia de mercado. (Veja *Energia solar; Reservatórios solares, Energia lunar*)

células solares   Veja *Células fotovoltaicas.*

Centro de Conservação Marinha   (CMC – Center for Marine Conservation) O CMC norte-americano ajuda a proteger as formas selvagens de vida marinha e a conservar a linha costeira e outros recursos oceânicos. Alguns de seus projetos incluem a redução do uso de **redes de pesca**, **malhas de pesca** e **redes de arrastão**, além de apoiar uma moratória mundial sobre a pesca comercial das baleias, para evitar a extinção desses animais. Escreva para 1725 DeSales Street NW, Suite 500, Washington DC 20036.

Centro de Política da Mineração   A exploração mineral, grande parte da qual é fragilmente regulada, causa danos ao meio ambiente. O Centro de Política de Mineração é uma organização que se dedica à limpeza do impacto da mineração na América do Norte e procura assegurar que o público opine sobre o processo. Seus membros estão preocupados com a destruição da Terra pela mineração e pelos **resíduos tóxicos** que freqüentemente aparecem como resultado dessas operações. Seu quadro de diretores é composto por membros de muitas **organizações ambientais** conhecidas que dão apoio aos objetivos do Centro. Um grande objetivo é alterar **a Lei de Mineração de 1872**. Escreva para 1325 Massachusetts Avenue NW, #550, Washington DC 20005.

Centro de Recursos para Filmes Ambientais   Organização dedicada a colecionar filmes sobre meio ambiente para indivíduos ou corporações, promovendo a distribuição deles em instituições educacionais e administrando sua exibição nas redes de televisão de todo o mundo. O centro tem programado a exibição da série *National Geographic Explorer*, e dos filmes do canal Discovery e do canal Disney, e também trabalha junto à rede ABC dos Estados Unidos, angariando importantes recursos para um programa sobre a poluição de interiores. Escreva para 324 N. Tejon Street, Colorado Springs, CO 80903, ou telefone (001) (719) 578-5549. (Veja *Associação*

CFC (clorofluorcarbono)

Ambiental dos Meios de Comunicação; Educação ambiental; Escritório de Comunicações da Terra)

Centro Nacional de Pesquisas de Flores Silvestres Única instituição dos Estados Unidos dedicada à conservação e à promoção do uso de plantas nativas na América do Norte. Ele estuda as flores não apenas por sua beleza, mas também pelos benefícios econômicos e ambientais que elas proporcionam. Possui uma área de cultivo e uma biblioteca de referência que contém obras sobre plantas nativas, cultivo e planejamento de jardins e identificação de flores silvestres. A organização foi criada, em 1982, pela Lady Bird Johnson. Escreva para 2600 FM 973 North, Austin, TX 78725-4201.

Centro para a Ciência de Interesse Público (CSPI – Center for Science in the Public Interest) Essa organização norte-americana de consumidores concentra-se em temas nutricionais e de saúde, identificando problemas e alertando o público sobre alguns perigos. Ela informa regularmente sobre propaganda enganosa, suplementos alimentares perigosos ou substâncias contaminantes, e desmascara reportagens científicas, freqüentemente promovidas por algumas indústrias. O CSPI obteve, com sucesso, restrições a vários suplementos alimentares suspeitos e rotineiramente avalia a segurança de novos suplementos. Devido em parte aos esforços da organização, as principais cadeias de *fast-food* substituíram as gorduras polissaturadas, o FDA (Food and Drug Administration) baniu o uso de muitos sulfitos (um conservante), e a indústria de cerveja eliminou de seus produtos as nitrosaminas causadoras do câncer. O CSPI publica vários relatórios e boletins. Seu endereço é 1875 Connecticut Avenue NW, Suite 300, Washington DC 20009. (Veja *Perigos dos pesticidas; Frutas parafinadas; Fazenda industrial*)

centros da natureza Muitos centros urbanos possuem tão poucas áreas do meio ambiente primitivo que as pessoas, especialmente as crianças, têm pouco ou nenhum conhecimento acerca da vida em estado natural. Talvez por essa razão, os centros da natureza tenham se tornado populares perto das grandes cidades. Um meio termo entre um parque e um **zoológico**, essas instalações educacionais ensinam as pessoas sobre os ambientes naturais. Os centros da natureza são freqüentemente criados pelos governos estaduais ou municipais, ou ainda por organizações sem fins lucrativos. (Veja *Espaço urbano aberto; Aquários públicos; Educação ambiental*)

CFC (clorofluorcarbono) Contribui para o **aquecimento global** e é o principal suspeito responsável pela **depleção de ozônio**. Os CFCs são gases usados como refrigerantes em aparelhos de ar-condicionado e geladeiras. Eles também são usados como propelentes, em embalagens de aerossol. O freon foi o CFC original, desenvolvido na década de 1930.

Chefe Seattle

Nos últimos anos, a concentração de CFCs na atmosfera aumentou substancialmente, devido ao escape desses produtos. Em 1976, a concentração de cloro (a partir do CFC) na atmosfera era de 1,25 partes por bilhão. Em 1989, ela passou a ser quase o dobro. Embora isso possa soar como uma quantidade ridiculamente pequena, os CFCs são 15.000 vezes mais eficientes do que o dióxido de carbono na produção de **gases-estufa**, de maneira que, neste caso, pouco significa muito. Cerca de 20% do aquecimento global é atribuído aos CFCs.

Uma conseqüência ainda mais importante dos CFCs é, contudo, seu impacto sobre a camada de **ozônio**. Os CFCs destroem-na e, o que é pior, evitam que ela seja restaurada, o que ocorreria naturalmente. Uma vez na atmosfera, os CFCs permanecem entre 50 e 100 anos ou mais; desse modo, é difícil reverter o dano já feito.

O uso do CFC em aerossóis está sendo banido nos Estados Unidos há muitos anos. Novas substâncias têm sido desenvolvidas para substituí-los. Em 1978, muitos dos **países mais desenvolvidos**, incluindo os Estados Unidos e o Canadá, concordaram (em um documento chamado Protocolo de Montreal) em limitar a produção de todos os CFCs e outros poluentes aos níveis existentes e depois começar a reduzir essa quantidade, até chegar a 50% no ano 2000. Em 1989, mais de oitenta países assinaram a Declaração de Helsinque, que estabelecia que todos os CFCs e outros poluentes deixariam de ser produzidos até o ano 2000.

Os HCFCs (hidroclorofluorcarbonos) são agora usados em substituição aos CFCs. Essa molécula se decompõe mais rapidamente, de forma que ela tem menos tempo de destruir a camada de ozônio. Os HCFCs resistem de 2 a 10 anos aproximadamente, enquanto os CFCs resistem de 50 a 100 anos. Soluções alternativas são necessárias, principalmente aquelas que não provoquem a **depleção de ozônio** de forma alguma.

Charles A. Lindbergh, Fundação Fundada em 1977, em homenagem a Charles A. Lindbergh, mantém viva sua crença de que o futuro da humanidade depende do equilíbrio entre o avanço tecnológico e a preservação ambiental. A cada ano, essa fundação distribui subsídios para pesquisas e projetos educacionais nas áreas de aviação, agricultura, artes e humanidades, de pesquisas biomédicas e tecnologia de adaptação, gestão de recursos hídricos e manejo da vida selvagem. Escreva para 708 South 3rd Street, Suite 110, Minneapolis, MN 55415.

Chefe Seattle Algumas das palavras de inspiração mais citadas sobre o meio ambiente são atribuídas (em geral, erroneamente) ao Chefe Seattle, um chefe indígena norte-americano do século XIX. O Chefe fez um discurso em 1854 (atualmente chamado de discurso do Quinto Evangelho), que inclui

Chernobyl

passagens sobre o meio ambiente. Muitas das palavras freqüentemente citadas, contudo, não saíram da boca do Chefe. Por exemplo, uma citação sobre a matança de milhares de búfalos foi escrita por um roteirista em 1972 e atribuída ao Chefe, para um filme. (Veja *Ética ambiental; Filósofos ambientais*)

Chernobyl O pior acidente em uma usina de energia nuclear ocorreu em uma pequena cidade ao norte de Kiev, na extinta União Soviética, no dia 26 de abril de 1986, à 1h23min da madrugada. Durante um teste, os engenheiros violaram os regulamentos e desligaram a maioria dos sistemas automáticos de segurança. O teste resultou em duas explosões maiores, que destruíram as 1.000 toneladas do teto do **reator nuclear** e incendiaram o coração do reator. A poeira radioativa voou pelos ares e foi carregada pelo vento, sobre grande parte da Europa. Áreas a mais de 1.600 km de distância ficaram contaminadas. Mais de 135.000 pessoas foram evacuadas e a região foi isolada. A União Soviética reconheceu a morte de 36 pessoas 3 anos mais tarde, mas muitos dizem que houve mais de 300 mortes. Médicos especialistas estimam que entre 5.000 e 150.000 pessoas da região morrerão prematuramente devido ao acidente de Chernobyl. Registros recentes mostram que o número de crianças com câncer na tiróide elevou-se de um a dois casos por ano, antes do acidente, para mais de 130, em 1991, nas regiões próximas a Chernobyl. Em 1992, o epidemiologista mais conhecido da Ucrânia registrou um aumento de 900% dos casos de leucemia, naqueles vilarejos mais próximos da explosão.

A limpeza total da instalação já custou mais de 14 bilhões de dólares e ainda será gasto muito mais antes de a limpeza se completar. O reator está agora isolado por uma cobertura de concreto, que, no entanto, apresenta sinais de rachaduras, e algumas pessoas acreditam que está liberando radioatividade. (Veja *Problemas e segurança dos reatores nucleares*)

chernozém Veja *Tipos de solo.*

chorume Quando a chuva cai sobre um **aterro sanitário**, a água gradualmente penetra através dele (percola), transformando-se em um caldo de resíduos e micróbios, chamado de chorume. Ele freqüentemente contém uma variedade de substâncias perigosas, incluindo **metais pesados** e compostos orgânicos. As regulamentações determinam que os aterros sanitários mais novos sejam revestidos com drenos especiais que permitam coletar o chorume de forma que possa ser tratado antes de ser liberado no meio ambiente. Contudo, os aterros sanitários mais antigos não possuem esses revestimentos e descobriu-se que mesmo aqueles com revestimento deixam escapar o chorume, que eventualmente contamina as **águas subterrâneas**.

chuva ácida

churrasco As pedras de carvão vegetal usadas em churrascos são compostas de carvão, calcário, borato de sódio, nitrato de sódio e pó de serragem. Queimar carvão vegetal produz os mesmos gases que a queima de qualquer **combustível fóssil**. Demonstrou-se que queimar fluidos inflamáveis produz numerosos componentes nocivos ao meio ambiente e à sua saúde e, se possível, deve ser evitado. As alternativas incluem acender sua churrasqueira com jornal ou cubos de cera, ou utilizar churrasqueiras elétricas.

chuva ácida Quando **combustíveis fósseis** como o **carvão**, o petróleo e o gás natural são queimados, muitas substâncias são lançadas no ar. O dióxido de enxofre, os compostos de nitrogênio e os particulados são algumas dessas substâncias; são considerados poluentes primários, responsáveis, em parte, pela **poluição do ar**. Essas substâncias viajam através do ar reagindo umas com as outras na presença da luz solar para formar **poluentes secundários**, como os ácidos sulfúrico e nítrico. Quando esses ácidos caem sobre a terra com a chuva, ocorre a chamada chuva ácida. Como esses ácidos também alcançam a superfície da terra em forma de neve, neblina, orvalho ou em pequenas gotículas, freqüentemente utiliza-se o termo "deposição ácida".
Uma vez que esses poluentes secundários flutuam e são carregados pelos ventos, a deposição ácida freqüentemente ocorre longe de sua fonte. Por exemplo, o nordeste dos Estados Unidos possui uma das mais altas concentrações de chuva ácida, mas grande parte dela é produzida pelas indústrias e usinas de energia do meio-oeste, carregada depois, pelas correntes de ar, em direção ao leste.
A chuva normal é ligeiramente ácida, com um pH em torno de 5,6. A taxa média de chuva, na maior parte da Nova Inglaterra e nas adjacências do Canadá, situa-se entre 4,0 e 4,5, que é aproximadamente a acidez de um suco de toranja. O topo das montanhas em New Hampshire tem registrado chuvas com um pH de 2,1, aproximadamente a mesma acidez de um suco de limão. O dano mais aparente causado pela deposição ácida é a destruição de estátuas, que se fragmentam com esses ácidos, mas o efeito mais grave é menos perceptível. Estudos demonstram que as deposições ácidas em níveis abaixo de 5,1 matam os peixes e destroem os **ecossistemas aquáticos**, já que a maioria dos organismos possui uma estreita **faixa de tolerância** ao pH. Cerca de 25.000 lagos na América do Norte têm sido prejudicados pela deposição ácida.
A deposição ácida enfraquece e mata as árvores, além de interromper o crescimento das lavouras e outras plantas. Embora seja difícil comprovar, muitos cientistas acreditam que amplas porções de florestas, no nordeste da América do Norte e em partes da Europa Central, estão morrendo devido à deposição ácida. Ela também provoca doenças respiratórias e, de acordo com alguns profissionais, é a maior causa das doenças pulmonares nos Estados Unidos.

ciclo da água

ciclismo, melhores cidades para De acordo com a revista *Ciclismo*, as cinco melhores cidades para ciclismo, nos Estados Unidos, são: 1) Seattle, WA; 2) Palo Alto, CA; 3) San Diego, CA; 4) Boulder, CO; e 5) Davis, CA.

ciclo da água A água atravessa um **ciclo biogeoquímico**, à medida que atravessa a biosfera. A energia do Sol impulsiona esse ciclo, fazendo com que a água da superfície da Terra penetre na atmosfera; ela realiza esse processo através da evaporação dos corpos de água e da umidade do solo, e através da transpiração, na qual a umidade das plantas passa para o ar. O ar quente carrega a umidade até que se esfrie, fazendo com que a umidade se transforme em gotículas de água que retornam à terra como precipitação. A água pode cair de volta sobre os corpos de água, penetrar nos solo, onde é reabsorvida pelas plantas, ou percolar para as águas subterrâneas. Se o solo não pode absorver a água, ela escoa superficialmente para as correntes e rios e, finalmente, alcança o oceano. O ciclo da água atua como um sistema de filtragem, purificando e removendo os sais existentes na água, produzindo os 3% de toda a água doce disponível para o consumo dos organismos. (Veja *Aqüíferos*)

ciclo da grama Uma das mais óbvias formas de **reciclagem** não é percebida por milhões de indivíduos que aparam seus gramados, removem a grama cortada e depois aplicam **fertilizantes** que substituem os **nutrientes** perdidos. Os organismos mortos e abandonados são a fonte primária de nutrientes para as futuras gerações de plantas. A grama cortada tem um valor fertilizante de 5-1-3 (nitrogênio, fósforo e potássio). Consome-se cerca de 1 kg de fertilizante por 93 m² para substituir os nutrientes removidos pela grama cortada. Quando deixada sobre o gramado, a grama cortada decompõe-se e torna-se aproveitável para o desenvolvimento da grama, em uma semana. Isso reduz a quantidade necessária de fertilizantes em 25%. O ciclo da grama mantém a grama

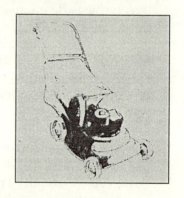

cortada (que é um "resíduo" volumoso) longe dos **aterros sanitários** e diminui a necessidade de fertilizantes problemáticos.
Para reciclar a grama cortada, você deve fazer cortes freqüentes, uma vez que a grama cortada tem de ter 2,5 cm ou menos e o gramado deve ser deixado com aproximadamente 5 cm de altura. (Lembre-se, você não precisa ensacá-la, de maneira que isso leva menos tempo.) A grama não deve estar úmida. Grama cortada curta e grama alta e seca asseguram que a grama cortada caia entre a grama remanescente em vez de abafá-la. (Veja *Fertilizante orgânico; Adubo verde; Poluição do cortador de grama*)

ciclo do carbono

ciclo do carbono É um dos muitos **ciclos biogeoquímicos**. O carbono é o componente primário de toda matéria orgânica. As duas fases mais importantes do ciclo do carbono são: 1) a fotossíntese, na qual o carbono (a partir do **dióxido de carbono** no ar) e a água são convertidos (usando a energia do Sol) em moléculas de açúcar que atuam como combustível para todas as formas de vida; e 2) a **respiração**, na qual essas moléculas se decompõem para liberar a energia usada pelo organismo.

Estima-se que 10% da quantidade total de dióxido de carbono no ar percorra a cada ano um ciclo de ida e volta entre a atmosfera e os organismos, através da fotossíntese e da respiração.

Além do carbono encontrado na atmosfera, grandes quantidades são encontradas na terra firme (litosfera). As rochas, o solo e os sedimentos contêm carbono. Os processos biogeoquímicos de longo prazo, tais como a erosão e a ação de vulcões, lançam diretamente de volta para a atmosfera pequenas quantidades desse carbono. Essa fase sedimentária do ciclo do carbono pode levar milhões de anos. (Veja *Ciclos biogeoquímicos, intervenção humana nos; Gases-estufa*)

ciclo do combustível nuclear Um reator nuclear usa materiais radioativos (geralmente urânio), que têm que ser minerados, triturados, enriquecidos, manufaturados, utilizados e, finalmente, descartados. O minério de urânio de baixo grau é minerado e depois sofre um processo de trituração, que envolve compressão e tratamento para concentrar o urânio. Uma vez triturada, a mistura é chamada de "torta amarela". O minério de urânio comprimido remanescente é chamado de rejeitos de mineração.

A torta amarela tem de sofrer um processo de enriquecimento para aumentar a quantidade de radioatividade, de maneira que isso possa provocar uma reação em cadeia. Depois de enriquecida, ela entra no processo de fabricação no qual é transformada em pelotas usadas para preencher as hastes combustíveis com cerca de 4 metros de comprimento. As hastes combustíveis são colocadas no coração do reator. A energia liberada pela fissão nuclear é usada para gerar eletricidade na usina de **energia nuclear**.

Depois de 3 ou 4 anos, as hastes combustíveis não podem mais suportar a reação em cadeia e têm de ser removidas das usinas e descartadas em seguida. (Veja *Descarte de resíduos radioativos*)

ciclo do fósforo O fósforo é um nutriente essencial, usado pelos organismos para construir o DNA e as membranas celulares. O fósforo **inorgânico** é encontrado nas rochas de fosfato. O desgaste e a erosão decompõem a rocha, permitindo que o fósforo se dissolva na água e torne-se disponível para as plantas verdes, que o absorvem através de suas raízes. O fósforo é transmitido aos animais através das **cadeias alimentares**. Quando as plantas e animais morrem, as moléculas orgânicas contendo fósforo são decom-

ciclos biogeoquímicos

postas novamente em fósforo inorgânico, que é usado por outras plantas verdes. (Veja *Ciclos biogeoquímicos*)

ciclo do nitrogênio O nitrogênio é importante para todos os organismos. Ele é um componente primário das proteínas. Embora 78% do ar seja composto de nitrogênio, as plantas verdes são incapazes de usá-lo nessa forma. A maior parte do nitrogênio torna-se disponível para as plantas verdes (e, por conseguinte, para todas as formas de vida) graças ao processo de fixação do nitrogênio, pelo qual certos organismos absorvem-no do ar e convertem-no em um nitrogênio biologicamente viável para que as plantas verdes possam absorvê-lo através de suas raízes e incorporá-lo em seus tecidos. Esse nitrogênio é depois transmitido para os animais através das **cadeias alimentares**.

Quando as plantas e animais morrem, o nitrogênio encontrado em seus corpos também torna-se disponível para as plantas verdes, mas primeiro precisa se decompor em uma forma viável. Isso é feito por um tipo específico de bactéria, que decompõe moléculas biológicas complexas que contêm uma forma de nitrogênio que pode ser absorvida pelas raízes das plantas verdes.

Dois outros aspectos interessantes do ciclo do nitrogênio incluem outros tipos de bactérias (bactérias de desnitrificação) que convertem o nitrogênio orgânico no solo diretamente para o nitrogênio livre encontrado no ar, para que o ciclo seja reiniciado. Por fim, o relâmpago também desempenha um pequeno papel, ao combinar o nitrogênio do ar com o oxigênio, para compor uma forma útil de nitrogênio, que cai no solo com as precipitações e torna-se disponível para as plantas. (Veja *Ciclos biogeoquímicos*)

ciclo hidrológico Veja *Ciclo da água*.

ciclos biogeoquímicos Referem-se ao ciclo das substâncias químicas essenciais para a vida (**nutrientes**) entre as partes abiótica (sem vida) e biótica (com vida) da **biosfera**. As substâncias químicas são tomadas do solo, da água e do ar pelos organismos e usadas como fontes de energia. Uma vez no interior do organismo, elas são transformadas em substâncias biologicamente ativas. Essas substâncias químicas retornam à Terra quando os organismos morrem e se decompõem. Alguns dos elementos envolvidos nos ciclos biogeoquímicos são o carbono, o nitrogênio, o enxofre e o fósforo. (Veja *Ciclos biogeoquímicos, gás* versus *sedimento; Ciclo da água; Ciclo do carbono; Ciclo do nitrogênio; Ciclo do fósforo*)

ciclos biogeoquímicos, gás versus sedimento Os ciclos biogeoquímicos gasosos ocorrem rapidamente – geralmente levam de algumas horas a alguns dias –, em oposição aos ciclos sedimentários, que levam milhares de milhões de anos para se completar. Os ciclos gasosos movem as substâncias

cidades verdes, EUA

químicas de um lado para o outro entre o ar, a água e os organismos. Os exemplos incluem os ciclos do nitrogênio e do oxigênio.

Os ciclos sedimentários incluem a terra firme. Os ciclos do fósforo e do enxofre são exemplos. Os ciclos gasosos e sedimentários parecem estar sendo modificados pela intervenção humana. (Veja *Ciclos biogeoquímicos, intervenção humana nos*)

ciclos biogeoquímicos, intervenção humana nos É difícil dizer se os **ciclos biogeoquímicos** que levam milhões de anos são afetados pela intervenção humana. Contudo, as mudanças nos ciclos de curta duração são mais óbvias. O **ciclo do carbono**, por exemplo, é influenciado pela queima extensiva de **combustíveis fósseis** (petróleo, carvão e gás), usados como a principal fonte de energia no mundo. Queimar combustíveis fósseis, como toda matéria orgânica, libera dióxido de carbono para a atmosfera. A concentração de dióxido de carbono parece estar aumentando anualmente. Esse aumento é suficiente para provocar alterações no modo pelo qual a atmosfera absorve calor, contribuindo para o **efeito estufa**.

Além da queima de combustíveis fósseis, grandes extensões de florestas estão sendo queimadas (**desmatamento e queimada para cultivo**), aumentando ainda mais o dióxido de carbono na atmosfera. A queima de florestas não apenas adiciona mais dióxido de carbono à atmosfera, como também destrói as árvores e outras plantas, prejudicando a remoção de dióxido de carbono da atmosfera pelas plantas durante a **fotossíntese**.

O **ciclo do nitrogênio** também está sendo modificado pela intervenção humana. Quando há queima de combustíveis fósseis, os compostos de nitrogênio são liberados no ar e reagem com o vapor d'água para criar a **chuva ácida**. Em alguns ecossistemas, o ciclo do nitrogênio é afetado pela liberação localizada e subseqüente acumulação de fertilizantes e resíduos da pecuária nos rios. Essas substâncias contêm altas concentrações de nitrogênio, o que resulta na **eutrofização cultural** de reservatórios e lagos. O **ciclo do fósforo** também tem sido modificado pelo uso extensivo de fertilizantes e pela prática de descartar resíduos nos corpos de água.

cidades verdes, EUA O Almanaque de Informações Ambientais Agradáveis 1993, organizado pelo Instituto de Recursos Mundiais, estabelece uma hierarquia de cidades, segundo sua consciência e qualidade ambiental. São usados 28 indicadores para comparar 75 regiões metropolitanas (com populações acima de 500.000 habitantes). As categorias analisadas incluem resíduos, fonte e uso de água, custo e uso de energia, qualidade do ar, meios de transporte, risco de acidentes químicos tóxicos, encantos ambientais e estresse ambiental. As quinze cidades mais bem colocadas são: 1) Honolulu, HI; 2) San Diego, CA; 3) San Francisco/Oakland, CA; 4) El Paso, TX; 5) Washington DC; 6) Austin, TX; 7) Fresno, CA; 8) New Bedford, MA;

ciência ambiental

9) Tucson, AZ; 10) New Haven, CT; 11) Rochester, NY; 12) San Antonio, TX; 13) Bakersfield, CA; 14) Pittsburgh, PA; e 15) Miami, FL. (Veja *Países verdes; Ciclismo, melhores cidades para*)

ciência ambiental O **meio ambiente**, a ciência ambiental e a **Ecologia** são freqüentemente utilizados como sinônimos. Embora semelhantes, são coisas diferentes. O termo meio ambiente é normalmente usado a partir da perspectiva do organismo. Por exemplo, o meio ambiente do salgueiro refere-se a qualquer coisa, viva ou não, que afete a árvore de salgueiro. A ciência ambiental preocupa-se com o modo pelo qual a intervenção humana afeta nosso meio ambiente. A Ecologia é a ciência que estuda o relacionamento existente entre todas as partes, vivas e não vivas, de um meio ambiente. A ciência ambiental, mais especificamente, lida com os efeitos das populações humanas e da tecnologia sobre o nosso planeta e a maneira de resolver os problemas criados por esses efeitos. É um estudo interdisciplinar que engloba muitas outras ciências, entre as quais a Biologia, a Geologia, a Química. (Veja *Ambientalista; Estudos ecológicos*)

cinza residual A incineração do **resíduo sólido municipal** produz uma cinza flutuante, que é lançada no ar pela chaminé do incinerador. Aquilo que fica são os remanescentes carbonizados que não saem pela chaminé, chamados de cinza residual. Ela tem de ser removida para **aterros sanitários** ou ser incinerada novamente. Como ela freqüentemente contém quantidades concentradas de substâncias tóxicas, é comum ser considerada um **resíduo perigoso**.

cinzas flutuantes Referem-se às emissões aéreas produzidas pela **incineração**. (Veja *Resíduo sólido municipal; Poluição do ar*)

círculo do veneno Refere-se à venda de **pesticidas** que estão proibidos nos Estados Unidos, mas que são exportados para outros países. Lá, eles são usados nas lavouras, cujos produtos são depois importados pelos Estados Unidos e vendidos nos supermercados norte-americanos. A maior parte dessa produção, contendo resíduos de pesticidas, seria ilegal se fosse cultivada e vendida nos Estados Unidos. (Veja *Perigos dos pesticidas*)

clareira Uma abertura natural em um bosque.

classificação cancerígena Muitas pessoas acreditam que "tudo" provoca câncer. A afirmativa não é verdadeira, mas a percepção do público é real e, em alguma medida, abala a fé de muitas pessoas no "sistema". Muito dessa percepção é alimentada em virtude da maneira pela qual os cancerígenos são classificados. Alguns cientistas estão estimulando novos procedimentos de classificação, não para menosprezar os riscos quando existentes, mas para fornecer evidências científicas melhores e informação mais realista sobre os riscos. Até o presente, as pesquisas são feitas em animais de labo-

cloração

ratório, os resultados analisados e as substâncias classificadas como "cancerígeno conhecido", "cancerígeno provável" etc.

As principais reclamações com relação a esses procedimentos acontecem porque essas categorias são muito vagas e deixam pouco espaço para esclarecimentos. Os piores casos são apresentados em vez de uma compilação de todos os dados. Os comentários acerca das exceções ou variações que podem ter sido descobertas não são levados em conta, e evidências contraditórias não são incluídas na categorização final. Medidas reformadoras do sistema de classificação cancerígena estão sendo estudadas pela **Agência de Proteção Ambiental (EPA)** norte-americana. (Veja *Perigos dos pesticidas; Poluição tóxica; Toxicidade aguda*)

cledofito Uma planta que pode desenvolver-se em pilhas de lixo, como nos **aterros sanitários**.

cleptoparasitismo Refere-se a uma forma de parasitismo na qual o indivíduo de uma espécie furta o alimento de outra espécie para alimentar seus próprios filhotes.

cloração O cloro tem sido adicionado como desinfetante na **água potável** desde o princípio do século XX. Sete em cada dez norte-americanos bebem água clorada, mas alguns cientistas estão preocupados com a sua segurança. O cloro reage com a matéria orgânica na água, como folhas caídas ou grama, e produz substâncias chamadas de trialometanos (**THM**), que são tidas como cancerígenas. A Agência de Proteção Ambiental (EPA) norte-americana regula essa substância pela determinação da quantidade média "anual" que pode estar presente na água potável de um município. Isso significa que em um município podem ser acrescentadas altas concentrações de cloro em um determinado dia, representando assim uma possível ameaça à saúde. (Veja *Tratamento de esgoto; Tratamento da água*)

clorofila Pigmento verde, encontrado nas células das plantas, que é essencial para a **fotossíntese**. (Veja *Produtores*)

coeficiente de sexo As taxas de natalidade e mortalidade de uma população dependem, em parte, de dois fatores: **distribuição etária** e coeficiente de sexo. O coeficiente de sexo é a proporção de machos em relação ao número de fêmeas. Entre os seres humanos, nascem 106 machos a cada 100 fêmeas. O coeficiente difere largamente entre os diferentes tipos de organismos. Existem muitos insetos, por exemplo, cujas populações são quase inteiramente formadas por fêmeas, como no caso dos pulgões.

co-geração Cerca de um terço da energia produzida por uma usina convencional de energia de combustíveis fósseis é transformado em eletricidade; o resto é perdido como calor. A co-geração refere-se à captura e ao uso do

combustíveis sintéticos

calor perdido, que pode ser utilizado diretamente para aquecer as instalações ou recapturado para gerar mais eletricidade. (Veja *Carvão; Energia alternativa*)

colônia da rainha   Colônia de abelhas melíferas que possui uma rainha. A colônia depende de uma rainha sadia, já que apenas ela pode produzir os ovos. (Veja *Insetos*)

coloração aposemática   Refere-se à coloração ou às estruturas de um organismo que servem para avisar a um predador da existência de perigo. Por exemplo, uma listra específica sobre uma doninha-fedorenta é aposemática. (Veja *Mimetismo; Coloração diretiva*)

coloração diretiva   Refere-se a marcas em um organismo que desviam o ataque de um predador para partes não-vitais do corpo. Por exemplo, os desenhos de olhos nas asas da borboleta desviam a atenção de um pássaro para longe do corpo do inseto. A borboleta tem mais chance de sobreviver a uma mordida em sua asa do que a uma em seu corpo. (Veja *Mimetismo; Coloração aposemática*)

combustíveis de óleos vegetais   O combustível de óleos vegetais é uma das três fontes de **energia de biomassa**, na qual plantas e animais são usados para produzir energia aproveitável. Algumas plantas, tais como o girassol, a soja e colza, produzem óleos naturais em suas sementes. Esses óleos foram usados como um substituto do óleo *diesel* no passado e representam uma esperança para o futuro. Os óleos vegetais têm de ser refinados de maneira que não sujem as máquinas que acionam. As sementes de colza podem ser desenvolvidas em todas as estações, de modo que ela não compete com outras lavouras de alimentos. Algumas formas de algas também produzem óleos naturais e estão começando a ser pesquisadas por causa do sua utilidade potencial. Os combustíveis de óleos vegetais atualmente não têm preços competitivos em comparação com outros combustíveis. (Veja *Óleo de girassol, combustível* diesel)

combustíveis sintéticos   O carvão que foi convertido em um gás ou em um combustível líquido é chamado de combustível sintético. A **gaseificação do carvão** converte o carvão sólido em um combustível sintético gasoso chamado de gás natural sintético (**singás**). A liquefação do carvão transforma-o em um combustível sintético líquido tal como o metanol. Esses dois tipos de combustíveis sintéticos produzem muito menos poluição do que a queima de carvão sólido. Os combustíveis líquidos são mais funcionais do que os sólidos para o aquecimento de residências e para o uso em automóveis e outras formas de transporte. Eles podem também ser transportados através de oleodutos e gasodutos, enquanto o carvão sólido tem de ser transportado por trens ou navios.

comensalismo

As instalações para combustíveis sintéticos, contudo, são caras para serem construídas e mantidas em funcionamento, em comparação com as usinas de energia de queima de carvão que disponham de dispositivos de controle de poluição do ar. Os combustíveis sintéticos também têm um teor calórico mais baixo, o que significa que mais carvão tem de ser usado para produzir a mesma quantidade de energia a partir dos combustíveis sintéticos do que diretamente do carvão.

combustível fóssil Inclui o carvão, o petróleo e o gás natural. Eles fornecem a maior parte dos suprimentos de energia do mundo. São considerados fontes de **energia não-renováveis**, já que os depósitos dessas substâncias não estão sendo reabastecidos e irão se esgotar no futuro. (Veja *Petróleo; Carvão; Gás natural; Formação do petróleo; Formação do carvão; Energia alternativa*)

comensalismo **Relação simbiótica** na qual um organismo se beneficia do relacionamento e o outro não é afetado por ela. Muitos musgos, liquens e parreiras (trepadeiras) crescem nas árvores, por meio desse tipo de relacionamento. O exemplo clássico é o de um peixe chamado rêmora, que se une aos tubarões por meio de um apêndice de sucção e se alimenta com as sobras de comida deixadas pelo tubarão. O tubarão parece ser indiferente ao relacionamento. (Veja *Parasitismo; Mutualismo; Parasitoidismo*)

comércio de marfim Na última década, o número de elefantes na África foi reduzido à metade, principalmente devido ao comércio internacional de marfim. A **Convenção sobre o Comércio Internacional das Espécies Ameaçadas (CITES)** tem tentado controlar o comércio de marfim desde 1976, quando quase 90.000 elefantes eram chacinados a cada ano por causa das suas presas de marfim. Desde 1986, a organização tem tentado banir completamente o comércio de marfim. Ela tem alcançado um relativo sucesso, mas tem sempre entrado em conflito com os **caçadores**. Alguns membros da organização acham que o fim do comércio deveria ser suspenso já que a população de elefantes se estabilizou, mas a maioria acha que isso representaria um declínio significativo da população desses animais. (Veja *Espécies ameaçadas; Estatuto das espécies ameaçadas*)

Comissão de Estudos de Meio Ambiente e Energia Este é o maior serviço de organização legislativa do Congresso norte-americano. Ele atende a mais de 355 senadores e deputados, fornecendo análises objetivas sobre meio ambiente, energia e recursos naturais. As agências governamentais e os especialistas são consultados acerca de seus estudos mais profundos. A Comissão é coordenada por dois representantes democratas e dois republicanos. Seus pareceres nesses assuntos alcançam uma grande repercussão no Congresso norte-americano.

compostagem

Comissão Internacional Conjunta Composta de três membros dos Estados Unidos e três do Canadá. Essa organização realiza estudos ambientais e apresenta propostas aos políticos sobre os corpos de água que são compartilhados pelos dois países, tais como os Grandes Lagos.

Commoner, Barry Cientista e escritor, foi um dos primeiros a fazer um alerta público dos tremendos custos ambientais do nosso desenvolvimento tecnológico. Commoner revela, no seu último livro, *Making Peace with the Planet (Fazendo as pazes com o planeta)*, como a ciência, a política, o setor privado e toda a ação pública têm de ser examinados em conjunto, se quisermos preservar nossos recursos e não desperdiçar mais tempo e dinheiro. Ele atualmente dirige o Centro de Biologia dos Sistemas Naturais do Queens College na cidade de Nova York.

competição Quando dois organismos da mesma espécie competem pelo mesmo recurso, isso é chamado de competição intra-espécies. O recurso pode ser comida, tal como uma planta ou uma presa, ou pode ser um fator abiótico (não-vivente), tal como luz do Sol ou água. Se os dois organismos que competem por um recurso são de espécies diferentes, isso é chamado de competição inter-espécie. (Veja *Relacionamento predador-presa; Nicho*)

compostagem Processo de conversão de resíduos orgânicos em **composto**. Sobras de alimentos, grama cortada e folhas, resíduos de animais e lama de esgoto são aproveitados para a compostagem. Esses materiais orgânicos se decompõem em nutrientes essenciais para o desenvolvimento das futuras plantas. A compostagem nos Estados Unidos, conforme aqui descrita, é geralmente feita em pequena escala, mas alguns países e também algumas cidades norte-americanas têm implementado o processo em larga escala, usando tanto os **resíduos sólidos municipais** como a **lama de esgoto**.
Uma estrutura de compostagem pequena ou típica de jardim consiste de um engradado de arame (que permita a entrada de ar), de aproximadamente meio metro quadrado. Uma camada de galhos no fundo permite a circulação do ar. Adicione uma camada de matéria orgânica seca, como grama cortada ou folhas, sobre os galhos. Em seguida, coloque seus resíduos orgânicos (restos de cozinha ou resíduos de animais etc.). Sobre cada camada de resíduos orgânicos, coloque uma fina camada de solo. Continue adicionando camadas de resíduos orgânicos e de solo alternadamente até completar o engradado, ou pelo menos até uma altura de 90 cm. A pilha deve ser revolvida uma vez a cada 2 meses. Deixe uma depressão na superfície para que a água recolhida penetre por ali. Dentro de um período de 6 a 12 meses, a matéria orgânica terá se decomposto num rico composto, que pode ser usado como fertilizante. O composto estará pronto quando ele adquirir uma cor entre marrom e negro e não tiver mais um cheiro desa-

compostos orgânicos voláteis (VOC)

gradável. Os ingredientes não devem ser mais identificáveis. (Veja *Compostagem em larga escala; Energia de biomassa*)

compostagem em larga escala Alguns países europeus e alguns poucos municípios norte-americanos possuem usinas de compostagem, que reciclam os resíduos orgânicos a partir dos **resíduos sólidos municipais** ou da **lama de esgoto** e comercializam esses compostos como fertilizantes. Não obstante o composto seja vendido para gerar renda, a maior economia decorrente desse processo é a redução dos resíduos descarregados nos aterros sanitários. Nessas usinas de compostagem em larga escala, os resíduos são agitados e aerados como forma de acelerar o processo natural de **compostagem**. A bactéria que decompõe a matéria orgânica prolifera com o ar adicionado e com a umidade. O que levaria muitos meses para se decompor naturalmente leva apenas algumas semanas, nessas usinas.

composto É um dos três tipos de **fertilizantes orgânicos**. Ele é um solo rico que contém grande quantidade de matéria orgânica decomposta. O composto é criado a partir de resíduos tais como grama cortada, folhas pequenas, restos de alimentos e pequenos animais mortos que são misturados com a camada superficial do solo e decompostos pelas populações de micróbios. Esses micróbios decompõem a matéria orgânica, tornando-a disponível para o futuro desenvolvimento de plantas. Cerca de 34% dos **resíduos sólidos municipais** nos Estados Unidos são compostáveis, mas apenas 1% é realmente aproveitado. Existem meios de se usar a **lama** remanescente das estações de **tratamento de esgoto** como material orgânico para criar compostos. (Veja *Compostagem*)

compostos de nitrogênio São um dos cinco poluentes primários que contribuem para a **poluição do ar**. Os mais comuns desses compostos são o óxido de nitrogênio e o dióxido de nitrogênio. Assim como os outros poluentes primários, os compostos de nitrogênio são provenientes basicamente dos automóveis e das usinas de geração de energia elétrica. Esses compostos desempenham o papel principal na produção de **poluentes secundários do ar** que criam a **fumaça fotoquímica**. Também contribuem para o desenvolvimento da **chuva ácida**.

compostos orgânicos voláteis (VOC – Volatile Organic Compounds) Nome coletivo atribuído a poluentes que são gases na temperatura ambiente. Muitos VOCs são emitidos a partir de produtos domésticos. Todos esses gases contêm o carbono como elemento primário. Entre os VOCs inclui-se o **formaldeído**, que é liberado de inúmeros materiais de construção e de produtos cosméticos. Eles também incluem o benzeno, o xileno e outros que são liberados a partir de solventes (líquidos que dissolvem substâncias), tais como os produtos de limpeza doméstica, removedores de pinturas e acaba-

comunidade

mentos de couro. Os equipamentos elétricos e alguns plásticos emitem bifenil policlorado, comumente chamado de PCB. Se forem descartadas de forma inadequada, essas substâncias liberam PCBs, que podem atingir os suprimentos de água ou tornar-se particulados e penetrar no corpo, acumulando-se nos tecidos gordurosos.

Muitos VOCs causam sintomas semelhantes aos de um resfriado comum, inclusive incômodos respiratórios. Acredita-se que os PCBs sejam cancerígenos e constituam séria ameaça. Muitos dos VOCs não foram amplamente testados e, portanto, seus riscos inerentes são pouco conhecidos.

comunicação de risco ambiental Processo de informar ao público acerca de qualquer risco associado com um novo projeto, produto ou tecnologia. As audiências públicas ou outros fóruns de participação permitem ao público uma oportunidade para expressar suas opiniões e influenciar as decisões finais. (Veja *Análise de risco ambiental; Manejo de risco ambiental; Riscos, realidade* versus *suposição*)

comunidade Refere-se ao conjunto de todas as **populações** que habitam uma área, em um determinado tempo. (Veja *Ecossistema*)

comunidade ecológica Veja *Sinecologia.*

comunidade máxima Refere-se à **comunidade** definitiva, estável e que autoperpetua os organismos de uma região. (Veja *Sucessão; Bioma; Ecossistemas aquáticos*)

comunidade pioneira Os primeiros organismos a se estabelecerem em uma área criam a **comunidade** pioneira. Esse é o primeiro estágio da **sucessão**. Os pioneiros preparam o meio ambiente para os estágios posteriores. Os **liquens** são freqüentemente os primeiros organismos a se estabelecerem em uma comunidade pioneira.

comunidade sere As **comunidades** de organismos encontradas em uma área mudam gradualmente com o passar do tempo, começando com uma **comunidade pioneira** e terminando com uma comunidade clímax. Esse processo é chamado de **sucessão**. Cada comunidade que se forma durante esse processo de transição é chamada de uma comunidade sere e a seqüência inteira é chamada de um sere. (Veja *Sucessão*)

CONCERN Organização, sem fins lucrativos, que fornece informações ambientais para grupos comunitários, escolas, indivíduos e instituições públicas que estejam interessados em assuntos ambientais. Sua atividade principal é desenvolver e publicar uma variedade de manuais para ação comunitária que apresentam uma linguagem acessível acerca de assuntos como **aquecimento global**, resíduos domésticos e **pesticidas**. Escreva para CONCERN, 1794 Columbia Road NW, Washington DC 20009.

Conselho para a Defesa dos Recursos Naturais

condicionamento espacial Veja *Isolamento térmico, construções.*

Conquiliologia Estudo das conchas do mar.

Conselho para a Defesa dos Recursos Naturais (NRDC-Natural Resources Defense Council) Dedica-se a proteger o ar, a água e os estoques de alimentos norte-americanos. Por meio de legislações e pesquisas, ele tem conduzido a luta contra a chuva ácida e pela aplicação adequada do Estatuto do Ar Limpo. Graças a sua campanha "Mães e Outros pela Limitação aos Pesticidas", ajudou a eliminar o uso de alar sobre as maçãs. O NRDC também começou a reforma no manejo de florestas e lutou contra as políticas federais de concessão de poços de petróleo e minas de carvão que ameaçavam a vida selvagem. Escreva para 40 West 20th Street, New York, NY 10011.

Conselho para a Proteção do Deserto Criado em 1954, seu objetivo é proteger plantas e animais do deserto, penhascos e desfiladeiros, lagos secos e dunas de areia, e sítios históricos e culturais. Devido ao aumento na destruição do deserto e de seus recursos, o apoio a esse conselho tem crescido consideravelmente nos últimos anos. Escreva para P.O. Box 4294, Palm Springs, CA 92263.

Conselho para a Salvação das Dunas Fundado em 1952 para preservar e proteger as Dunas de Indiana para uso público e lazer. As Dunas de Indiana foram formadas ao longo de 15.000 anos pelas geleiras, águas e ventos. Ao andar por essas dunas, uma pessoa pode ver como as comunidades de plantas e animais mudaram quando as águas de um antigo lago glacial retrocederam para formar o atual lago Michigan. As pesquisas sobre as dunas continuam a contribuir para o nosso conhecimento de Ecologia.
O conselho foi o instrumento que protegeu as dunas do desenvolvimento econômico. Em 1966, o Congresso norte-americano criou o Indiana Dunes National Lakeshore, que passou a integrar o Sistema Nacional de Parques dos Estados Unidos. Atualmente, o conselho está trabalhando no sentido de expandir as fronteiras do parque e continua a protegê-lo de futuras tentativas de desenvolvimento econômico. Escreva para 444 Barker Road, Michigan City, IN 46360.

Conselho do Presidente para a Competitividade Foi criado para ajudar as indústrias norte-americanas a se tornarem mais competitivas. Durante 1991 e 1992, esse conselho começou a atacar as regulamentações de proteção ao meio ambiente que ele acreditava serem danosas para a economia. Uma das facetas desse ataque foi a decisão sobre novas regras que reduzem o acesso público às informações relacionadas com as questões ambientais. Por exemplo, o Estatuto do Ar Limpo de 1990 originalmente exigia notificações e audiências públicas, antes que qualquer empresa pudesse exce-

Conservação da Natureza

der os níveis permitidos de emissões de poluentes. O Conselho para a Competitividade revisou o estatuto e retirou as exigências de qualquer revisão pública antes que uma empresa possa aumentar os níveis de poluição.

Outros tópicos ambientais onde o conselho manifesta suas diretrizes dizem respeito à proteção das **terras úmidas**, ao descarte e estocagem de **resíduos perigosos** e aos testes e propagandas de produtos de Engenharia genética. (Veja *Economia* versus *meio ambiente; Economia* versus *desenvolvimento sustentado*)

Conselho para o Aumento dos Hábitats de Vida Selvagem (WHEC – Wildlife Habitat Enhancement Council) Criado em 1988, é uma organização sem fins lucrativos, não-lobista, que ajuda as corporações a melhorarem suas terras para a vida selvagem, uma vez que elas são proprietárias de um terço de todas as terras privadas dos Estados Unidos. O Conselho criou um programa que estabelece vínculos entre os gerentes das companhias e os especialistas ambientais para a criação de projetos para a vida selvagem. Esse relacionamento ajuda a desenvolver e melhorar a imagem ambiental da companhia e estabelece um melhor relacionamento com a comunidade. Escreva para WHEC, 1010 Wayne Avenue, Suite 1240, Silver Spring, MD 20910.

Conselho Rachel Carson, Inc. Esse conselho foi fundado segundo os desejos de **Rachel Carson** de estabelecer uma corporação científica educacional, sem fins lucrativos, que se preocupasse com a contaminação de substâncias químicas e seus efeitos sobre a saúde humana. O conselho fornece informações a indivíduos e organizações de todo o mundo através de publicações, encontros e programas governamentais. Escreva para 8940 Jones Mill Road, Chevy Chase, MD 20815. (Veja *Perigos dos pesticidas, DDT, Bioacumulação, Amplificação biológica*)

conservação da água doméstica Qualquer procedimento que vise à economia da **água doméstica** é considerado conservação da água doméstica. Isso inclui consertar os vazamentos de torneiras e válvulas, usar descargas suaves e ultra-suaves, chuveiros eficientes e aeradores de torneiras. Utilizar esses mecanismos pode reduzir a quantidade de água usada em uma residência em mais de 30%. (Veja *Banho de banheira* versus *banho de chuveiro; Uso doméstico da água; Poluição da água doméstica*)

Conservação da Natureza É a principal organização norte-americana dedicada à forma mais simples de ambientalismo – preservar e proteger áreas intactas. A Conservação da Natureza, criada em 1951, identifica, adquire e maneja meios ambientes naturais únicos, de forma que eles não sejam destruídos pela intervenção humana. Ela tem ajudado a preservar mais de 2 milhões de hectares em cinqüenta estados norte-americanos, no Canadá e em outros países. Essa organização comprou e atualmente maneja mais de 1.000 santuários, a maioria dos quais constituída de hábitats de espécies

conservação do solo

ameaçadas. A Conservação da Natureza tem uma rede nacional de sedes locais e estaduais. A taxa anual de seus membros é de 15 dólares. Escreva para 1815 North Lynn Street, Arlington, VA 22209. (Veja *Aquisição de terras, áreas selvagens; Deserto*)

conservação do solo Um terço do solo arável, originalmente encontrado nas terras cultiváveis dos Estados Unidos, se perdeu devido à **erosão do solo** pela água e pelo vento. O solo é arrastado pela água e levado pelo vento numa velocidade sete vezes maior do que a necessária para que ele se forme naturalmente. A conservação do solo refere-se às técnicas e práticas que ajudam a estabilizar o solo para reduzir essa erosão.

Os métodos de conservação do solo incluem o seguinte: **cultivo conservacionista, plantação em contorno, plantação alternada em faixas, plantação em terraços, plantação em alas, regeneração dos sulcos, quebra-ventos e zoneamento.** Esses métodos de conservação são usados em aproximadamente metade de todas as terras cultiváveis dos Estados Unidos.

Entretanto, quase 50% de toda a erosão do solo causada pelos humanos não se deve à agricultura. A maioria é resultado de outros fatores como a **abertura de clareiras** em florestas, o **crescimento urbano desordenado** e seu inevitável desenvolvimento econômico, assim como as práticas de mineração, principalmente a **mineração a céu aberto.**

consórcio Refere-se ao desenvolvimento de duas ou mais lavouras juntas no mesmo lote de terra. (Veja *Plantação em alas; Conservação do solo*)

constância Veja *Estabilidade populacional.*

consumidor Os organismos podem ser classificados de acordo com a forma pela qual eles obtêm energia para sobreviver. Os animais que precisam consumir plantas ou outros animais para obter sua energia são chamados de consumidores (em oposição aos **produtores**, que captam a energia do Sol durante a **fotossíntese**, para produzir seu próprio alimento). Os animais que comem plantas são consumidores primários e incluem o gado, os coelhos e os gafanhotos. Os animais que comem os consumidores primários são consumidores secundários e incluem muitos pássaros predadores, peixes e insetos. Os consumidores terciários comem os consumidores secundários e incluem os leões, os tubarões e os falcões. Os tipos de organismos que se enquadram no papel de produtores e consumidores dependem do **bioma** ou do **ecossistema aquático** em que são encontrados. Esses relacionamentos são ilustrados pelas **cadeias alimentares.** (Veja também *Pirâmides de energia; Produtores; Decompositores; Carnívoros; Relacionamento predador-presa; Parasita*)

controle biológico

consumo de energia, histórico Como as civilizações tornaram-se altamente desenvolvidas, a necessidade de combustíveis cresceu drasticamente. Embora a população mundial tenha apenas duplicado entre 1900 e 1990, consumimos doze vezes mais energia ao longo do mesmo período. Esse aumento não foi devido ao crescimento populacional, e sim ao da produção, que se tornou trinta vezes maior durante o mesmo período.

Cerca de 80% do fornecimento de energia do mundo é proveniente de fontes de energia **não-renováveis**. Com o crescimento continuado da população e o aumento da produtividade, a demanda por energia se amplia. Fontes de **energia alternativa** terão de ser descobertas já que as fontes de energia não-renováveis se esgotarão.

Historicamente, a mudança para uma fonte de energia alternativa (uma vez disponível), tal como o carvão no século XIX, e o petróleo e o gás no século XX, leva 50 anos para ser aceita, implementada e usada em larga escala.

CONTRA-SLAPP Em resposta à ameaça crescente das **SLAPPs**, muitos indivíduos e organizações ambientais têm movido com êxito ações judiciais "contra" aqueles que moveram a SLAPP original, chamadas atualmente de CONTRA-SLAPP. Para maiores informações sobre SLAPPs e CONTRA-SLAPPs, entre em contato com: Coalition Against Malicious Lawsuits, P.O. Box 751, Valley Stream, NY 11582; SLAPP Resource Center, University of Denver, College of Law, 1900 Olive Street, Denver, CO 80220; Citizens' Clearinghouse for Hazardous Waste, P.O. Box 6806, Falls Church, VA 22040; First Amendment Project/California Anti-SLAPP Project, 1611 Telegraph Avenue, #1200, Oakland, CA 94612.

controle biológico Antes de os produtos químicos tornarem-se o método-padrão de controle de pragas de insetos, usávamos métodos naturais com êxito. Esses métodos naturais progrediram com a ciência e com a tecnologia e são formas viáveis de controle de pragas, sem o uso de produtos químicos.

O controle biológico utiliza populações de **parasitas**, **predadores** e **agentes patogênicos** para controlar as pragas. A implementação bem-sucedida desses métodos ocorre há mais de 100 anos, quando a redução das plantações de algodão na Califórnia foi controlada pelo besouro vedália, um predador. Existem aproximadamente trezentas histórias de controle biológico bem-sucedido, documentadas em todo o mundo.

Um dos métodos de controle biológico mais comum é uma bactéria chamada BT (*Bacillus thuringiensis*), que mata muitas pragas. Ela pode ser encontrada ao lado de outros pesticidas em armazéns. Essa bactéria tem gêneros diferentes, cada um destinado a um tipo de praga. Alguns gêneros matam mosquitos e outros são usados para controlar as lagartas de mariposas que comem folhas, tais como a mariposa européia.

conversão bioquímica, biocombustível

Introduzir grande número de joaninhas é outro método de controle biológico muito utilizado. No estágio larval, as joaninhas devoram numerosos pulgões e insetos nocivos. Muitas vespas parasitárias pequenas (nocivas aos seres humanos) infestam de parasitas formas imaturas de insetos danosos, matando-os antes de se tornarem maduros. Algumas pequenas vespas, por exemplo, depositam ovos na lagarta da larva do tabaco. As jovens vespas saem da casca no interior do seu hospedeiro (o ovo da larva ou a lagarta) e se alimentam das vísceras da lagarta, matando-a. As vespas, bem alimentadas, deixam depois a carcaça do inseto morto. (Veja *Manejo integrado de pragas; Iscas sexuais; Pesticidas biológicos; Esterilização de insetos*)

Convenção sobre as Mudanças Climáticas Um dos cinco documentos discutidos durante a **Cúpula da Terra**, realizada no Rio de Janeiro, em junho de 1992. Os assuntos discutidos nessa convenção foram os seguintes: redução das emissões de dióxido de carbono, a causa principal do **aquecimento global**; controle das emissões de outros gases-estufa; e a necessidade de ajuda técnica e financeira aos países subdesenvolvidos que ainda dependem de **combustíveis fósseis**. O principal objetivo era "estabilizar os gases-estufa na atmosfera para prevenir interferências perigosas no sistema climático, assegurar que a produção de alimentos não seja ameaçada e tornar possível o desenvolvimento econômico de forma sustentada".

Convenção sobre o Comércio Internacional de Espécies Ameaçadas (CITES – Convention on the International Trade of Endangered Species) Foi fundada em 1973 e está localizada em Lausanne, Suíça. Sua missão é monitorar e regular o comércio internacional de vida selvagem. Mais de cem países pertencem à organização. Ela se reúne, a cada 2 anos, para determinar quais organismos necessitam de proteção e, em seguida, implementar restrições. A organização utiliza três categorias. A primeira proíbe todo o comércio internacional de uma **espécie ameaçada**. A segunda permite algum comércio, e a terceira categoria deixa as regulamentações a cargo dos países envolvidos.

Embora a CITES aprove leis que os países-membros são solicitados a cumprir, existem muitas brechas e o cumprimento das leis é difícil. As duas principais preocupações da CITES são a destruição dos hábitats das vidas selvagens e o seu comércio irrestrito, que movimenta bilhões de dólares ao ano. (Veja *Estatuto das espécies ameaçadas; Comércio de marfim; Caça ilegal; Extinto*)

conversão bioquímica, biocombustível A energia de biomassa pode ser produzida tanto por conversão termoquímica quanto por conversão bioquímica. A segunda utiliza as bactérias que sobrevivem sem oxigênio e se alimentam de biomassa (resíduos de plantas e animais). Essas bactérias produzem gás metano e dióxido de carbono como subprodutos – uma mistura

conversão termoquímica, combustível

chamada biogás, que é então usada como combustível. Esse processo ocorre na natureza, mas pode ser controlado por **digestores de metano**. Esses aparelhos usam matérias de plantas e resíduos de animais para produzir metano, que é coletado e usado em sistemas de aquecimento e como gás de cozinha. A China, a Índia e a Coréia possuem dezenas de milhares desses digestores em funcionamento.

Os aterros sanitários contêm naturalmente essas bactérias e, por conseguinte, geram o gás metano. Alguns dos aterros sanitários mais recentes possuem tubos que coletam o gás produzido por eles, que pode então ser usado como combustível. Experimentalmente, os resíduos de animais de grandes pastos de engorda e os resíduos sólidos (lama) provenientes das estações de tratamento de esgoto também estão sendo usados para produzir o biogás combustível.

A conversão bioquímica também pode usar levedos para fermentar milho, trigo ou outros produtos agrícolas para produzir combustíveis de álcool, como o etanol. O Brasil usa a cana-de-açúcar dessa maneira para produzir o etanol, e esse combustível chegou a ser fornecido a 20% da frota de carros brasileira. Infelizmente, esse programa está deixando de ser incentivado pelo governo brasileiro. (Veja *Energia alternativa*)

conversão da energia térmica do oceano (OTEC - ocean thermal energy conversion) Método experimental de geração de energia a partir da diferença de temperatura entre as águas mais frias e mais profundas do oceano e suas águas mais quentes e superficiais. As usinas de energia OTEC são ancoradas no fundo do oceano e flutuam na superfície. O Japão e os Estados Unidos estão muito empenhados no estudo da viabilidade dessas usinas de energia. Esses tipos de usinas, assim como as **hidrelétricas**, não produzem poluentes. (Veja *Energia das ondas; Energia lunar*)

conversão termoquímica, combustível A energia de biomassa é produzida pela **conversão bioquímica** ou pela conversão termoquímica. A segunda produz o combustível metanol ou o gás natural sintético (**singás**). O processo envolve o aquecimento de algum tipo de biomassa, madeira, por exemplo, em um local com pouco ou nenhum oxigênio. Isso provoca a decomposição da biomassa em substâncias mais simples, que podem ser usadas como combustível. A **gaseificação** é um método de conversão termoquímica que converte a biomassa (geralmente produtos residuais de madeira, tais como serragem) em singás, que pode ser usado como combustível.

conversão da dívida em projetos ambientais No início de 1987, os países que sofrem com a **destruição das florestas tropicais** e têm uma grande dívida externa receberam propostas interessantes, chamadas de conversão da dívida em projetos ambientais. Algumas organizações se comprometem-

conversor catalítico

ram a fazer uma arrecadação para pagar uma parte das dívidas desses países, em troca de seus esforços para a conservação das florestas tropicais. Em poucos anos, cerca de 60 milhões de dólares foram arrecadados para as conversões da dívida em projetos ambientais. Os países que se integraram ao programa foram Costa Rica, Madagascar, Filipinas, Bolívia e Equador. As duas organizações mais envolvidas nessas conversões são o Fundo Mundial para a Vida Selvagem e a Conservação da Natureza. (Veja *Floresta tropical úmida; Desmatamento*)

conversor catalítico Dispositivo de controle de emissões que todos os carros vendidos nos Estados Unidos são obrigados a ter. Ele reduz as emissões em mais de 75% em comparação aos carros que não têm esse dispositivo. (Veja *Poluição do ar, Alternativas de combustível para automóveis*)

coprófagos Organismos que se alimentam de estercos de animais. Existem muitas espécies de besouros que vivem a maior parte de suas vidas numa pilha de esterco. Alguns preferem tipos específicos de esterco como, por exemplo, os de vaca ou cavalo. Alguns, como o escaravelho vira-bosta (que na realidade é um **besouro**), ruminam pequenos pedaços de esterco transformando-os em bolas. Em seguida, levam essas bolas para locais seguros, põem seus ovos nelas e as enterram. Quando os ovos se partem, os jovens besouros estão protegidos no interior do solo e abastecidos de alimentos. (Veja *Insetos; Decompositores; Redes alimentares*)

corrente de resíduo Refere-se ao fluxo do resíduo desde o momento em que começa a se transformar em resíduo, tal como quando colocado numa lata de lixo ou no chão de uma fábrica, até o seu descarte final, num **aterro sanitário** ou local de **incineração**. O maior componente na nossa corrente de **resíduo sólido municipal** é o papel, que soma cerca de 40% do total e 70% da corrente de resíduo que termina num aterro sanitário.

corte seletivo Método de corte de madeira no qual apenas certos tipos de árvores são removidos da floresta. Por exemplo, uma certa espécie de árvore ou apenas árvores maduras são cortadas. O corte seletivo causa muito menos dano ao ecossistema da floresta do que a **abertura de clareiras**. (Veja *Manejo integrado de florestas; Serviço Florestal, passado e presente; Reflorestamento*)

coruja sarapintada do norte Tornou-se um símbolo de como o meio ambiente e a economia podem ser rivais entre si. Em junho de 1990, essa coruja foi colocada em uma lista de **espécies ameaçadas**. Essa ave vive em **florestas virgens**, na região próxima do Pacífico Noroeste, e, como a maioria dos predadores, necessita de grandes extensões de terra para caçar seu alimento. Apenas 10% dessas florestas ainda existem, a maioria das quais são terras manejadas pelo **Serviço Florestal** norte-americano.

Cousteau, Jacques-Yves

A única forma de proteger a coruja é proteger essas florestas da indústria madeireira. Os representantes do setor madeireiro acreditam que proteger essas terras custaria o emprego de 90.000 madeireiros na região. Os opositores acreditam que esse número representa simplesmente uma continuação do já constatado declínio do número de empregos ligados ao setor madeireiro. (Veja *Economia* versus *meio ambiente; Agricultura sustentada; Estatuto das espécies ameaçadas*)

Cousteau, Jacques-Yves Falecido em 1997, pesquisou os principais corpos de água do nosso planeta. Para explorar as águas profundas por longos períodos de tempo, Cousteau e Émile Gagnan inventaram o Aqualung. Também é dele o crédito de ter desenvolvido as primeiras câmeras de televisão submarinas. Graças a esse instrumento, ele não só pôde estudar as águas profundas do mundo, como também ensinar mais sobre elas a todas as pessoas. (Veja *Recifes de corais; Educação ambiental*)

cratera Refere-se ao dano provocado pelo contorno da **mineração a céu aberto** do carvão, quando a terra não é recuperada.

crescimento desordenado em faixa Tipo de **crescimento urbano desordenado** no qual o desenvolvimento comercial e industrial ocorre ao longo de vias de transporte, tais como as grandes rodovias ou linhas de acesso diário dos trabalhadores.

crescimento populacional nulo Refere-se a uma população com uma taxa de crescimento igual a zero, que é resultante de um equilíbrio entre nascimentos (mais **imigração**) e mortes (mais **emigrações**). A população humana em todo o mundo, atualmente, é de cerca de 5,4 bilhões de pessoas, à qual podem ser adicionadas perto de 100 milhões de pessoas, a cada ano. Nos próximos 40 anos, a população mundial será de 10 bilhões de pessoas, se as tendências atuais se mantiverem.

O crescimento populacional nulo foi alcançado em alguns países, como Itália, Alemanha e Japão, onde a taxa de natalidade tem estado abaixo de um nível de substituição igual a 2. A taxa de natalidade norte-americana é de 2,1. A taxa mundial ainda é de assustadores 3,9, embora ela tenha caído consideravelmente nos últimos 20 anos. Muitos países do Terceiro Mundo, como Etiópia e Tanzânia, têm taxas de natalidade muito acima de 6. (Veja *Tempo de duplicação nas populações humanas; Crescimento Populacional Nulo*)

Crescimento Populacional Nulo (ZPG – Zero Population Growth) Organização que defende a estabilização da população nos Estados Unidos e no mundo. Ela publica diversos relatórios e *kits* educativos que descrevem como interromper o aumento da população e explica sua importância glo-

crescimento urbano desordenado

bal para o meio ambiente. Escreva para 1400 16th Street NW, Suite 32, Washington DC 20036.

crescimento urbano desordenado O desenvolvimento econômico das áreas em torno das grandes cidades, que são menos densamente povoadas e freqüentemente mais agradáveis em termos ambientais, é chamado de crescimento urbano desordenado. À medida que o crescimento urbano se espalha entre as grandes cidades, uma grande e densamente populosa área, chamada **megalópole**, é formada. (Veja *Crescimento desordenado em faixa; Urbanização e crescimento urbano*)

crescimentomania Termo cunhado pelo economista E. J. Mishan para descrever a crença de que "o maior é sempre o melhor". (Veja *Economia* versus *meio ambiente; Economia* versus *desenvolvimento sustentado*)

Criptozoologia Refere-se ao estudo de pequenos animais terrestres que vivem em fendas ou gretas, sob pedras, e em **folhas mortas**, entre os quais pequenos **insetos** e crustáceos. (Veja *Hábitat; Nicho*)

cultivo conservacionista O cultivo "convencional" em fazendas é um convite à erosão do solo porque o solo é revolvido no outono, fica descoberto durante o inverno, e semeiam-se as plantações na primavera. O método de cultivo conservacionista usa um tipo especial de cultivo que remexe o solo profundamente, mas mantém a camada superficial intacta, deixando uma camada protetora de matéria orgânica. Sementes, **fertilizantes** e pesticidas são injetados através da superfície para a camada inferior. Deixar a camada de cima intacta reduz enormemente a quantidade de erosão.
O cultivo conservacionista é usado em apenas um terço das plantações, nos Estados Unidos. Estima-se que se 80% das plantações usassem este método, cerca de metade de todo solo perdido pela erosão poderia ser mantido. (Veja *Conservação do solo; Esterco; Fazenda orgânica*)

cultivo de superfície A **erosão do solo** pode ser reduzida pelo cultivo em filas alternadas de uma planta, tal como o milho, com uma planta forrageira, tal como a alfafa. Essa é uma técnica de **conservação do solo** chamada de cultivo de superfície. A alfafa cobre o solo e o protege da erosão ao capturar a água que escorre da outra plantação (nesse caso, o milho). Esse método também ajuda a minimizar a disseminação de pragas e doenças nas plantas, uma vez que não existe um padrão contínuo de uma única planta. A planta superficial pode ser uma planta fixadora de nitrogênio, que também ajuda a restaurar a fertilidade do solo. (Veja *Rotação de culturas, Fixação do nitrogênio*)

Cúpula da Terra (Rio 92)

Cúpula da Terra (Rio 92) Durante os primeiros doze dias de junho de 1992, os líderes mundiais reuniram-se para discutir os problemas ambientais do planeta, na cidade do Rio de Janeiro. Essa Conferência Mundial foi chamada de Cúpula da Terra – a **Conferência das Nações Unidas sobre Meio Ambiente e Desenvolvimento** (cuja sigla em inglês é UNCED, *United Nations Conference on Environment and Development*). Além dos líderes políticos, mais de 30.000 ativistas, delegados de organizações governamentais e não-governamentais, líderes religiosos e outras corporações afins também participaram da conferência. Os fundamentos dessa conferência se basearam em cinco documentos: **Tratado sobre a Diversidade Biológica, Convenção sobre as Mudanças Climáticas, Princípios sobre Florestas**, a **Declaração do Rio** e a **Agenda 21**.

Embora muito tenha sido realizado durante a conferência, muitos temas importantes foram omitidos. Isso se deveu, em grande parte, ao critério de consenso, que estabelecia que todos os assuntos deveriam ser aprovados pelo conjunto dos 172 países participantes. De forma geral, a Cúpula da Terra produziu uma nova agenda de compromissos para a proteção do meio ambiente e lançou as bases para o progresso no futuro. Ela também provou que os participantes de cada país, cultura, religião e nacionalidade podem caminhar juntos e unidos na direção de um objetivo comum, que é proteger nosso meio ambiente.

cúpula de poeira O calor produzido e absorvido pelas cidades forma uma **ilha de calor urbana**. Sob certas condições, essa ilha de calor pode gerar correntes próprias de ar, que atuam como um microclima sobre a cidade. A circulação de ar, nessas ilhas de calor, captura os poluentes e as partículas de poeira, formando uma cúpula de poeira ou uma bolha acima da cidade, o que aumenta os níveis de **poluição do ar**. Geralmente, a cúpula é desfeita quando uma frente fria forte penetra na área.

curva J Teoricamente, a **população** de qualquer organismo poderia continuar a crescer até ocupar o planeta inteiro. Para que isso ocorresse, teria de haver recursos ilimitados, tais como comida e abrigo, e condições ideais, como temperatura e quantidade de água disponível. Se fosse traçada uma curva em um gráfico, ela teria a forma de uma letra "J", iniciando com uma pequena população e terminando com uma grande população.

Uma vez que os recursos não são ilimitados e as condições não são sempre perfeitas, essa curva ideal geralmente não ocorre na natureza. No momento em que as populações alcançam o limite que o meio ambiente pode suportar (chamado de **capacidade de suporte**), os níveis de crescimento entram em declínio, criando uma curva semelhante a uma letra "S", o que é experimentado virtualmente por todos os organismos, com exceção dos seres humanos.

curva S

A população humana ainda não começou a decrescer e está subindo como na curva J. A tecnologia está procurando ampliar a capacidade de suporte do planeta para sustentar os números da população humana, mas em muitas regiões do mundo esses números parecem estar próximos do limite. Por exemplo, a taxa de **mortalidade** infantil é quatro vezes maior nos **países subdesenvolvidos** do que nos **países mais desenvolvidos**. Somente o tempo poderá dizer quando a capacidade de suporte da Terra será atingida e quais as conseqüências desse fato. (Veja *Tempo de duplicação nas populações humanas; Thomas Malthus; Estabilidade populacional; Dinâmica das populações*)

curva S Se uma população crescesse descontroladamente, ela poderia ocupar o planeta inteiro. Se você estivesse marcando em um gráfico esse crescimento descontrolado, essa curva assumiria a forma da letra "J" e, por conseguinte, se chamaria curva J. Os recursos, tais como alimentos, são, porém, limitados e as condições, tais como temperatura e umidade, nunca são as ideais. Conseqüentemente, a maioria das populações, de início, parece crescer segundo o padrão da curva J, em seguida alcança o tamanho máximo que o meio ambiente pode suportar, a chamada **capacidade de suporte**, e depois entra em declínio. Isso cria uma curva que se parece com o desenho da letra "S", e por isso se fala na curva S do crescimento populacional. (Veja *Curva J; Fator limitante*)

Darling, J. N. "Ding" Eminente cartunista político norte-americano, da primeira metade deste século. Com suas charges ele colocou a idéia de preservação em evidência antes que a maioria das pessoas conhecesse o significado do termo **ecologia**. Seu interesse pelo meio ambiente não ficou restrito a seus desenhos. Tornou-se o diretor de uma organização, posteriormente transformada no Serviço de Pesca e Vida Selvagem dos Estados Unidos, que deu origem ao Programa Federal Selo do Pato (estampa de um pato selvagem) que gera atualmente milhões de dólares para refúgios de vida selvagem. Mais tarde fundou a **Federação Nacional para a Vida Selvagem**.

A Fundação J. N. "Ding" Darling foi criada em 1962, depois de sua morte, por colegas e amigos, para continuar seus esforços em prol da educação conservacionista. A fundação destina fundos para os programas educacionais de nível elementar e universitário, todos voltados para a educação e consciência conservacionista. Não possui funcionários remunerados, de forma que cada dólar de contribuição recebido é aplicado em seus programas. Escreva para 881 Ocean Drive, #17E, Key Biscayne, FL 33149.

DDT Tipo de **hidrocarbono clorado** usado em **inseticidas**. Sintetizado no início da década de 1940, foi considerado por muitos como uma panacéia no controle de pragas. Acreditava-se que o DDT era mortal para os insetos, mas inofensivo aos seres humanos. O DDT foi usado para controlar os mosquitos transmissores da malária e da doença do sono, e por isso atribui-se a ele a salvação de cerca de 5 milhões de vidas naquele período. No início da década de 1950, entretanto, os mosquitos ficaram resistentes ao DDT, de forma que ele acabou perdendo sua eficácia.

Comprovou-se finalmente que o DDT, em conjunto com outros hidrocarbonos clorados, não eram prejudiciais somente para as pragas de insetos a que se destinavam. Esses pesticidas são muito persistentes, o que significa que permanecem em um ecossistema por longos períodos, permitindo que organismos ingiram e acumulem o pesticida em seus corpos. O DDT tornou-se o símbolo dos **perigos dos pesticidas**, no início da década de 1960, quando traços dele (na forma de DDE) foram encontrados em muitas espécies de animais, entre os quais os seres humanos, devido à **bioacumulação** e à **amplificação biológica**.

décimo primeiro mandamento

Durante a década de 1960, o DDT foi responsável pelo dramático declínio do número de pássaros predadores como as águias-pescadoras, os corvos-marinhos e a águia-de-cabeça-branca. Essas populações diminuíram porque o inseticida reduz a quantidade de cálcio disponível para a produção dos ovos, o que resulta em cascas de ovo finas e frágeis.

O DDT foi proibido nos Estados Unidos em 1972; em seguida, verificou-se um aumento na população dos pássaros afetados. Entretanto, novos declínios voltaram a ocorrer. Acredita-se que isso se deve ao DDT usado na América Latina, onde ele permanece legal, ou provavelmente devido às **regulamentações de pesticidas** que permitem que uma substancial quantidade de DDT esteja presente como impureza em outros pesticidas. (Veja *Carson, Rachel*)

decídua Refere-se a plantas que perdem suas folhas durante a estação fria ou outra mudança ambiental, como uma estiagem. (Veja *Perene, Floresta temperada decídua*)

décimo primeiro mandamento Os indivíduos envolvidos no movimento de controle da população acrescentaram informalmente o décimo primeiro mandamento, que estabelece: "Não deverás transgredir a **capacidade de suporte** do meio ambiente". (Veja *Superpopulação; Tempo de duplicação nas populações humanas; População*)

Declaração do Rio sobre Meio Ambiente e Desenvolvimento Esse documento é um dos cinco debatidos na **Cúpula da Terra (Rio 92)**, realizada em junho de 1992, no Rio de Janeiro. Essa declaração foi o resultado de um compromisso firmado entre os países industrializados e o "Grupo dos 77" países em desenvolvimento. Os países mais desenvolvidos queriam simplesmente aceitar os princípios colocados anteriormente na chamada Declaração de Estocolmo, escrita em 1972, estabelecendo a necessidade de proteger o planeta. Os países em desenvolvimento, contudo, lutaram pelo aprofundamento de detalhes mais específicos. Eles queriam que da Declaração do Rio constasse a necessidade de financiamento e assistência técnica aos países em desenvolvimento e o reconhecimento de que os países industrializados eram os principais responsáveis pelos problemas ambientais existentes.

Esse documento não foi assinado e, conseqüentemente, não tem valor legal. Entretanto, espera-se que os governantes adotem os 27 princípios tornados públicos na Declaração do Rio.

Declaração dos Princípios da Floresta Também debatido durante a **Cúpula da Terra (Rio 92)**, existem quinze pontos principais neste documento, alguns dos quais controversos. O seguinte ponto foi acaloradamente debatido: "As nações têm o direito de utilizar, manejar e desenvolver suas

decompositores

florestas de acordo com suas necessidades de desenvolvimento e nível de desenvolvimento sócio-econômico". A declaração também prega a necessidade de recursos financeiros para desenvolvimento dos países com florestas importantes que estão criando programas destinados à sua conservação. Esse documento não tem valor jurídico legal.

declínio Diminuição gradual da produção e uso de substâncias tóxicas. Por exemplo, o declínio do mercúrio poderia começar com o seu banimento das baterias e tintas, seguido da sua remoção de muitos outros produtos e processos até ser totalmente eliminado. (Veja *Resíduos tóxicos; Poluição de metais pesados*)

decompositores Os organismos podem ser classificados de acordo com a maneira pela qual obtêm alimento para sobreviver. Os **produtores** (plantas verdes) produzem seu próprio alimento, enquanto os **consumidores** comem plantas e outros animais. Os decompositores, contudo, obtêm nutrientes ao comer organismos mortos e apodrecidos, chamados de **detritos**. Os decompositores incluem muitos insetos, vermes, bactérias e fungos (mofos e cogumelos). Eles reduzem os detritos a nutrientes orgânicos básicos, de forma que possam ser absorvidos por uma nova geração de plantas, e mantêm o meio ambiente livre dos remanescentes de todas as gerações precedentes de vida sobre a Terra. (Veja *Ciclos biogeoquímicos; Redes alimentares*)

dedução da folha de pagamento ambiental Estas deduções são freqüentemente usadas como um veículo para a destinação de dinheiro às instituições de caridade. A Earth Share (algo como a cota-parte da Terra), de Washington DC, oferece um plano de dedução da folha de pagamento que permite às pessoas fazerem doações especificamente para organizações ambientais. Telefone para (001) (800) 875-3863. (Veja *Fundos de ações ambientais*)

degelo de estradas Espalhar sal de estrada é o método padrão para derreter o gelo que cobre as rodovias no inverno. O sal freqüentemente danifica ou mata as árvores e a vegetação, além de contaminar as águas subterrâneas. Estima-se que uma tonelada de sal de estrada cause aproximadamente 600 dólares de danos ambientais.

Alternativas para o "sal de estrada" incluem um produto ambiental desenvolvido pela Chevron e vendido pela Cryotech, chamado Cryotech CMA, feito de pedra calcária e vinagre. O Cryotech CMA (formalmente chamado ICE-B-GON) é mais durável e não prejudica as plantas, mas custa cerca de 20 vezes mais do que o "sal de estrada". Competitivo, atento ao meio ambiente e com mais aceitação do que as alternativas do citado sal, o seu

depleção de ozônio

preço e o de produtos similares irá, espera-se, tornar-se mais competitivo. Ligue para (001)(800) 346-7237.

demanda bioquímica de oxigênio (DBO) Quantidade de oxigênio necessária aos microrganismos (geralmente bactérias) para decompor a matéria orgânica, em um hábitat aquático específico, durante um determinado período de tempo. Quanto maior a matéria orgânica presente, maior a DBO. A DBO é freqüentemente usada como indicador da qualidade da água. (Veja *Eutrofização cultural; Ecossistemas aquáticos; Poluição da água*)

demografia Estudo das populações e dos fatores que fazem com que elas aumentem ou diminuam de tamanho.

dendrochore Refere-se àquela parte da superfície da Terra coberta com árvores. (Veja *Bioma*)

depleção de ozônio A depleção da camada de **ozônio** (ozônio estratosférico) tornou-se uma das preocupações ambientais mais urgentes dos últimos tempos. Uma vez que o ozônio absorve a luz ultravioleta (UV) do Sol, a camada de ozônio é um escudo protetor indispensável para a vida na Terra. A luz ultravioleta é prejudicial a muitos organismos, entre os quais os humanos. Ela desintegra o DNA e pode causar defeitos genéticos em plantas e animais. Causa câncer de pele e catarata nos olhos humanos e reduz a produção de plantas alimentícias como o milho e o arroz. Acredita-se que a perda de 1% da camada de ozônio representa um aumento de 5% na incidência de câncer de pele.

Durante a década de 80, uma região (buraco) na camada de ozônio, contendo 50% a menos de ozônio do que se esperava, foi encontrada sobre a Antártida, durante os meses de setembro e outubro em cada ano. Em algumas ocasiões, o buraco ficava igual ao tamanho da parte continental dos Estados Unidos. A intensidade da radiação ultravioleta que alcançava a superfície aumentou em cerca de 20% durante esses períodos. Os cientistas descobriram posteriormente um buraco sobre o Ártico, com uma perda de aproximadamente 20% da sua composição normal de ozônio. Depois de alguns meses, esse buraco se dividiu e se espalhou sobre boa parte da Europa e América do Norte. As estimativas de 1988 mostraram uma perda anual global de ozônio de aproximadamente 3% sobre a América do Norte, Europa e Ásia, em comparação com os níveis de 1969.

A depleção de ozônio é causada por **gases que provocam a depleção de ozônio** que se acumulam em certas regiões da estratosfera, durante determinadas épocas do ano, devido às condições climáticas. Uma vez que esses gases levam muito tempo para realizar essa função na atmosfera e permanecem ativos por muitos anos, passar-se-ão décadas, senão séculos, antes que qualquer providência tomada hoje venha a fazer efeito.

desativação de reatores nucleares

deposição ácida Veja *Chuva ácida.*

derivação da água Refere-se à derivação física do fluxo de água de uma área abundante para uma área com menos água. Muitos desses projetos são bem-sucedidos e não representam uma ameaça ambiental, se considerarmos seus benefícios. Entretanto, uma vez que a água é escassa em muitas regiões agrícolas, batalhas judiciais são iniciadas por aqueles que tiveram suas águas desviadas para outro lugar. Por exemplo, as regiões norte e sul do estado norte-americano da Califórnia mantêm uma ferrenha disputa sobre a água que flui através dos muitos sistemas de aquedutos do estado. Os projetos de derivação da água também têm provocado desastres ambientais, como no **mar do Aral**, na antiga União Soviética.

desativação de reatores nucleares A maioria tem uma vida útil de menos de 40 anos, mas muitos são desativados bem antes. Uma vez que essas instalações estão contaminadas com radioatividade, não podem simplesmente ser derrubadas e destruídas, como as outras construções. Geralmente existem três opções para a situação. A usina pode ser desmontada e todos os componentes radioativos levados para locais específicos de **descarte de resíduo nuclear**. Isso produz grande quantidade de materiais de resíduo radioativo e expõe os trabalhadores ao risco da radiação.

Outra opção é conservar a usina até os níveis de **radiação** decaírem, e só então desmontá-la. Isso significa que a usina tem de ser mantida em segurança por um período que varia entre 10 e 100 anos, antes do desmonte e da remoção dos materiais radioativos.

A terceira opção é criar uma estrutura de concreto sólida, em torno do reator, para evitar a propagação da radiação até que ela atinja níveis insignificantes. O "túmulo" teria que durar milhares de anos, ou até que uma nova tecnologia de descontaminação fosse desenvolvida. Mesmo que o túmulo evite que a radiação se propague pelo ar, existe ainda o perigo de ela penetrar no solo e atingir mananciais de água.

Japão, França e Canadá planejam conservar suas usinas nucleares antes de desmontá-las, enquanto os Estados Unidos planejam desmontá-las imediatamente. Os custos para a desativação dessas instalações são estimados entre 50 milhões e alguns bilhões de dólares. Uma pequena **usina nuclear** norte-americana, desativada pelo Departamento de Energia dos Estados Unidos em 1974, levou 3 anos para ser desmantelada, com um custo de 6 milhões de dólares. Mais de 3.000 metros cúbicos de materiais desmantelados da usina foram enterrados.

Uma vez que os custos de desativação são tão altos, cerca de vinte usinas por todo o mundo foram fechadas, mas estão ainda esperando para serem desativadas. Muitas mais estão chegando à idade de serem desativadas. (Veja *Problemas e segurança dos reatores nucleares*)

descarte das minas de plutônio

descarga zero Refere-se à completa eliminação de descarga de poluentes no meio ambiente. Os ativistas da descarga zero acreditam que todos os processos de produção e todos os métodos agrícolas deveriam ser reformulados, de maneira que nenhuma substância perigosa seja descarregada no ar, no solo ou na água. (Veja *Poluição*)

descarte das minas de plutônio Agora que a guerra fria terminou, os Estados Unidos precisam se descartar de mais de 40.000 ogivas nucleares. A mina de plutônio é aquela parte da bomba nuclear que aciona a explosão termonuclear. O plutônio permanece mortal por mais de 25.000 anos e é considerado a substância mais perigosa da Terra. Grãos muito menores do que areia podem causar, e provavelmente causarão, câncer. Essas minas de plutônio estão agora temporariamente armazenadas em casamatas de concreto e aço na Usina Pantex do Ministério de Energia norte-americano, em Amarillo, Texas. Os funcionários do governo de lá estão preocupados com as **síndromes de NIMEY e NIMBY** e com os perigos potenciais da instalação. (Veja *Descarte de resíduos nucleares; Reserva Nuclear de Hanford*)

descarte de lama de esgoto Depois que a **lama de esgoto** foi coletada da estação de tratamento de esgoto, ela tem de ser descartada. Do começo da década de 1920 até o final da década de 80, os oceanos foram o destino final da lama de esgoto. Milhões de toneladas de lama de esgoto têm sido despejados a poucos quilômetros da costa, destruindo a indústria pesqueira e de crustáceos, em muitas áreas. Quase toda a lama de esgoto é atualmente descartada em terra, em usinas de **incineração** e **aterros sanitários**, ou em alguns casos transformada em **composto**. Algumas prefeituras atualmente fazem um pré-tratamento da lama de esgoto para remover as substâncias de **resíduos tóxicos**, tais como **metais pesados**, e utilizam-na como material de construção na produção de tijolo, papelão e material de pavimentação. (Veja *Energia de biomassa; Usinas de energia de resíduos*)

descarte de postes telefônicos Existem cerca de 120 milhões de postes públicos de telefone nos Estados Unidos, sendo que mais de 2 milhões precisam ser substituídos, a cada ano. Para evitar que caiam ou se incendeiem, os postes são tratados com substâncias químicas como o creosoto, que a EPA considera tóxicas e potencialmente cancerígenas. Estudos recentes e programas de teste descobriram bactérias que se desenvolvem na madeira e nas substâncias tóxicas impregnadas nela. Essas **bactérias** estão sendo testadas para tornar a madeira menos danosa, de maneira que ela possa ser reciclada e transformada em produtos de madeira tais como escrivaninhas e outros tipos de mobília. (Veja *Reciclagem; Resíduos tóxicos*)

descarte de resíduos nucleares Uma típica usina de energia nuclear produz 30 toneladas de resíduos radioativos por ano. Existem atualmente

descarte de resíduos perigosos

14.000 toneladas de resíduos de urânio estocadas temporariamente em vários locais, aguardando um local de descarte permanente. Uma vez que o material radioativo continua perigoso por dezenas de milhares de anos, esse material representa, indefinidamente, uma significativa ameaça a todas as formas de vida.

Os Estados Unidos têm tentado encontrar um depósito permanente para os materiais com resíduos nucleares radioativos. No ano 2000 existirão cerca de 40.000 toneladas de resíduos altamente radioativos, entre os quais hastes combustíveis gastas de **reatores nucleares**. Atualmente, a maior parte das hastes combustíveis gastas está estocada em reservatórios de refrigeração temporária, aguardando o seu destino final.

O Congresso norte-americano designou dois locais para se tornarem depósitos permanentes de materiais com resíduos nucleares. O primeiro é a **Usina Piloto de Isolamento de Resíduos**, próxima a Carlsbad, Novo México (EUA), programada para ser inaugurada nos próximos anos e que se tornará o primeiro local permanente de estocagem de resíduos nucleares. A oposição pública (**síndrome de NIMBY**) tem sido intensa e ameaça a escolha do futuro local. O segundo local são as **Montanhas Yucca** de Nevada (EUA), que está programado para começarem a ser usadas num futuro distante. Os materiais nucleares seriam injetados nas formações geológicas profundas, onde se espera que a radioatividade permaneça contida indefinidamente.

A segurança desse método é debatida de forma acalorada, embora muitos cientistas acreditem que ele representaria um risco pequeno. A EPA, a agência responsável pela manutenção dos padrões de segurança, tem dito ao Ministério da Energia, responsável pela construção dos depósitos, que a instalação tem de ser capaz de guardar a radioatividade em segurança durante o tempo em que ela representa perigo, ou seja, pelo menos por 10.000 anos. Aparentemente, o Congresso norte-americano, junto com a opinião pública norte-americana, mostra-se temeroso com a idéia. Existem preocupações com a estabilidade de ambos os locais. Um terremoto atingiu a instalação das Montanhas Yucca, em julho de 1992.

Outros países também estão enfrentando a oposição pública em relação à construção de locais permanentes de descarte de resíduos nucleares e alguns, como a Suécia e a França, escolheram usar locais temporários e estudar possibilidades de locais permanentes, até o ano 2003. (Veja *Descarte de resíduos perigosos; Reserva Nuclear de Hanford*)

descarte de resíduos perigosos Durante décadas, os **resíduos perigosos** foram descartados como lixo comum. Sessenta e seis por cento desses resíduos são despejados sobre ou no interior do solo, em 75.000 **aterros sanitários** industriais e em 180.000 reservatórios e lagoas. Existem também incontáveis instalações de estocagem, com milhares de tambores de aço enferrujados, contendo resíduos perigosos. Por fim, poços subterrâneos

descarte de resíduos radioativos

servem de depósitos para resíduos que são enterrados a uma profundidade que varia entre seis e centenas de metros, no interior da crosta terrestre.

Todos esses locais de descarte que recebem o resíduo diretamente sobre ou no interior do solo representam uma ameaça de contaminação dos **aqüíferos** que fornecem grande parte da água bebida pelos norte-americanos. Estima-se que cerca de 2% dos aqüíferos norte-americanos já estejam contaminados e esse número está crescendo rapidamente.

Aqueles resíduos perigosos que não são despejados sobre ou no interior do solo são descartados diretamente sobre as águas superficiais. Vinte e dois por cento são simplesmente lançados nos rios, córregos ou mesmo nos sistemas de esgoto, onde o resíduo percorre seu caminho, em direção ao mar aberto. Esses resíduos danificam, quando não destroem, muitos **ecossistemas aquáticos**. Outros métodos, como a queima em caldeiras, os tratamentos químicos, a troca de íons e a incineração, são usados nos 12% restantes. Novos métodos de descarte de resíduos perigosos estão sendo testados e usados em programas-piloto.

Os resíduos perigosos, principalmente os **resíduos tóxicos**, estão gradualmente se infiltrando em todo o nosso meio ambiente e em nossos corpos, e o preço para retirá-los será imenso. O governo federal norte-americano tem ignorado o **Superfundo** criado para a limpeza de muitos desses locais. (Veja *Descarte de resíduos perigosos, novas tecnologias para; Leite materno e toxinas, Poluição*)

descarte de resíduos perigosos, novas tecnologias para Normalmente, significa despejar esse material no solo ou em um corpo de água, o que representa a poluição dos solos e das águas e um perigo para a saúde. As alternativas que estão atualmente sendo testadas incluem: a destruição, a imobilização e a separação do resíduo. A destruição do resíduo é usada em materiais residuais orgânicos perigosos e pode destruir 99,9% do resíduo ao decompô-lo em substâncias inofensivas. A imobilização do resíduo fixa as substâncias perigosas em uma forma que possa ser facilmente descartada e menos suscetível de vazar para o meio ambiente. Por exemplo, solidificando um bloco do material de maneira que possa ser enterrado depois sem perigo de contaminação das águas subterrâneas. Finalmente, a separação do resíduo é usada para separar os materiais perigosos dos materiais inofensivos, reduzindo assim o volume dos resíduos perigosos.

Muitos ambientalistas acreditam que a melhor solução para os resíduos perigosos é reduzir o seu uso em nossa sociedade. (Veja *Remediação de resíduos perigosos; Biorremediação; Redução das fontes*)

descarte de resíduos radioativos Mesmo que possam ser construídas **usinas de energia nuclear** totalmente seguras, o descarte de resíduos radioativos que sobram continuaria a representar um sério problema. Até 1983, a

descarte de resíduos sólidos municipais

maioria dos resíduos radioativos era despejada nos oceanos. Estima-se que 90.000 toneladas de resíduos radioativos já estejam no fundo dos oceanos. Desde o início da década de 80, métodos alternativos de descarte têm sido sugeridos, estudados e testados, mas nenhum foi adotado plenamente.

Os resíduos radioativos podem ser divididos em resíduos de alto nível, que incluem as hastes combustíveis gastas de usinas de **energia nuclear** e armas nucleares antigas, e resíduos de baixo nível, que incluem quaisquer outros materiais radioativos provenientes de usinas de energia nuclear, tais como os refrigerantes, e de instalações médicas que rotineiramente utilizam a radiação para tratamentos e diagnósticos.

Toneladas de resíduos radioativos de alto nível, incluindo 21.000 toneladas de hastes combustíveis gastas, estão estocadas em instalações temporárias, esperando uma destinação final. A idéia mais aceita é enterrar os resíduos na crosta profunda da Terra. Uma alternativa ao enterro de materiais radioativos de alto nível é reprocessá-los para serem reutilizados. Reprocessar é mais caro do que estocar, mas elimina a necessidade de descarte. Existem usinas de reprocessamento na França e no Reino Unido.

Os resíduos radioativos de baixo nível são geralmente colocados em tambores de aço e enviados para aterros sanitários especiais. Alguns desses aterros têm sido fechados devido à contaminação radioativa das águas subterrâneas. Grande parte dos resíduos radioativos de baixo nível é provavelmente descartada de forma ilegal.

Dois depósitos permanentes de **descarte de resíduos nucleares** estão programados para entrar em funcionamento. Um para resíduos de alto nível e outro para resíduos de baixo nível. Exige-se que cada estado norte-americano estabeleça locais de descarte de resíduos radioativos de baixo nível. Essa determinação do governo federal tem causado um aumento gigantesco da **síndrome de NIMBY**, em todas as partes do país.

descarte de resíduos sólidos municipais Atualmente, o **resíduo sólido municipal** pode ser descartado de três maneiras: 1) despejá-lo no aterro sanitário; 2) queimá-lo em incineradores; ou 3) reciclá-lo. O aterro sanitário é a solução mais comum, uma vez que é econômica e – até recentemente – considerada a mais segura. Cerca de 80% dos resíduos sólidos municipais nos Estados Unidos vão para os aterros sanitários. Nove por cento são incinerados, mas novas tecnologias podem tornar a **incineração** mais utilizada no futuro próximo. Muita ênfase tem sido dada à reciclagem de resíduos antes mesmo de eles chegarem aos aterros sanitários e aos incineradores. Atualmente, contudo, apenas 11% são reciclados. O Japão recicla 45% do seu resíduo sólido e muitos outros países já adotam a reciclagem há muitos anos. Por fim, espera-se que a **redução das fontes** reduza a quantidade de lixo a ser descartada, pela simples diminuição de sua produção. (Veja *Usinas de*

desertificação

energia de resíduos; Minimização de resíduos; Redução das fontes; Ciclo da grama; Reciclagem de plásticos; Reciclagem de aparelhos)

descoloração de corais Refere-se à morte de corais e do ecossistema inteiro de recifes de corais de uma região. Isso pode ocorrer por muitas razões: **esgotos** ou outros resíduos conduzidos por rios que deságuam no oceano; acumulação de siltes provenientes da **erosão do solo**, provocada por desmatamento impróprio ou agricultura; ou devido a contaminantes, como os **pesticidas**. (Veja *Zona nerítica; Poluição dos oceanos*)

desenvolvimento conjunto Tipo de **crescimento urbano** desordenado no qual as casas e outras unidades residenciais são construídas sobre grandes áreas, geralmente sobre terras que antes eram usadas para atividades agrícolas. (Veja *Crescimento desordenado em faixa; Perda de terras agrícolas; Áreas agrícolas com alto valor de mercado*)

desertificação Quando uma grande extensão de terra serve continuamente de pasto, ou terras agricultáveis são intensivamente cultivadas, os nutrientes do solo se perdem e é provável ocorrer a **erosão do solo**. Isso significa que a terra está adquirindo mais características de um ecossistema de **deserto** do que as do ecossistema anterior. Se a terra se torna cerca de 10% menos produtiva agricolamente do que era antes, esse processo é chamado de desertificação. "Desertificação severa" significa que a produtividade da terra foi reduzida em mais de 50%. A desertificação pode ocorrer naturalmente ao longo das fronteiras dos desertos existentes, devido à seca ou à mudança no clima.

A desertificação pode ser controlada, em parte, com práticas de manejo de terra adequadas que evitam a erosão do solo. As práticas de **agricultura sustentada** são desenvolvidas para evitar a desertificação. (Veja *Conservação do solo*).

deserto Uma das diversas categorias de **biomas**. Os primeiros fatores que diferenciam os biomas são a temperatura e a precipitação. Os desertos recebem menos do que 250mm de precipitação por ano e por isso são inóspitos para muitas formas de vida. A chuva é errática, mas quando ocorre, é intensa, de forma que a maior parte da água escoa superficialmente. As manifestações de vida seguem essas fortes, mas raras, chuvas. Muitas espécies de plantas adaptam-se para completar o ciclo inteiro de sua vida e produzir sementes dentro desses poucos dias, antes que a água seque.

Embora todos os desertos tenham baixa precipitação, os diferentes níveis de temperatura caracterizam três tipos. Os desertos tropicais (como o Saara) são quentes o ano inteiro; os desertos temperados (como o Mojave) são quentes no verão e frios no inverno; os desertos frios (como o de Gobi) são tépidos ou quentes no verão e frios no inverno. Todos os desertos apresentam grandes diferenças de temperatura entre o dia e a noite.

desmatamento

O número de espécies em um deserto é relativamente baixo, se comparado com outros biomas, mas ainda assim existe uma diversidade considerável. Os organismos que vivem no deserto possuem capacidades de adaptação próprias para sobreviver. As plantas têm folhas pequenas, ou não as têm, para reduzir a área de superfície, que por sua vez reduz a perda de água, enquanto outras estocam água nos seus tecidos carnudos.

Existem muitos tipos de animais no deserto, mas eles são pouco numerosos. Entre eles incluem-se os insetos, as cobras, os lagartos, alguns mamíferos de **pasto** e alguns **carnívoros**. Os pássaros são comuns em muitos desertos. A maioria dos animais do deserto obtém água através do alimento. Eles têm uma pele impermeável ou (no caso dos insetos) uma película de cera, e muitos vivem abaixo do solo para evitar o calor do dia.

Devido às severas condições, a maior parte das plantas desenvolve-se muito lentamente, o que resulta em um ecossistema frágil. Os danos causados pelas atividades humanas, como os provocados pelo tráfego de veículos pesados, levam décadas para serem compensados.

desgaste Deterioração física, química ou biológica da rocha, contribuindo para a formação do **solo**. (Veja *Rocha original; Partículas do solo; Ciclo do fósforo*)

desmatamento Em 1988, imagens de satélite começaram a revelar ao público uma nova ameaça ao nosso planeta. As **florestas tropicais úmidas** estavam sendo derrubadas em muitas partes do mundo (com a maior parte da vegetação queimada) a uma proporção que poderia mudar a face do planeta, tal como o conhecemos. Essa destruição tem sido chamada de desmatamento.

As florestas são destruídas para criar áreas de plantação e pastagens de gado, ou para a extração de madeira. O desmatamento tem um impacto significativo nos problemas ambientais globais tais como a **poluição do ar** e o **aquecimento global**. Além disso, a perda desses hábitats está levando muitas espécies à extinção e reduzindo drasticamente a **biodiversidade** de nosso planeta. As florestas tropicais úmidas são a casa de metade das espécies do mundo, mas 16 a 20 milhões de hectares dessas florestas estão sendo destruídos anualmente. Isso significa cerca de 32 hectares por minuto. Em 1950, 30% do solo da Terra eram cobertos por essas florestas, mas atualmente restam apenas 7%.

Essas florestas são freqüentemente queimadas para devolver ao solo os nutrientes das árvores, atuando assim como uma forma de fertilizante para as plantações. Essa queima em larga escala libera grandes quantidades de dióxido de carbono, um **gás-estufa**. Estima-se que cerca de 1 a 2 bilhões de toneladas de carbono (na forma de dióxido de carbono) são liberados anualmente para a atmosfera, por causa do desmatamento.

destruição das florestas tropicais

O maior desmatamento de florestas tropicais ocorre na América do Sul, mas dez florestas tropicais em todo o globo terrestre foram identificadas pelos especialistas como "áreas de alerta". As áreas de alerta são regiões que estão sendo desmatadas numa proporção mais rápida do que a média mundial e possuem numerosas espécies de plantas e animais que são encontradas exclusivamente nesses hábitats. Essas são: 1) Madagascar; 2) Mata Atlântica do Brasil; 3) Equador Ocidental; 4) Chaco Colombiano; 5) Planaltos da Amazônia Ocidental; 6) Himalaia Oriental; 7) Malásia Peninsular; 8) Norte de Bornéu; 9) Filipinas; e 10) Nova Caledônia. (Veja *Desmatamento e queimada para cultivo; Abertura de clareira*)

desmatamento e queimada para cultivo Nos países subdesenvolvidos, as pessoas usam uma antiga prática, chamada desmatamento e queimada para cultivo, para desenvolver pomares e lavouras. Uma pequena área em uma floresta tem sua vegetação derrubada e depois queimada. Uma vez que os solos florestais são naturalmente pobres de nutrientes (os nutrientes ficam todos nas árvores), a vegetação morta e queimada atua como **fertilizante orgânico**, enriquecendo o solo, para que as lavouras possam se desenvol-ver. A área aberta, contudo, só pode ser utilizada por alguns anos antes de os nutrientes se esgotarem e a área ser abandonada. Quando pequenos ex-tratos da floresta são derrubados, eles podem ser substituídos com novas plantas, mas, quando grandes áreas da floresta são derrubadas dessa ma-neira, isso resulta na **erosão do solo** e causa graves danos ao **ecossistema** da floresta. (Veja *Destruição das florestas tropicais; Desmatamento*)

destruição das florestas tropicais As florestas tropicais úmidas são alguns dos mais ricos e produtivos **ecossistemas** do planeta, desempenhando pa-péis vitais nos **ciclos biogeoquímicos** e contendo a maioria da **biodiversi-dade** do mundo. Embora cubram apenas 7% da superfície terrestre, elas são a casa de mais da metade de todas as formas de vida do planeta. As florestas tropicais estão sendo destruídas numa velocidade assombrosa. Acredita-se que cerca de 80.000 quilômetros quadrados (aproximadamente a área da Áustria) são transformados em área não-florestal a cada ano.
Essas florestas são freqüentemente destruídas durante o **desmatamento e queimada para cultivo** destinado à criação de áreas para plantações. A vege-tação é queimada para adicionar nutrientes ao solo. Esse tipo de **fertilizante orgânico** enriquece o solo por apenas alguns anos, antes de tornar-se im-prestável. Muitas florestas na América Central foram derrubadas para criar áreas de pastagem do gado destinado ao corte. As florestas também são destruídas pela **abertura de clareiras** promovida pela indústria madeireira.
Os efeitos dessa destruição são numerosos, entre os quais o impacto sobre o **aquecimento global**, a **erosão do solo** e a perda de biodiversidade. (Veja *Desmatamento; Pirâmides de energia*)

detectores de fumaça

destruição de estuários e margens costeiras úmidas Até recentemente, os estuários e as **margens úmidas costeiras** (baías, lagoas, pântanos salgados e charcos) eram considerados por muitos como regiões sem valor e infestadas de mosquitos. Muitas dessas áreas são usadas como locais de despejo de resíduos, enquanto outras têm sido drenadas, aterradas e usadas para construção, além do fato de algumas terem sua fonte de água desviada para o uso humano.

Na realidade, estuários, charcos e pântanos são considerados os mais produtivos de todos os hábitats e semelhantes às **florestas tropicais úmidas**, em termos de **produção primária da rede alimentar**. Essas regiões são os viveiros e o jardim de infância de aproximadamente 70% dos peixes e mariscos comercializados nos Estados Unidos, além de serem os berçários e hábitats de muitas aves aquáticas e de outras formas de vida selvagem.

Essas áreas filtram ou diluem as águas poluídas dos rios e riachos que por elas passam, antes de alcançarem o mar aberto. Alguns estimam que 0,5 hectare em um estuário de maré representa o equivalente a uma economia de 75.000 dólares nos custos do tratamento de resíduos. Essas regiões também atuam como um enorme amortecedor, que protege o continente das ondas de tempestades e absorve grande quantidade de água que, de outra maneira, invadiria a costa, provocando inundações.

Nos Estados Unidos, 55% de todos os estuários e **margens úmidas** têm sido danificados ou totalmente destruídos. A maioria tem sido aterrada por empreendimentos imobiliários, em função da popularidade da vida a beira-mar. Muitos outros são contaminados com toxinas devido ao despejo direto de resíduos ou acumulações de substâncias tóxicas trazidas pelas águas dos rios.

Essas regiões são ainda ameaçadas pelo desenvolvimento econômico. Embora poucas pessoas discordem dos cientistas sobre a importância desses hábitats, muitas pessoas ainda acham que estas áreas deveriam ser desenvolvidas economicamente. Algumas agências municipais, estaduais e federais estão tentando cumprir esse objetivo por meio da redefinição do que é uma terra úmida e oferecendo uma política de "nenhuma perda na rede", segundo a qual meios ambientes construídos pelo homem em algum outro lugar substituiriam as terras úmidas naturais que são destruídas. (Veja *Pântano; Ecossistemas aquáticos*)

detectores de fumaça Alguns são chamados de detectores de "ionização" porque usam quantidades diminutas de amerício-241, um subproduto radioativo do processamento de plutônio utilizado na fabricação de armas nucleares. Enquanto o selo no interior do dispositivo não é quebrado, a **radiação** não é liberada. O problema, contudo, é o que acontece a todo esse amerício quando esses detectores de fumaça são descartados. Os **aterros sanitários** contêm essa substância radioativa, que permanece perigosa por

detrito

centenas de anos, podendo vazar para o solo e para os depósitos de **águas subterrâneas**. Existem tipos alternativos de detectores de fumaça que não usam o amerício radioativo.

detrito Refere-se à matéria orgânica parcialmente decomposta. (Veja *Decompositores, Redes alimentares, Folhas mortas*)

Dia da Terra O primeiro Dia da Terra foi fruto da imaginação de Gaylord Nelson (senador do estado de Wisconsin naquele período) e foi realizado em inúmeras partes dos Estados Unidos no dia 22 de abril de 1970. Muitas pessoas consideram esse dia como o começo não-oficial do movimento ambiental moderno. Milhões de indivíduos, empresas e agências governamentais participaram da educação e da militância ambiental. As eleições indicaram que um expressivo aumento da consciência ambiental se seguiu ao evento, que passou então a ser realizado anualmente. Em 1990, o vigésimo aniversário do primeiro Dia da Terra foi transformado em um evento mundial, destinado à conscientização e educação ambiental. A Earth Day Resources (Recursos para o Dia da Terra) pode ajudá-lo a organizar um evento no Dia da Terra. Seu endereço é 116 New Montgomery Street, #530, San Francisco, CA 94105. Ligue para (001)(800) 727-8619.

diatomáceas Tipo de alga com paredes celulares de forma irregular contendo sílica. As diatomáceas constituem uma grande porção da maioria do **plâncton** existente. (Veja *Ecossistemas aquáticos*)

dientomófilas Espécie de planta que tem dois tipos diferentes de flores, com o objetivo de atrair dois tipos diferentes de insetos para polinizá-la.

digestor de metano (biodigestor) Dispositivo que converte **biomassa** (resíduos de animais e plantas) em gás metano, para ser usado como combustível. O processo utiliza **organismos anaeróbicos** (bactérias), que se alimentam de biomassa e produzem o gás metano. O gás é separado, estocado e depois usado tanto para aquecimento como para cozinhar. Existem milhões dessas mini-usinas de energia na China e na Índia. (Veja *Biocombustíveis; Energia de biomassa*)

dinâmica das populações As populações estão sempre sob alguma forma de estresse ambiental que ameaça romper a sua estabilidade. O estresse pode ser natural, tal como temperaturas extremamente frias, ou produzido pelos seres humanos, tal como o impacto dos **pesticidas**. As mudanças no tamanho de uma população e os fatores que criam essas mudanças são chamados de dinâmica das populações.

As populações respondem ao estresse de quatro maneiras. A mais óbvia é um aumento na taxa de mortes (**mortalidade**) ou um declínio na taxa de nascimentos (**natalidade**). Os organismos freqüentemente movem-se para

dióxido de carbono

outras áreas (**migração**) para evitar o estresse. Os organismos que se reproduzem rapidamente e têm muitas crias podem ser capazes de se adaptar ao estresse por meio do processo de **seleção natural**. Qualquer população que não responda satisfatoriamente ao estresse pode desaparecer daquele **ecossistema** ou mesmo extinguir-se. (Veja *Estabilidade populacional; Capacidade de suporte; Tempo de duplicação nas populações humanas*)

dióxido de carbono Representa apenas 0,035% da atmosfera (excluindo a umidade) mas desempenha um papel vital na vida do planeta. As plantas verdes absorvem o dióxido de carbono durante a **fotossíntese**, e tanto plantas como animais o produzem como produto final da **respiração**.
O dióxido de carbono na atmosfera desempenha uma importante função no controle da temperatura da superfície terrestre, uma vez que é o principal dos **gases-estufa**. A quantidade de dióxido de carbono na atmosfera tem aumentado com o passar dos anos. Um estudo mostra um aumento de 315 ppm em 1958 para 350 ppm em 1990. Acredita-se que o aumento desse gás, assim como o de outros gases-estufa, provoca o **aquecimento global**. O aumento nos níveis de dióxido de carbono é produzido, em primeiro lugar, pela queima de **combustíveis fósseis**, tais como o carvão e o petróleo, que geram energia, e pelo uso de gasolina nos automóveis. Mais de 8 bilhões de toneladas de carbono (na forma de dióxido de carbono) são liberados a cada ano pela queima de combustíveis fósseis e **biomassa** (lenha).
Aumentos adicionais nos níveis do dióxido de carbono são causados pelo **desmatamento**. Quando as florestas são derrubadas, diminui o número de árvores para absorver o dióxido de carbono da atmosfera.

dióxido de enxofre É um dos cinco poluentes primários que causam a **poluição do ar**. Ele é liberado quando os combustíveis fósseis contendo enxofre são queimados. O enxofre está freqüentemente presente nos combustíveis fósseis porque é encontrado naturalmente nos organismos, durante a **formação do carvão e do petróleo**. Queimar petróleo ou carvão que contém enxofre produz um odor desagradável e causa irritação às vias respiratórias. Ele pode reagir com o oxigênio e a umidade para produzir ácidos (**poluentes secundários do ar**) que podem destruir os tecidos pulmonares e contribuir para a **chuva ácida**. O *smog* **industrial** (também chamado de *smog* cinza) contém dióxido de enxofre. Os equipamentos modernos de queima de carvão e petróleo freqüentemente usam "purificadores" e outros dispositivos controladores de enxofre que reduzem drasticamente essas emissões. Algumas usinas, nos Estados Unidos e principalmente nos países subdesenvolvidos, ainda geram dióxido de enxofre em quantidades prejudiciais ao homem.
A melhor maneira de reduzir as emissões é converter o carvão, com alto teor de enxofre, em carvão com baixo teor de enxofre, petróleo ou gás natural, o

dioxina

que reduz as emissões em pelo menos 65%. Outro método é remover o enxofre do carvão antes de usá-lo, mas esse processo é caro e não é usado freqüentemente. (Veja *Formação do carvão; Formação do petróleo*)

dioxina Subproduto químico tóxico de muitos processos industriais. Ela se forma quando o cloro é exposto a altas temperaturas. Acredita-se que esse **resíduo tóxico** provoca câncer e defeitos congênitos nos recém-nascidos, além de afetar o sistema nervoso dos seres humanos. Ela é encontrada nos **efluentes líquidos** de resíduos industriais que são descartados em corpos hídricos e está especialmente presente nos resíduos de fábricas de papel e polpa. A dioxina é encontrada nos solos, e seus traços têm sido encontrados no **leite materno**. (Veja *Bioacumulação*)

discurso verde Refere-se à retórica de políticos que se apresentam como próambientalistas mas que, ao votar no plenário, são claramente antiambientalistas.

dispositivo para exclusão de tartarugas Os barcos pesqueiros de camarão, no Golfo do México e nos mares ao longo da costa sudeste norteamericana, capturam involuntariamente cerca de 45.000 tartarugas marinhas anualmente, em suas longas redes de pesca de camarão. Mais de 10.000 dessas tartarugas morrem afogadas, já que são mantidas submersas por longos períodos de tempo. A mais recente legislação federal norte-americana exige o uso de dispositivos para a exclusão de tartarugas, que permitem a quase todas essas criaturas escaparem da rede (sem libertar os camarões). O dispositivo para exclusão de tartarugas é uma rede de metal ou náilon que é inserida na porção média do cone de pesca. A rede é grande o suficiente para permitir que os camarões passem através dela e permaneçam enredados. Os organismos grandes, contudo, tais como as tartarugas marinhas, esbarram na rede e são impedidos de entrar. A rede é colocada em um canto, de maneira que a tartaruga desliza para o lado da rede e é liberta por uma abertura.
Os pescadores de camarão argumentam que esses dispositivos os tornam menos competitivos do que os pescadores mexicanos (que não são obrigados a usá-los) e prejudicarão a indústria pesqueira norte-americana (Veja *Redes de pesca; Malhas de pesca; Redes de arrastão; Lei de Proteção os Mamíferos Marinhos*)

distribuição etária Um importante aspecto de qualquer **população** é a sua distribuição etária. As populações são divididas em três grupos de indivíduos: 1) jovens pré-produtivos; 2) indivíduos reprodutivos; e 3) indivíduos pós-produtivos. A maioria das populações estáveis possui mais jovens do que indivíduos reprodutivos, e mais indivíduos reprodutivos do que indivíduos pós-produtivos. Isso ocorre porque a maioria das espécies (insetos e pequenos animais) tem alta taxa de **mortalidade** ao longo de suas vidas,

DL50

devido à predação (são comidos) ou às doenças. Grande número de jovens é produzido, mas apenas uma pequena percentagem passa para o estágio reprodutivo e menos ainda para o estágio pós-produtivo. Por exemplo, menos de 25% dos jovens coelhos sobrevivem até a maturidade sexual e, em muitas espécies de insetos, pouco mais de 5% sobrevivem para a reprodução. (Veja *Distribuição etária nas populações humanas; Estrategistas K, Estrategistas R*)

distribuição etária nas populações humanas Pode ser dividida nos mesmos três grupos conforme descrito na distribuição etária das populações selvagens. Entretanto, o número de indivíduos encontrados em cada um dos três grupos é diferente.
Em alguns poucos países, os três estágios são relativamente semelhantes em tamanho, de forma que a população tende a permanecer constante ou mesmo a declinar. Quando a maioria da população está no estágio reprodutivo, como no México, no Marrocos e em muitos **países subdesenvolvidos (PSDs)**, um crescimento da população é esperado, a longo prazo. Isso é chamado de perfil populacional "expansivo". Se uma ampla percentagem da população está no estágio reprodutivo, um "boom" de bebês é esperado em curto prazo, como ocorreu nos Estados Unidos, entre o final da década de 40 e a metade da década de 60. Uma vez que o "boom" de bebês passe pelo estágio reprodutivo, o perfil da população torna-se "constritivo", resultando num crescimento mais lento. (Veja *Capacidade de suporte*)

distritos de conservação Nos Estados Unidos, existem 3.000 distritos de conservação local, que ajudam a decidir a qualidade ambiental máxima de um centro urbano ou cidade. Esses distritos de conservação estão autorizados por leis estaduais a avaliar problemas ambientais, estabelecer prioridades e coordenar os esforços, em nível local, para solucionar os problemas. Cada distrito é dirigido por um funcionário nomeado ou eleito. (Veja *Ecocidades; Zoneamento do uso da terra; Conservação do solo; Crescimento urbano desordenado, Urbanização e crescimento urbano*)

DL50 Uma medida de "letalidade da seca", que é o grau de "aridez" que atinge 50% de uma população. (Veja *Fator limitante, Faixa de tolerância*)

doença contagiosa Refere-se a qualquer doença transmitida por contato físico. (Veja *Doença infecciosa*)

doença infecciosa Refere-se a qualquer doença transmitida sem contato físico. (Veja *Doença contagiosa*)

doenças relacionadas com as construções Envolvem doenças identificadas e específicas que podem estar vinculadas ao ambiente das construções, tais como a Doença do Legionário (causada por uma bactéria que se

dominantes

desenvolve nos sistemas de ar condicionado, de ventilação e de aquecimento), ou a náusea causada pelo **escapamento de gases** dos materiais de construção. As doenças relacionadas com as construções desaparecem tão logo a causa seja removida da construção. (Veja *Poluição de interiores; Casas saudáveis; Síndrome da doença das construções; Sistemas de aquecimento, ventilação e ar-condicionado; Baubiologia*)

dominantes Alguns ecossistemas têm uma espécie única tão abundante que determina todas as características da área. Por exemplo, o bordo de açúcar é a espécie dominante nas florestas norte-americanas do leste e exerce um considerável controle sobre os outros tipos de organismos que podem sobreviver na região. (Veja *Bioma; Espécie básica; Espécie exótica; Nativo; Endêmico*)

domínios Refere-se a um método de descrição da distribuição animal nas principais regiões do planeta. (Veja *Zonas de vida*)

Douglas fir (espécie de conífera norte-americana) Árvore clássica da **floresta primitiva**. Ela é tratada com carinho pelos ambientalistas e prezada pelos silvicultores. Uma árvore típica vive de 400 a 1.000 anos, atinge 91 metros de altura e 15 metros de diâmetro. Essas árvores são encontradas por toda a região das Montanhas Rochosas, do noroeste do oceano Pacífico até o oeste do estado do Texas. Uma árvore viva remove mais de 400 toneladas de carbono do ar durante seu tempo de vida e fornece um hábitat para centenas de animais, pequenos e grandes. Os silvicultores são os maiores interessados pelo fato de que uma única árvore fornece madeira suficiente para a construção de uma residência para a família inteira. (Veja *Florestas virgens; Sequóia-sempre-verde; Serviço Florestal, passado e presente*)

Douglas, Marjory Stoneman Escritora e jornalista, fundadora e primeira presidente dos Amigos dos Everglades (uma região da Flórida). Esse grupo de apoio foi criado para evitar o desenvolvimento em pantanais. Muitas pessoas acreditam que os pantanais (juntamente com outros hábitats das **margens úmidas**) não são mais do que um pântano infestado de cobras. A senhora Douglas tinha outras idéias, que ela pesquisou e registrou em um livro, publicado em 1947: *The Everglades: River of Grass* (*Os everglades: rio de plantas*). Essa mulher e pessoas como ela são as pioneiras na proteção de importantes, mas frágeis, **ecossistemas** tais como pantanais e outras margens úmidas. (Veja *Ambientalista; Organizações ambientais; Destruição de estuários e margens costeiras úmidas*)

dragagem Remoção mecânica de **sedimentos** que se depositam no fundo de um corpo de água. Uma vez dragado, o sedimento é retirado para outro local. Nas regiões industriais, esse sedimento freqüentemente contém resíduos contaminados. Dragar esses corpos de água apresenta dois tipos de

drenagem ácida de minas

problemas ambientais. Em primeiro lugar, durante o processo de dragagem, grande parte dos sedimentos contaminados são suspensos e contaminam o **ecossistema aquático** novamente. Em segundo lugar, os sedimentos contaminados têm de ser descartados em algum lugar e tornam-se parte da síndrome de **NIMBY** (sigla da expressão inglesa – *not in my back yard*, que significa "não no meu quintal"). (Veja *Poluição da água; Resíduos tóxicos; Poluição de metais pesados*)

drenagem ácida de minas Durante a **mineração**, o enxofre contido no interior do carvão pode ficar exposto aos elementos e formar (com a ajuda de uma bactéria) o ácido sulfúrico. Esse ácido sulfúrico pode penetrar nos cursos de água ou lagos e prejudicar os **ecossistemas aquáticos**.

dulosis Relacionamento no qual as formigas operárias de uma espécie capturam a ninhada de outra e criam suas integrantes como escravas. (Veja *Relacionamento simbiótico; Competição*)

E

Earth Island Institute (Instituto Ilha da Terra) Essa organização criou e monitora cerca de vinte projetos inovadores, cada um focalizando um tema ambiental amplo. Alguns desses projetos são: o Instituto de Proteção ao Clima, o Destino das Conferências da Terra, o Fundo para Litígios Ambientais, os Amigos das **Florestas Virgens**, a Aliança para a Saúde das **Florestas Úmidas**, o Projeto de Recuperação das Tartarugas do Mar e o Programa de Habitação **Urbana**. Todos os projetos são orientados para a educação. Desde o seu início, em 1982, o instituto estabeleceu uma respeitável rede de comunicações internacional de líderes ambientalistas. Ela tem 32.000 membros, que contribuem com uma taxa anual de 25 dólares. Escreva para 300 Broadway, Suite 28, San Francisco, CA 94133.

eclosão Processo pelo qual um inseto adulto emerge de um casulo. Por exemplo, uma borboleta emergindo de sua crisálida. (Veja *Insetos*)

eco- O prefixo "eco" é derivado de uma palavra grega que significa casa. O prefixo tem se tornado o som-chave, ou o prefixo-chave para se referir a tudo que diz respeito ao meio ambiente. Existem **ecoviagem, ecoterrorismo** e **eco-empresários**, assim como **eco-revistas**, ecofilmes, ecolivros. "Eco" é também freqüentemente usado em muitas campanhas de **marketing verde** para convencer o consumidor de que o fabricante é "ecologicamente correto". (Veja *Produtos verdes; Ambientalista*).

ecocidade Cerca de 75% de todas as pessoas que vivem em países industrializados e 50% daquelas que vivem nos **países subdesenvolvidos** moram em cidades. As cidades que se propõem a trabalhar a favor do meio ambiente, e não contra, são chamadas de ecocidades.
A maioria dos ecologistas que estudam a **urbanização** não acham que exista algo inerentemente errado com as cidades, mas que alguma coisa está errada na maneira como são projetadas e construídas. As ecocidades enfatizam a sustentabilidade pela conservação das terras e outros recursos, assim como a diminuição da poluição. Um dos problemas básicos das cidades é a necessidade de transporte e a queima de **combustíveis fósseis** dos automóveis para atender a essa necessidade. As ecocidades devem ser projetadas para conter uma população relativamente próxima, reduzindo dessa forma a necessidade de ir e vir. Caminhar e andar de bicicleta devem ser as formas

Ecologia

usuais de transporte para ir ao trabalho ou às compras. O **transporte de massa** deve ser a única alternativa aceitável. Isso significa que as residências, os negócios e as áreas comerciais devem ficar próximos uns dos outros. As ecocidades deverão também estar próximas de recursos como água e terras agrícolas, de maneira que eles não precisem ser transportados para elas. (Veja *Crescimento urbano desordenado; Bicicleta; Alternativas de combustível para automóveis; Distritos de Conservação*)

ecoconservacionista Pessoa politicamente precavida em relação às mudanças que podem prejudicar a biosfera. Um ecoconservacionista só permite que certas mudanças ocorram, se houver uma base científica que prove que elas não causarão danos ao meio ambiente. Os ecoconservacionistas permitem ou não que essas mudanças ocorram votando contra determinados políticos ou em referendos em níveis local, estadual e federal. (Veja *Liga dos Eleitores Conservacionistas; Hipocrisia verde; Ambientalistas; Educação ambiental*)

ecoempresário Empresário que se especializa em serviços e produtos ambientais. (Veja *In Business*)

ecolinking (ecovínculo) Uso da tecnologia dos computadores (*hardware* e *software*, redes globais, correio eletrônico, plataforma de informações e serviços *on-line*) por pessoas de todas as partes do mundo, para compartilhar idéias e pesquisas sobre os temas ambientais. (Veja *EcoNet; MNS on-line; Redes de computador ambientais; Programas ambientais para computador*)

Ecologia Estudo das relações que existem entre todos os componentes do **meio ambiente**, incluindo as interações entre os organismos e os elementos abióticos do meio ambiente, tais como a geografia e o clima de uma região. Você pode pensar no meio ambiente como um jogo de dominó, e na Ecologia como o estudo do efeito dominó. (Veja *Ciência ambiental*)

Ecologia aplicada Uma divisão da Ecologia que lida com problemas ambientais que afetam diretamente a nossa sociedade. Essa disciplina tenta identificar problemas existentes e potenciais, separá-los de problemas imaginários ou infundados, procurando oferecer soluções. A Ecologia aplicada apresenta fatos e teorias que se destinam a proteger e salvar nosso planeta de nós mesmos. (Veja *Análise de risco ambiental; Estudos ecológicos; Métodos de estudos ecológicos*)

Ecologia de sistemas Esse ramo da Ecologia estuda os relacionamentos entre todos os componentes de um ecossistema, vivos e não-vivos, e se concentra no estudo de como a energia e as substâncias químicas fluem através do sistema. O termo "sistema" pode se referir a simples grupos biológicos, como os **hábitats** (um pequeno poço ou uma floresta), ou a sistemas tão grandes quanto a **biosfera** inteira. Os **modelos para computador**

Ecologia populacional

são freqüentemente usados para prever como um ecossistema pode se comportar diante das mudanças de certos fatores, tais como o aumento da concentração de poluentes ou gases no ar.

Ecologia descritiva Concentra-se na descrição da variedade dos meios ambientes encontrados no nosso planeta e nos componentes de cada um deles. Esta foi a primeira abordagem utilizada para estudar a **Ecologia** e tornou-se muito popular na primeira metade deste século. Ela é ainda uma parte integrante da moderna Ecologia. As novas abordagens incluem a Ecologia experimental e a **Ecologia teórica**.

Ecologia experimental Tornou-se popular na década de 1960 e continua a ser importante. Ela se concentra no estudo dos mecanismos do meio ambiente de um organismo, manipulando o meio ambiente (ou organismo) para verificar o que acontece quando os fatores de controle são alterados. A ecologia experimental foi precedida pela **Ecologia descritiva** e foi a antecessora da **Ecologia teórica**. (Veja *Estudos ecológicos*)

Ecologia populacional Estuda as estatísticas populacionais, os fatores que afetam uma população, tais como as taxas de natalidade e mortalidade, e as causas que provocam as mudanças dessas taxas. O tamanho de uma população em uma área específica é chamado de densidade populacional e é um aspecto fundamental para entender a Ecologia populacional.

Uma densidade populacional é controlada por dois tipos de fatores. Os fatores independentes da densidade, como o termo indica, não têm nenhuma correlação com ela. Por exemplo, condições de tempo extremas podem reduzir as populações, e não dependem em nada da densidade populacional. Os fatores dependentes da densidade ocorrem como um resultado da população existente. Por exemplo, o suprimento de alimentos diminuirá em uma população que cresce, o que significa menos alimentos para mais indivíduos. (Veja *Capacidade de suporte; Dinâmica das populações; Estabilidade populacional; Faixa de tolerância; Fator limitante*)

Ecologia profunda Os ecologistas profundos acreditam que a humanidade é a principal ameaça à sobrevivência de nosso planeta. No livro *Deep Ecology: Living Nature as If Nature Mattered* (*Ecologia profunda: viva na natureza, como se a natureza importasse*), de Devall e Sessions, os seguintes princípios são propostos: 1) Os seres humanos não têm nenhum direito de reduzir a riqueza da vida exceto para satisfazer suas necessidades básicas. 2) A qualidade da vida e da cultura da humanidade está ligada a uma substancial diminuição da população humana. 3) A diminuição da população humana é necessária para o florescimento da vida não-humana. (Veja *Ética ambiental; Filósofos ambientais; Chefe Seattle*)

economia versus *desenvolvimento sustentado*

Ecologia teórica É a abordagem mais recente dos estudos de Ecologia. Ela utiliza equações matemáticas e **modelos para computador** em supercomputadores para prever o que acontecerá às populações de organismos e à vida na Terra. Essas equações e modelos são baseados nos conhecimentos existentes, mas têm de levar em conta também muitos pressupostos. Um exemplo típico é a tentativa de prever o que acontecerá à vida nas próximas décadas, se o **aquecimento global** e o **desmatamento** continuarem a ocorrer nas taxas atuais.

Ecologia terrestre O estudo de organismos que vivem na terra e seus hábitats. (Veja *Ecologia*)

EcoNet É uma **rede de computadores** ambiental. Fundada em 1987, ela proporciona o acesso mundial a informações sobre assuntos ambientais. Seus membros podem se contactar entre si em mais de setenta países, via correio eletrônico (E-mail). Para maiores informações, entre em contato com o Institute for Global Communications, 18 De Boom Street, San Francisco, CA 94107; (001) (415) 442-0220. (Veja *Programas ambientais para computador*)

economia* versus *desenvolvimento sustentado Infelizmente, o desenvolvimento econômico é freqüentemente acompanhado pelo declínio da qualidade do nosso meio ambiente. Até recentemente, existia pouca preocupação com os impactos ambientais negativos, na medida em que o "progresso" era considerado algo bom para a economia. Hoje, muitas pessoas estão tentando introduzir no quadro econômico os impactos do nosso planeta. Derrubar uma floresta pode ser bom economicamente porque desse modo se obtêm madeira e outros materiais, mas se a terra sofre uma erosão e torna-se improdutiva para as futuras gerações, isso representaria realmente um progresso?
Uma nova visão sobre a nossa economia baseia-se no desenvolvimento sustentado, que considera qualquer impacto negativo sobre o meio ambiente, quando avalia o crescimento econômico. O desenvolvimento sustentado tem sido definido como aquele que satisfaz as necessidades do presente, sem comprometer as necessidades do futuro. Em vez de usar os indicadores econômicos habituais, tais como o produto interno bruto (PIB), novos indicadores são propostos, tais como o **Índice de Bem-Estar Econômico Sustentado** (ISEW – Index of Sustainable Economic Welfare), que procura contrabalançar a produção de bens e serviços com as perdas ambientais. (Veja *Economia* versus *meio ambiente; GATT; Conselho do Presidente para a Competitividade*)

economia* versus *meio ambiente Muitas pessoas possuem uma percepção equivocada e acham que qualquer coisa que é boa para o meio ambiente é ruim para a economia. O interesse pela qualidade do nosso meio ambiente

ecossistema

tem criado suas próprias oportunidades de negócios. As profissões ligadas à ciência ambiental, especialmente aquelas relacionadas à limpeza do meio ambiente, são o setor que tem apresentado o crescimento econômico mais rápido nos Estados Unidos, superando inclusive o setor de tecnologia de computadores. Cerca de 3 milhões de pessoas estão empregadas direta ou indiretamente nos trabalhos de limpeza ambiental nos Estados Unidos, onde funcionam mais de 60.000 empresas ligadas a essa atividade. As novas tecnologias da ciência ambiental estão ajudando a preencher o vácuo deixado pelas indústrias aeroespacial e de armamentos, e continuarão a se expandir aceleradamente, produzindo muito mais empregos. Durante a década de 90, cerca de 3,5 trilhões de dólares deverão ser gastos com a limpeza ambiental, em todas as partes do mundo. O país que estiver mais bem preparado para atender a essas necessidades tecnológicas se beneficiará, principalmente em termos econômicos.

O problema não é meio ambiente *versus* economia; ao contrário, trata-se do velho e conhecido problema da mudança. Os indivíduos que ganhavam a vida criando cavalos ou construindo carruagens provavelmente acreditavam que o automóvel seria ruim para a economia. A proteção ambiental aparece como uma excelente oportunidade, e não como um obstáculo. (Veja *Economia* versus *desenvolvimento sustentado*)

eco-revistas As revistas que se dedicam a assuntos ambientais existem há muito tempo. Entretanto, o ressurgimento da consciência ambiental nos últimos anos deu origem a um novo grupo de eco-revistas que ajudou a reformular alguns dos antigos padrões. E **Magazine**, **Buzzworm** e **Garbage** são três excelentes revistas norte-americanas, editadas pela nova onda de ambientalistas.

Durante anos, revistas coloridas e informativas como a *Sierra* e a *Adubon* foram muito populares entre seus leitores. Em um esforço para continuar competindo com as novas revistas, elas agora encontram-se disponíveis em outros locais. O **Greenpeace** também possui uma excelente publicação com reportagens investigativas e bombásticas, e a *Worldwatch* sempre apresenta informações vitais sobre os temas globais. A maioria das grandes livrarias e bancas de jornais vendem muitas dessas revistas.

ecossistema Descrição de todos os componentes de uma área específica, incluindo os componentes vivos (organismos) e os fatores não-vivos (como ar, solo e água), além das interações que existem entre todos esses componentes. Essas interações proporcionam uma diversidade relativamente estável de organismos e envolvem uma contínua reciclagem de nutrientes entre os componentes.

A área definida como um ecossistema é arbitrária. Ela pode ser um sistema biológico complexo, tal como um **bioma**, ou um **hábitat**, tal como um lago

ecossistemas aquáticos

ou uma floresta. Entretanto, pequenos núcleos de existência, como um tronco apodrecido de árvore, podem ser considerados e estudados como um ecossistema. (Veja *Ecologia; Redes alimentares; Hábitats; Sucessão*)

ecossistema abissal Refere-se a um **ecossistema** que existe nas profundidades do oceano, onde não penetra nenhuma luz. Os organismos nessas profundidades dependem dos resíduos orgânicos (plantas e animais mortos) que submergem a partir de níveis mais altos onde a luz é visível. (Veja *Ecossistemas marinhos*)

ecossistemas aquáticos Cerca de 71% da superfície de nosso planeta é coberta com água, servindo de hábitat para muitos **ecossistemas** aquáticos. Cinco fatores definem o tipo de ecossistema que pode existir na água: 1) a salinidade (a concentração de sais dissolvidos); 2) a profundidade de penetração da luz solar; 3) a quantidade de oxigênio dissolvido; 4) a disponibilidade de nutrientes; e 5) a temperatura da água. Os corpos de água com alta concentração de sais dissolvidos são chamados de **ecossistemas marinhos**, e aqueles com níveis mais baixos são os **ecossistemas de água doce**.

ecossistemas da zona oceânica Os ecossistemas marinhos podem ser divididos entre os da região costeira (**zona nerítica**) e os dos mares abertos (**zona oceânica**). A zona oceânica situa-se além da plataforma continental, que pode estar a centenas de quilômetros da costa. A luz penetra apenas na camada superficial do oceano aberto, a uma profundidade de até aproximadamente 180 metros. Essa é a chamada **zona eufótica**, onde os **produtores** realizam a **fotossíntese** e onde se encontra a maior parte da vida marinha. Abaixo dessa camada está a zona afótica, onde pouca ou nenhuma luz penetra. O oceano recebe um constante fluxo de nutrientes proveniente dos rios e do escoamento superficial de águas das terras próximas, mas a maior parte desses nutrientes permanece na região costeira, fazendo com que o oceano aberto seja um dos ambientes menos produtivos do planeta.
Onde o oceano aberto é alcançado pelas correntes oceânicas, que trazem nutrientes, existem **cadeias alimentares**. Os **fitoplânctons**, na zona eufótica, realizam a maior parte da fotossíntese do mar. Os **zooplânctons** consomem os fitoplânctons e, por sua vez, são comidos por numerosos tipos de pequenos peixes ou crustáceos tais como o camarão. O atum e outros peixes maiores comem esses animais, e os tubarões e outros predadores completam a cadeia. Muitos dos peixes maiores vivem abaixo da zona eufótica, mas visitam a superfície em busca de alimento.
Os organismos que vivem abaixo da zona eufótica e que não se aventuram a subir dependem do constante fluxo de organismos mortos que afundam (principalmente plânctons) como fonte de alimentação, o que significa que eles são **lixeiros** ou **decompositores**.

ecossistemas marinhos

A circulação oceânica garante a todos esses organismos do fundo do mar o oxigênio necessário para sua sobrevivência. Alguns **predadores** têm sido descobertos na parte mais baixa da zona afótica, e alguns organismos foram descobertos vivendo no fundo do oceano, em profundidades que variam de 6.000 a 8.000 metros. Esses habitantes do fundo, chamados de organismos bênticos, incluem espécies incomuns de ouriços-do-mar, estrelas-do-mar e estranhos vermes tubulares. Embora não vivam na água, muitos pássaros também desempenham um papel nesses ecossistemas, uma vez que eles se alimentam de animais que vivem próximos da superfície.

ecossistemas de água doce Os meios ambientes aquáticos podem ser divididos em **ecossistemas marinhos** (água salgada) e ecossistemas de água doce. A água doce contém concentrações relativamente baixas de sais dissolvidos e por isso abriga um hábitat muito diferente dos que existem nos corpos de água marinhos. Os ecossistemas de água doce podem ser divididos em dois tipos: **hábitats de águas paradas**, que incluem lagoas, lagos e reservatórios, e **hábitats de águas correntes**, que incluem córregos e rios. A limnologia é o estudo de todos os tipos de hábitats de água doce.

ecossistemas marinhos Os **ecossistemas aquáticos** são divididos em ecossistemas de **água doce** e marinhos. Os ecossistemas marinhos têm uma alta concentração de sais dissolvidos (salinidade). Noventa e sete por cento de todas as águas superficiais de nosso planeta estão nos oceanos. A concentração de sais no oceano aberto é de aproximadamente 35 partes por mil, mas há uma grande variedade de um lugar para outro. Por exemplo, o mar Vermelho, que não tem nenhuma fonte de água doce, atinge 45,5 partes por mil enquanto o mar Báltico contém 12 partes por mil, por causa da grande afluência de água doce. O estudo dos ambientes marinhos é chamado de oceanografia.
A maioria dos ecossistemas marinhos são mais facilmente descritos quando divididos em dois grupos, segundo sua distância das margens continentais. A região localizada a alguns quilômetros da costa, acima da plataforma continental, é chamada de **zona nerítica** (também chamada de zona costeira), enquanto a região das águas além da plataforma continental é conhecida como **zona oceânica**.
A maior parte da zona oceânica é relativamente não-produtiva por causa dos poucos nutrientes produzidos em mar aberto. Os ecossistemas marinhos mais produtivos são encontrados na zona nerítica, que inclui muitos hábitats específicos. (Veja *Ecossistemas marinhos pelágicos*)

ecossistemas marinhos pelágicos Podem ser divididos em dois tipos principais: os ecossistemas marinhos bênticos são encontrados no fundo de oceanos e mares, enquanto os ecossistemas marinhos pelágicos são encon-

ecoturismo

trados nos corpos de água abertos. Os ecossistemas pelágicos se dividem por regiões: **nerítica** (costeira) e **oceânica** (mares abertos).

A região nerítica é encontrada acima da plataforma continental. Ela começa nas margens continentais e se estende para o mar geralmente por muitos quilômetros e alcança uma profundidade de aproximadamente 180 metros. Essa zona representa apenas 10% de todos os oceanos mas contém 90% de todas as plantas e animais marinhos. Os ecossistemas oceânicos são encontrados além da plataforma continental e são considerados não-produtivos quando comparados com as regiões costeiras e a maioria dos ecossistemas terrestres (**biomas**).

ecoterrorismo   Refere-se aos atos agressivos ou violentos destinados a: a) proteger o meio ambiente; b) usar o meio ambiente como um trunfo durante uma disputa. Tentar impedir um **desmatamento**, bloqueando a passagem entre as árvores e ameaçando a vida dos madeireiros com serras manuais, pode ser um exemplo da primeira situação. Utilizar a degradação ambiental como uma arma, tal como ocorreu na **Guerra do Golfo Pérsico**, é um exemplo da segunda situação.

ecoturismo   Setor de turismo especializado em viagens para locais onde a natureza ainda se mantém em estado selvagem. As áreas que possuem uma atração natural única freqüentemente centralizam suas economias em torno daquelas pessoas que desejam pagar para ver ou participar dessas atrações ou atividades. Alguns países, tais como Belize e os países caribenhos da América Central, têm suas economias inteiramente voltadas para o ecoturismo. O aumento das receitas é freqüentemente acompanhado pelo crescimento da destruição ambiental e poluição. As regiões que se desenvolvem a partir do ecoturismo devem administrar seus recursos naturais de forma rigorosa, para evitar que os turistas destruam as atrações que vão ver. (Veja *Ecoempresário; In business*)

ecoviagem   Viagem em que a consciência ambiental é o foco principal. As atividades variam: puramente educacionais, como estudar ecossistemas ou povos nativos; *hobby* orientado, como expedições fotográficas a hábitats exóticos; ou aventuras emocionantes como canoagem em corredeiras ou escalação de montanhas. Existem mais de cem organizações privadas nos Estados Unidos que se especializaram na ecoviagem de aventuras. As agências de viagem freqüentemente possuem guias treinados para ecoviagem. Para mais informações, ligue para a Sociedade de EcoTurismo (001) (703) 549-8979. (Veja *Ecoempresário; In business*)

ectoparasita   Um **parasita** que vive no lado de fora do seu hospedeiro, tal como o carrapato. (Veja *Parasitismo*)

efeito estufa

Edafologia Estudo dos **solos**, com um interesse especial relacionado ao uso da terra para cultivo. (Veja *Monocultura, Irrigação*)

educação ambiental Quase todas as grandes organizações ambientais estão envolvidas com educação e, geralmente, possuem comitês, escritórios ou programas de educação específicos. Algumas organizações, entretanto, especializaram-se em educação ambiental e atuam como uma agência de informação, orientando as pessoas sobre onde e como encontrar os materiais educacionais e as idéias que procuram. A **Associação Norte-Americana de Educação Ambiental** e a Aliança para a Educação Ambiental (tel.: (001) (703) 335-1025) são dois exemplos dessas organizações. A **Associação Ambiental dos Meios de Comunicação** fornece informação sobre os filmes educacionais e outras mídias. A **EPA** (Agência de Proteção Ambiental norte-americana) possui um Escritório de Educação Ambiental, que pode ser acessado pelo telefone (001)(202) 260-4962. (Veja *Informações básicas sobre o meio ambiente*)

efeito estufa A temperatura da superfície terrestre é controlada por muitos fatores, entre os quais o efeito estufa, que funciona de forma semelhante a uma estufa de vidro. Quando a energia do Sol atinge a atmosfera da Terra, ela passa através dos **gases-estufa**, aquecendo a superfície terrestre. O calor (radiação infravermelha) é depois reirradiado (liberado) da Terra para a atmosfera. Os gases-estufa, contudo, absorvem a radiação infravermelha, conservando-a e aquecendo as partes mais baixas da atmosfera.
Quanto mais a quantidade de gases-estufa permanece constante, junto com outros fatores climáticos, mais a temperatura do planeta mantém-se estável. O aumento das quantidades de gases-estufa devido às atividades humanas aumenta o efeito estufa, e acredita-se que isso conduzirá ao **aquecimento global**.

efeito ilha de calor urbana Carros, fábricas, fornalhas e pessoas em áreas urbanas geram grandes quantidades de calor. Asfalto, concreto, aço e outros materiais de construção absorvem e retêm imensas quantidades de calor. Essa tendência de gerar e absorver calor provoca um aumento de temperatura nas cidades, que ficam entre 3 e 6 graus Celsius mais quentes do que as regiões vizinhas. Isso é chamado de efeito ilha de calor urbana. Esse calor freqüentemente cria uma cúpula sobre a cidade, com correntes de vento e microclima próprios, retendo os poluentes e aumentando o nível de poluição do ar. (Veja *Cúpula de poeira*)

efluente A descarga e o fluxo de líquidos residuais no meio ambiente. (Veja *Água de esgoto, Poluição industrial da água*)

Ehrlich, Paul R. Biólogo populacional e ecologista que se tornou uma autoridade sobre os efeitos da **superpopulação** no meio ambiente. O livro do

embalagens assépticas

professor Ehrlich de 1968, chamado *The Population Bomb* (*A bomba populacional*), alertou o público sobre a ameaça da crise populacional. Ele continuou a educar as pessoas sobre esse assunto em livros mais recentes, entre os quais *The Population Explosion* (*A Explosão populacional*), publicado em 1990. (Veja *Capacidade de suporte; População; Tempo de duplicação nas populações humanas; Competição*)

E-lamp Veja *Lâmpada elétrica de ondas de rádio.*

elementos-traço Elementos que aparecem nos organismos em quantidades minúsculas, mas que são essenciais à vida; entre os exemplos estão o cobre e o zinco. (Veja *Nutrientes essenciais*)

elementos vitais Veja *Nutrientes essenciais.*

E Magazine Chamada de *The Environmental Magazine* (*A Revista do Meio Ambiente*) pelos editores, é uma **eco-revista** de variedades, de fácil leitura, vendida em bancas de jornais. Qualquer pessoa que tenha um pequeno interesse em nosso meio ambiente adoraria lê-la. Publicada nos Estados Unidos a cada dois meses, ela contém diversos pequenos artigos de interesse, além de ensaios mais amplos e informativos. Ligue para (001)(800) 825-0061.

embalagens assépticas Usadas como caixas de suco ou bebida, tornaram-se alternativas populares às tradicionais garrafas e latas de bebidas. Para os consumidores elas têm muitas vantagens, mas muitos ambientalistas consideram que existem também desvantagens. As vantagens incluem o fato de que elas são esterilizadas, não quebram e não precisam ficar refrigeradas. Como têm muito pouco material supérfluo, minimizam a quantidade de resíduos produzidos. Uma embalagem cheia é composta de apenas 4% de material de embalagem e 96% de bebida.
O principal problema com esses produtos é que não são facilmente recicláveis. Essas caixas possuem camadas de papel (70%), plástico de polietileno (24%) e alumínio (6%). Os programas de **reciclagem** para essas caixas são poucos e a capacidade de criar mercados para materiais reciclados é desconhecida, já que o material não pode ser reutilizado para fazer novas embalagens assépticas. Existe também a preocupação de que esse produto represente um passo atrás em relação aos avanços feitos na reciclagem de garrafas de bebida de vidro e de plástico. O mercado para esses materiais reciclados já existe, uma vez que eles podem ser usados na fabricação de novas garrafas de bebidas.

embalagens para refeições rápidas (fast-food) Depois de uma intensa pressão de grupos e indivíduos preocupados com o meio ambiente, a McDonald's Corporation substituiu sua "concha" de espuma **plástica** da caixa do hambúrguer pela embalagem de papel, no final de 1990. (Os pro-

energia alternativa

gramas de **papel reciclado** são mais vantajosos do que a **reciclagem de plásticos**.) Outras cadeias de lanchonetes seguiram as pegadas do McDonald's. Mais recentemente, algumas cadeias de lanchonetes estão tentando minimizar a quantidade de resíduos com a **redução de fontes**.

emigração É uma das duas formas de migração internacional. A emigração refere-se ao movimento de pessoas que saem de seus países de origem para outros países. A **imigração** é a outra forma de migração internacional quando o movimento é para o interior de um país. Ambas as formas de migração, em conjunto com a **natalidade** e a **mortalidade**, influenciam as mudanças no tamanho da população.

empresa aprovada pelo certificado verde Veja *Selos de aprovação ambiental*.

endêmico Refere-se a alguma coisa encontrada apenas numa certa região. Por exemplo, muitas plantas e animais são endêmicos em áreas que estão sendo desmatadas, ou uma doença pode ser endêmica em uma determinada região. (Veja *Espécie exótica, Nativo*)

endoparasita Parasita que vive no interior do seu hospedeiro, tal como uma tênia (solitária). (Veja *Parasitoidismo; Controle biológico*)

energia (combustíveis) As fontes de energia prontamente disponíveis (combustíveis) estão intimamente relacionadas com o desenvolvimento das nações. Esses combustíveis causaram um dramático impacto no meio ambiente no passado e continuarão causando no futuro. As fontes de energia podem ser divididas em duas categorias: 1) **combustíveis fósseis**, que são fontes de **energia não-renovável**, atendem a mais de 80% da demanda mundial de energia; e 2) fontes de **energia alternativa** (alternativas para os combustíveis fósseis), que incluem muitos tipos de fontes de **energia renovável** e a energia nuclear. (Veja *Energia fria*)

energia alternativa Os combustíveis que podem substituir nossa dependência dos **combustíveis fósseis** (petróleo, gás natural e carvão) são considerados fontes de energia alternativa. As alternativas se tornarão necessárias já que a queima de combustíveis fósseis, especialmente devido aos nossos automóveis e usinas de geração elétrica, possui efeitos colaterais que danificam nosso ambiente, entre os quais a **poluição do ar**, a **chuva ácida** e o **aquecimento global**. Além disso, os combustíveis fósseis são finitos e irão se exaurir um dia, provavelmente nos próximos 100 anos.
As fontes de energia alternativa incluem a **energia nuclear** e as energias renováveis. As fontes de **energia renovável** são consideradas inesgotáveis, mesmo se utilizadas continuamente pelo homem. Elas incluem a **energia solar**, a **energia eólica**, a **energia hidrelétrica**, a **energia geotérmica** e a **energia de biomassa**.

energia eólica

energia das ondas Algumas usinas experimentais foram construídas para capturar a energia proveniente do movimento das ondas. Embora limitada às regiões costeiras, essa forma de energia mostra-se promissora para o desenvolvimento econômico dessas regiões. (Veja *Energia lunar; Energia hidrelétrica; Energia alternativa*)

energia de biomassa Alternativa aos combustíveis fósseis (petróleo, gás, carvão) que utiliza quase todas as formas de matéria orgânica, especificamente resíduos animais e plantas, como uma fonte de energia. Atualmente, fornece cerca de 4% da energia usada nos Estados Unidos, mas tem potencial para muito mais no futuro.

As substâncias normalmente usadas para energia de biomassa incluem: toras de madeira, pelotas ou carvão vegetal; plantas cultivadas especificamente para combustível de usinas de energia; ou óleos de plantas oleaginosas tais como sementes de colza. Além disso, quase todo tipo de resíduo combustível pode ser usado como energia de biomassa, entre os quais: resíduos agrícolas, como remanescentes de plantas podadas depois da colheita; resíduos da indústria de madeira, como lascas de madeira; a parte combustível do **resíduo sólido municipal**, como papel, papelão e resíduos alimentares; e finalmente resíduos de animais produzidos em grandes fazendas de gado ou em galinheiros.

Essas substâncias de biomassa podem ser queimadas diretamente como combustíveis (**biomassa de combustão direta**) ou convertidas em um gás ou um líquido (**biocombustíveis**) tal como o etanol, que pode depois ser queimado como combustível. A combustão direta de madeira e esterco animal fornece aproximadamente a metade da energia necessária aos **países subdesenvolvidos**. O resíduo sólido municipal é queimado em mais de cem usinas de energia de resíduo nos Estados Unidos. O Brasil utiliza o excedente da cana-de-açúcar (a biomassa) convertida em etanol (um biocombustível) por meio de fermentação, para fornecer cerca de 20% de todo o combustível utilizado em automóveis.

A Rede de Usuários de Biomassa, fundada em 1985, tem mais de quarenta países-membros que trocam tecnologias e idéias para incentivar o uso de energia de biomassa.

energia eólica O vento é uma fonte de **energia renovável** que tem sido usada por centenas de anos, tanto nos Estados Unidos como em todo o mundo. A energia eólica não causa poluição do ar nem poluição da água. Ela é uma das tecnologias de energia mais eficientes, convertendo mais de 90% da energia disponível em energia útil. Ela já é competitiva com outras fontes de energia, com um custo de 7 a 11 centavos de dólar por kWh, tornando-a a menos cara de todas as fontes de **energia renovável**.

Muito pouca energia eólica é produzida nos Estados Unidos atualmente. A

energia geotérmica

maior parte da produção existente ocorre no estado da Califórnia, onde mais de 1.300 MW são produzidos por 15.000 turbinas eólicas. Isso fornece cerca de 1% das necessidades totais do estado, o que é suficiente para abastecer toda a cidade de San Francisco. Embora o vento possa teoricamente suprir todas as necessidades energéticas dos Estados Unidos, os especialistas acreditam que ele possa, realisticamente, abastecer cerca de 20% de toda a energia necessária aos norte-americanos, nos próximos 20 anos.

As turbinas eólicas localizadas em regiões de muitos ventos, cuja velocidade média é de 24 km/h, já são altamente eficientes. Contudo, a maioria dos locais norte-americanos são considerados de ventos moderados, com uma velocidade média entre 19 e 24 km/h, ou locais de poucos ventos, cujas velocidades médias são inferiores a 19 km/h. Avanços tecnológicos são necessários para tornar esses locais de ventos moderados ou de poucos ventos mais viáveis economicamente, se a energia eólica florescer nos Estados Unidos.

A maioria das turbinas eólicas consistem de duas ou três lâminas, um rotor, um condutor, um gerador elétrico e comandos, acoplados a uma torre cuja altura varia de 15 a 30 metros. O rotor pode ser acionado sozinho a partir da força do vento. A maioria das novas lâminas são feitas de fibra de vidro, ao contrário das lâminas antigas, que eram feitas de alumínio. Quanto maior a turbina, mais eficiente o dispositivo. Isso as torna mais práticas para serem utilizadas por grandes companhias e não apenas por pequenas usinas ou usuários individuais.

Os problemas ambientais são diminutos, e seu único inconveniente é a **poluição sonora**. (Veja *Energia das ondas; Energia lunar*)

energia fria A queima de **combustíveis fósseis** emite **gases-estufa** que aumentam as temperaturas globais. As fontes de **energia alternativa** que podem ajudar a substituir nossa dependência de combustíveis fósseis são chamadas de energia fria. A energia fria pode vir de fontes eólica, hidráulica, solar ou de biomassa (plantas). Essas são fontes de **energia renovável**, já que são consideradas inexauríveis. O montante de fundos destinados à pesquisa de energia fria despencou de aproximadamente 1 bilhão de dólares, em 1981, para menos de um décimo desse valor, no início da década de 90.

energia geotérmica Junto com as fontes de energia solar, eólica, hidráulica e de biomassa, é uma fonte de **energia renovável**, uma vez que o seu fornecimento é considerado inesgotável. O âmago da Terra é composto de uma massa derretida, que atua como a fonte da energia geotérmica. Em algumas áreas dos Estados Unidos e em outras partes do mundo, o calor intenso no

energia hidrelétrica

interior da Terra ocorre próximo à superfície e aquece as águas subterrâneas, formando água quente ou vapor.

Se esses reservatórios estão suficientemente próximos da superfície, poços podem ser perfurados para retirar o vapor ou a água quente. O vapor e a água quente são usados para produzir eletricidade com geradores. (Os gêiseres ocorrem onde esses reservatórios de calor e água quente rompem naturalmente através da superfície.)

Cerca de quinze países utilizam a força geotérmica, gerando eletricidade com custos semelhantes ao uso do carvão. A maior usina geotérmica está no estado da Califórnia (EUA) e fornece energia para a cidade de San Francisco. Reykjavick, capital da Islândia, usa a força geotérmica para aquecer todos os edifícios comerciais.

A energia geotérmica é relativamente limpa, mas sua utilização cria alguns problemas ambientais. Ela pode causar a **poluição do ar**, já que emite sulfito de hidrogênio e amônia, e pode até mesmo emitir algumas substâncias radioativas. Também pode provocar a **poluição da água**, a partir de alguns sólidos dissolvidos que ela traz para a superfície. Instrumentos de controle de poluição são usados para evitar danos ambientais.

energia hidrelétrica A eletricidade produzida pelo movimento da água tem sido usada há décadas. Cerca de 21% da eletricidade do mundo e 10% da dos Estados Unidos é gerada por usinas hidrelétricas. A primeira usina hidrelétrica foi construída nas Cataratas do Niágara, em 1878. A hidroenergia pode ser gerada pelas quedas-d'água, pelas correntes dos rios e corredeiras, e através de barragens construídas pelos homens que, por meio de mecanismos de controle (comportas), regulam a quantidade de água conduzida por dutos (túneis) que fazem girar as turbinas – gerando a eletricidade. Enormes barragens, tais como a de Hoover (1.455 megawatts) e a Grand Coulee (6.180 megawatts), situadas nos Estados Unidos, produzem grandes quantidades de energia, mas foram desastrosas ambientalmente e seus custos proibitivos inviabilizaram novas construções.

A maioria das grandes usinas consiste em uma barragem que retém a água, elevando o seu nível no reservatório. A água liberada cai em uma turbina que gera a eletricidade. As usinas menores não precisam necessariamente de barragens. Elas usam uma série de túneis com turbinas em seu interior, acionadas pela correnteza. Isso causa um impacto menos negativo sobre os **ecossistemas** locais.

Muitas das usinas mais novas que estão sendo construídas são pequenas centrais hidrelétricas, que geram até 10 megawatts (MW) de energia, e até mesmo usinas menores, que produzem até 1 MW de energia. Essas usinas pequenas são freqüentemente construídas em áreas remotas e geram eletricidade para a região circunvizinha. Cerca de 1.500 dessas usinas foram construídas nos Estados Unidos. A China construiu mais de 80.000 delas.

energia lunar

A hidroenergia é competitiva, custando entre 3 e 6 centavos de dólar por kWh (quilowatt-hora). As usinas são também fáceis de controlar e podem ser ligadas e desligadas, de acordo com as necessidades. Contudo, mudanças maiores no clima, tais como uma seca, podem reduzir a produção. Nos Estados Unidos, a seca de 1988 provocou uma queda de 25% na hidroenergia gerada naquele ano.

A Comissão Federal Reguladora de Energia norte-americana identificou cerca de 7.000 locais nos Estados Unidos que são adequados para a produção de hidroenergia, capazes de gerar mais de 150.000 MW de energia. Até agora, cerca de 2.000 desses locais já estão produzindo e gerando mais de 70.000 MW de energia. Cento e setenta outros locais estão em fase de desenvolvimento. Contudo, muitos dos locais remanescentes estão sendo deixados de lado para a futura produção de hidroenergia por causa da Lei Nacional 1968 de Rios Pitorescos e Selvagens, que proíbe o desenvolvimento econômico em rios e córregos virgens. Essa lei protege cerca de 40% daqueles locais identificados como adequados para uma usina de hidroenergia, limitando o potencial para a geração de energia que ajudaria a superar os combustíveis fósseis no futuro.

A energia hidrelétrica não cria virtualmente nenhum problema de poluição. Projetos de pequena escala provocam pequenos danos ao meio ambiente, mas projetos maiores são destrutivos ambientalmente.

Energia lunar, energia das ondas, conversão de energia térmica do oceano e **reservatórios solares** também usam a energia da água de várias formas. (Veja *Projeto Energético James Bay*)

energia lunar Duas vezes por dia, a força gravitacional da Lua movimenta o fluxo e refluxo das águas oceânicas ao longo das costas, provocando as marés. Se as marés fluem através de enseadas estreitas, a água pode ser canalizada para turbinas que são acionadas pelo movimento da água e assim gerar eletricidade. Existem duas dessas usinas de energia lunar – uma na França e outra no Canadá. Embora elas sejam uma excelente fonte de energia limpa, acredita-se que existem poucos locais adequados para a construção dessas usinas, o que impede que elas desempenhem um papel de relevo, no atendimento das necessidades energéticas do mundo. (Veja *Energia alternativa; Conversão da energia térmica do oceano; Energia solar; Reservatórios solares; Energia hidrelétrica*)

Nota: No Brasil, a terminologia mais usada é energia das marés ou maremotriz. Existem pelo menos quatro dessas usinas no mundo: as duas citadas, uma na antiga União Soviética (Kislaya Guba) e uma experimental na Costa Rica (San José). Há estudos de geração de energia maremotriz em alguns estuários do nordeste brasileiro, Bacanga/MA é um deles.

energia não-renovável As nações industrializadas dependem principalmente de **combustíveis fósseis**, entre os quais carvão, petróleo e gás natu-

energia nuclear

ral, como fonte de energia. Esses combustíveis são considerados não-renováveis, uma vez que não estão sendo repostos e irão se esgotar com o tempo. As fontes de **energia renovável**, entretanto, são aquelas que estão disponíveis por um período infinito de tempo, já que seu fornecimento é continuamente reposto. (Veja *Formação do petróleo; Formação do carvão*)

energia nuclear Fonte de **energia alternativa** que se tornou popular na década de 70 e proliferou no começo da década de 80. Em 1989, havia 110 usinas de energia nuclear nos Estados Unidos, fornecendo aproximadamente 20% das necessidades energéticas norte-americanas. Houve previsões de que em 2010, 40% da energia norte-americana seria gerada por usinas nucleares.

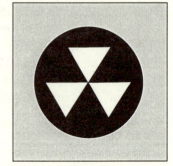

Existem muitas vantagens na energia nuclear. Ela não causa a **poluição do ar** nem libera **gases-estufa** na atmosfera, além de causar uma diminuta **poluição da água**. Mas o crescimento da energia nuclear sofreu um declínio drástico nos Estados Unidos, no final da década de 80, devido a dois fatores principais: segurança e custo. O **acidente de Three Mile Island**, em 1979, aumentou a conscientização pública acerca dos problemas de segurança relacionados com os reatores nucleares. O acidente de **Chernobyl** renovou e reavivou esses temores em 1986. A Comissão de Regulamentação Nuclear norte-americana projetou em 45% a chance de ocorrer um acidente nuclear sério nos Estados Unidos, nos próximos 20 anos. (Isso não significa necessariamente um vazamento de radioatividade.)

Além dos acidentes, existem sérias preocupações com o **descarte de resíduos nucleares** dos materiais radioativos gastos. As questões de segurança adicionais incluem as falhas inerentes às edificações e os problemas associados com o armazenamento que podem permitir a liberação de gases radioativos. Algumas usinas estão mostrando sinais de envelhecimento prematuro, o que pode obrigá-las a fechar antes de expirarem as licenças de 40 anos.

Além dos problemas de segurança, os custos de construção de usinas nucleares e o custo de manutenção da produção de eletricidade mostraram-se mais altos do que os originalmente imaginados. Muitas usinas ficaram incompletas devido à subida dos custos. Aquelas que estão em funcionamento estão gerando energia a preços altos, mas, ainda assim, competitivos. Embora o futuro da energia nuclear nos Estados Unidos seja objeto de debate, a França pretende, na década de 90, gerar quase toda a sua energia a partir da energia nuclear. Estão sendo estudados novos projetos para reatores menores, mais seguros e menos caros. Essas novas tecnologias

energia renovável

poderão gerar entre 100 e 300 **MW** de energia, enquanto os reatores atuais geram 1.000 MW. Esses novos projetos utilizam dispositivos de segurança passivos, o que significa o uso simples de forças naturais, tais como a gravidade, para paralisar o reator em caso de emergência, em vez de operações humanas e sistemas complexos de computação eletrônica, que podem falhar.

Mesmo que as questões de segurança e custos possam ser corrigidas com um novo projeto de reator, uma solução definitiva para o descarte dos resíduos nucleares deve ser encontrada. A segurança e os custos são as razões primárias por que nenhuma nova usina tem sido encomendada, nos Estados Unidos, desde 1978 e todas as usinas encomendadas, após 1973, foram canceladas. Se essa tendência continuar, com as usinas existentes envelhecendo rapidamente e nenhuma nova usina sendo construída, a parcela de contribuição da energia nuclear para as futuras necessidades energéticas norte-americanas entrará em declínio, em poucas décadas.

energia renovável   As fontes de energia renováveis são consideradas inesgotáveis, mesmo que sejam utilizadas continuamente pelo homem. A energia renovável e a **energia nuclear** são as duas principais alternativas aos **combustíveis fósseis**.

A energia renovável inclui: fontes de **energia solar, energia eólica, hidrelétrica, energia geotérmica** e **energia de biomassa**. As fontes renováveis são geralmente não-poluentes e não produzem nenhum material perigoso, como acontece no caso da **energia nuclear**. A energia renovável pode produzir energia na forma de eletricidade, calor e combustíveis de transporte em oposição à energia nuclear, que produz apenas energia elétrica. Muitas fontes renováveis já atingiram preços competitivos em comparação com os combustíveis fósseis e se tornarão ainda mais baratas, quando forem usadas em larga escala.

Um problema que muitas fontes renováveis enfrentam é o da estocagem de energia. A maioria dessas fontes sofre variações na natureza. A disponibilidade solar varia devido aos ciclos do dia e da noite e às condições climáticas de curto prazo; a eólica, devido a condições climáticas de curto prazo; e a hidráulica varia em função das condições climáticas de longo prazo, tais como uma seca. As tecnologias de estocagem de energia estão se desenvolvendo rapidamente e muitas das inadequações devem ser resolvidas em poucos anos. Muitas das usinas de energia renovável existentes utilizam combustíveis fósseis para se manterem em operação, durante os períodos de manutenção das instalações e durante os períodos de consumo máximo.

As fontes de energia renovável atendem mais da metade das necessidades energéticas do Japão e de Israel, enquanto nos Estados Unidos todas as formas de energia renovável atendem apenas 7,5% das necessidades do país. Em 1989, a **Agência de Proteção Ambiental** norte-americana sugeriu que,

entomologia

por volta do ano 2050, as formas de energia renovável podem e devem atender de 30 a 45% das necessidades energéticas norte-americanas, enquanto muitos cientistas respeitados acreditam que essa percentagem pode ser muito maior. Contudo, o Ministério da Energia dos Estados Unidos liberou um estudo de 1989, prevendo que apenas 12% das necessidades energéticas norte-americanas estarão atendidas por formas renováveis, no ano 2010. A quantidade de recursos disponíveis para pesquisas e programas-pilotos nos próximos anos determinarão o apoio real às fontes de energia renovável no futuro. Infelizmente, a quantidade de financiamentos para as pesquisas sobre energias alternativas despencou de aproximadamente 1 bilhão de dólares, em 1981, para menos de um décimo dessa quantia, em 1990. (Veja *Energia fria*)

energia solar Atualmente, apenas 1% do suprimento energético do mundo é proveniente da energia solar. Alguns cientistas, entretanto, acreditam que o Sol é a fonte de **energia alternativa** definitiva e a resposta para a maioria dos nossos problemas. O Sol proporciona muito mais energia do que todas as pessoas do mundo inteiro precisam, mas o problema é como aproveitá-la.

Hoje em dia, existem quatro métodos usados para aproveitar a energia do Sol: 1) Os **sistemas passivos de aquecimento solar** absorvem a energia como calor para uso imediato. 2) Os **sistemas ativos de aquecimento solar** usam um dispositivo de coleta solar e um sistema de tubos que transferem o calor para a área destinada. Os sistemas passivo e ativo podem aquecer residências e fornecer água quente. 3) As **usinas de energia termo-solar** usam coletores solares para aquecer água ou outro líquido, que depois é usado para gerar eletricidade. 4) A **célula fotovoltaica** transforma a luz solar diretamente em eletricidade.

A energia solar produz pouca ou nenhuma poluição do ar e da água, não adiciona dióxido de carbono (um **gás-estufa**) na atmosfera e não destrói a terra.

Entomologia O estudo dos **insetos**.

envenenamento por chumbo Refere-se à exposição ao chumbo. Isso pode ocorrer pela inalação de fumaça ou pela ingestão de partículas que contêm chumbo, tais como as provenientes de tintas à base de chumbo. A gasolina com chumbo, em conjunto com numerosos outros produtos, tem provocado a contaminação pelo chumbo, impregnando o meio ambiente. O envenenamento por chumbo pode causar reações agudas, como vômitos, ou doenças crônicas, como danos permanentes no sistema nervoso, quando o chumbo se acumula no corpo por longos períodos.

O chumbo está sendo banido de muitos produtos tais como a gasolina e as tintas, mas ainda é comumente encontrado em muitos outros, inclusive em alguns lugares inesperados. Dois exemplos são relacionados abaixo.

equação de impacto

Evita-se a ingestão de chumbo pela lavagem do gargalo de uma garrafa de vinho na qual o invólucro de alumínio da tampa entrou em contato com a garrafa. O vinho assimila o chumbo (originalmente encontrado no invólucro metálico), enquanto escorre pelo gargalo. Se você reaproveita a embalagem plástica dos alimentos, tais como as embalagens de pão, não vire o saco do avesso, uma vez que o chumbo contido nas etiquetas pintadas pode ser liberado e absorvido pelo pão. (Veja *Poluição de metais pesados; Envenenamento por mercúrio*)

envenenamento por mercúrio Pode ocorrer pela ingestão direta do mercúrio, mas geralmente ocorre quando organismos contaminados, tais como peixes com altas concentrações de mercúrio em seus corpos, são comidos e assim acumulados no corpo repetidamente. O envenenamento por mercúrio pode resultar em doenças e debilidades agudas, tais como entorpecimento e fala enrolada, ou retardamento mental. (Veja *Poluição de metais pesados; Bioacumulação; Amplificação biológica*)

Environet Plataforma de informações eletrônica (informatizada), financiada pelo **Greenpeace**, destinada a qualquer pessoa interessada em temas ambientais. Contém documentos informativos (*press releases*), boletins e outras informações que podem ser acessadas. Os fóruns eletrônicos abertos estão também disponíveis para comunicações diretas sobre várias questões ambientais, ou simplesmente para bate-papos. (Veja *Redes ambientais de computador; MNS On-line; Serviço de Informações do Meio Ambiente; EcoNet*)

enxágüe da máquina de lavar louça (rinse hold) Pode-se economizar cerca de 19 litros de água se não se usar o ciclo de enxágüe da máquina. (Veja *Banho de banheira* versus *banho de chuveiro; Conservação da água doméstica*)

equação de impacto Uma equação simples, introduzida por **Paul Ehrlich**, que demonstra o relacionamento entre as pessoas e o seu impacto sobre o meio ambiente: impacto por pessoa **x** número de pessoas = impacto ambiental total. (Veja *População; Paul R. Ehrlich; Tempo de duplicação nas populações humanas*)

Era do Prospecto Expressão cunhada por Vance Packard no seu livro de 1960, *The Waste Maker* (*O produtor de resíduo*), onde descreve uma sociedade na qual tudo é descartável. (Veja *Aterro sanitário; Reciclagem; Poluição de plásticos*)

Eras do Gelo Mudanças climáticas graduais, durando milhares de anos, que resultaram em drásticas transformações no meio ambiente do nosso planeta. Há mais de 750.000 anos, essas mudanças resultaram em oito grandes

Escala Richter

eras do gelo, durante as quais gigantescas camadas de gelo da calota polar cobriram grandes porções da América do Norte, da Europa e de partes da Ásia. Cada era do gelo durava 100.000 anos, ao fim dos quais o aquecimento do clima fazia com que as camadas de gelo retrocedessem.

Os períodos entre as eras do gelo, chamados de períodos interglaciais, duravam apenas de 10.000 a 12.000 anos. A última era do gelo terminou há aproximadamente 10.000 anos. A diferença entre a temperatura do período interglacial (nós estamos nele atualmente) e a última era do gelo é de apenas 5°C. (Veja *Aquecimento global; Albedo*)

erosão de regatos Erosão do solo causada por chuva e transbordamento de águas superficiais, produzindo uma série de sulcos e canais.

erosão do solo O movimento da água e do vento sobre o **solo** (geralmente a terra cultivável) levando-o de um lugar para outro é chamado de erosão do solo. A erosão ocorre naturalmente enquanto o escoamento superficial das águas flui para os córregos e rios. A cada ano, o rio Mississipi transporta cerca de 325 milhões de toneladas de solo do interior da América do Norte para o Golfo do México.

As áreas que recebem regularmente pouca chuva ou são propensas a secas podem sofrer a erosão do solo causada pelo vento, em vez da erosão provocada pela água. A maioria dos solos, contudo, fica protegida da erosão pelas plantas que os estabilizam. Uma erosão grave ocorre quando as atividades humanas removem a maior parte da cobertura vegetal, expondo o solo aos elementos. O **desmatamento**, a **abertura de clareiras**, práticas agrícolas pobres, construções, veículos sobre rodas e outras atividades provocam a erosão do solo. Embora a formação do solo ocorra naturalmente, as atividades humanas, tais como as mencionadas acima, removem o solo em um tempo muito menor do que o que ele leva para ser criado. Na maioria das regiões, são necessários cerca de 200 a 1.000 anos para que se forme uma camada de aproximadamente 2,5 cm de terra cultivável, solo esse que pode ser erodido em poucos dias. (Veja *Conservação do solo; Tigela de pó*)

erosão laminar Diz respeito à erosão de uma camada uniforme do solo superficial de uma grande área causada pelo **escoamento superficial** da água.

erva daninha Qualquer planta crescendo onde os seres humanos não querem que ela cresça. (Veja *Herbicidas; Pesticidas*)

Escala Richter Uma escala usada para medir a intensidade de distúrbios geológicos que varia de 1,5, para tremores dificilmente detectáveis, até 8,5, para terremotos catastróficos. A escala é logarítmica. Um registro de 7 é trinta vezes maior do que um registro de 6.

Escatologia Estudo das fezes dos animais. (Veja *Lixeiros; Decompositores*)

escoamento superficial

escoamento superficial Aquela porção da precipitação que não é absorvida pelo solo e escoa para longe é chamada de escoamento superficial. Ele é recolhido pelos córregos e rios e depois segue em direção aos oceanos. O escoamento superficial drenado de uma tempestade pode conter numerosos tipos de poluentes, entre os quais gasolina, sais de estrada, produtos de **plástico** e quaisquer outras coisas que sejam visíveis nas ruas. O escoamento superficial agrícola refere-se às águas que lavam as terras irrigadas e que geralmente contêm grandes quantidades de **fertilizantes e pesticidas**. O escoamento superficial da **drenagem ácida de minas** é proveniente das operações de mineração e carrega ácidos perigosos para os corpos de água. (Veja *Poluição difusa; Ciclo da água*)

Escritório de Avaliação Tecnológica Faz relatos ao Congresso norte-americano sobre o impacto tecnológico e científico das políticas governamentais e da legislação proposta. Ele estuda temas científicos e tecnológicos para o Congresso, tentando resolver solicitações conflitivas, as crenças e os dados. Esse escritório tem uma importante influência sobre a direção estratégica que os Estados Unidos tomam em relação às questões de meio ambiente e energia.
Foi criado em 1974 e tem uma mesa composta por seis senadores, indicados pelo presidente dos Estados Unidos *pro tempore*, e seis representantes, indicados pelo presidente do Congresso norte-americano. A mesa elege um diretor para um período de 6 anos. Um conselho consultivo de dez cientistas eminentes é chamado regularmente para dar consultoria.

Escritório de Comunicações da Terra (ECO – Earth Communications Office) Organização apartidária, sem fins lucrativos, formada por atores, diretores, produtores e roteiristas de cinema, destinada a conscientizar o público sobre as questões ambientais. Como as celebridades atraem facilmente atenção, elas usam *shows* de TV, filmes, gravações e revistas para ampliar a consciência do público acerca dos problemas ambientais. Eles acreditam que a indústria de entretenimento pode influenciar grandemente o público por meio da veiculação dessas mensagens em anúncios de utilidade pública e introduzindo assuntos ambientais em textos. Escreva para 1925 Century Park East, Suite 2300, Los Angeles, CA 90067. (Veja *Associação Ambiental dos Meios de Comunicação; Centro de Recursos para Filmes Ambientais*)

Escritório de Referência Populacional (PRB – Population Reference Bureau) Organização científica e educacional privada que coleta, interpreta e divulga informações sobre as tendências populacionais. Criado em 1929, o PRB serve como elo de ligação entre as pesquisas científicas e o público, e aqueles que influem na política mundial. Ele é responsável por muitas publicações importantes e excelentes materiais de ensino. Tem um serviço de

espécie

informações e uma das mais antigas e maiores bibliotecas "populacionais" do mundo. Escreva para 1875 Connecticut Ave. NW, Suite 520, Washington DC 20009-5728.

espaço urbano aberto Áreas em regiões metropolitanas que são designadas para a recreação ao ar livre. Uma vez que essas propriedades geralmente seriam mais valiosas se fossem aproveitadas para o desenvolvimento econômico, os planejadores urbanos devem compreender a intrínseca necessidade desses espaços e seu valor para as pessoas que moram em cidades. Algumas das maiores cidades do mundo tiveram seus espaços abertos planejados quando ainda eram menores. Por exemplo, o Central Park de Nova York foi criado nos últimos anos do século XIX e abrange 200 hectares de um dos maiores e realmente mais valiosos espaços do mundo. (Veja *Centros da natureza*)

especiação Quando a **seleção natural** (junto com outros fatores) resulta no desenvolvimento de uma nova **espécie**, o processo é chamado de especiação. Isso pode ocorrer quando os membros de uma espécie migram para áreas com condições diferentes. Por exemplo, acredita-se que alguns membros pertencentes a uma espécie primária de raposas tenham migrado para o norte enquanto outros migravam para o sul. Aqueles que foram para o norte desenvolveram uma pele mais grossa (para se aquecerem), orelhas mais curtas (para reduzir a perda de calor) e um pêlo branco para harmonizarem com a neve, criando uma nova espécie, chamada de raposa do ártico. Aqueles que foram para o sul desenvolveram uma pele fina, orelhas longas e uma pele escura, estabelecendo uma outra espécie, chamada de raposa cinza.
O processo de especiação provavelmente pode ocorrer ao longo de centenas ou milhares de anos com organismos como os insetos, que se reproduzem rapidamente, mas ocorre em um período que varia entre dezenas de milhares a milhões de anos nas formas de vida mais elevadas tais como os mamíferos.

espécie Grupo de organismos similares capazes de se reproduzirem entre si. A espécie é a categoria mais elementar (mais específica) na classificação biológica. (Veja *Reino; Especiação*).

espécie básica Se uma única espécie é de importância vital para a estabilidade de um **ecossistema**, ela é chamada de espécie básica. A remoção dessa espécie poderia provocar o colapso do ecossistema existente. O aligátor (espécie de crocodilo) do sudeste dos Estados Unidos é um exemplo de espécie básica. Os aligatores cavam buracos nos quais se acumula água, que posteriormente se transformam em hábitats de muitas formas de vida aquática. Eles também constroem ninhos sobre montículos de terra que

espécies em extinção

depois tornam-se ninhos de garças. Os aligatores comem grandes quantidades de peixes predadores; isso estabiliza as populações de pequenos peixes de água doce.

Quando os jacarés foram quase extintos pela caça nas décadas de 50 e 60, o ecossistema inteiro da região foi alterado. Os organismos aquáticos perderam seu hábitat, os pássaros perderam os seus ninhos e as populações de peixes sofreram uma grande alteração, uma vez que os peixes predadores não foram mais controlados pelo aligátor. (Veja *Redes alimentares; Dinâmica das populações*)

espécie exótica Organismo introduzido em uma nova área; aquele que não é nativo daquela área. As espécies exóticas são algumas vezes introduzidas numa área para cumprir um objetivo, tal como durante o **controle biológico** de uma praga de insetos. Em outras circunstâncias, procura-se prevenir que espécies exóticas penetrem em outra área, como acontece com os mexilhões-zebra em canais navegáveis, porque elas logo superam as populações existentes e danificam ecossistemas estáveis.

espécies ameaçadas Freqüentemente chamadas de espécies vulneráveis, são aquelas que provavelmente se tornarão **extintas**, caso algum fator crítico em seu meio ambiente seja modificado. Em outras palavras, são as espécies que estão sobrevivendo com algum fator ambiental em nível mínimo. Um exemplo é a **Coruja Sarapintada do Norte**, que perdeu a maior parte do seu hábitat para a indústria madeireira. (Veja *Estatuto das Espécies Ameaçadas*)

espécies constantes Refere-se a espécies que serão provavelmente encontradas numa **comunidade** específica. Uma espécie constante é aquela que é encontrada em pelo menos 50% das amostras retiradas daquela comunidade. (Veja *Espécie básica*)

espécies em extinção Existem em quantidades tão pequenas que podem desaparecer, a menos que certas condições sejam modificadas imediatamente. Em outras palavras, é necessária alguma forma positiva de intervenção humana para salvá-las. Atualmente existem cerca de trezentas espécies na lista de espécies em extinção, que é controlada pelo Escritório de Espécies Ameaçadas (órgão do Ministério do Interior norte-americano). Os rinocerontes negros, a doninha do pé preto, o condor da Califórnia, o peixe-boi e a borboleta azul são exemplos de espécies ameaçadas. (Veja *Estatuto das espécies ameaçadas; Convenção sobre o Comércio Internacional de Espécies Ameaçadas; Coruja sarapintada do norte; Espécies vulneráveis*) Aqui caberia uma lista de espécies ameaçadas no Brasil: lobo-guará, mico-leão-dourado, tamanduá-bandeira, tatu-bola, diversos batráquios, boto cor-de-rosa etc.

Espeleologia

espécies vulneráveis Veja *Espécies ameaçadas.*

espectro de luz visível Aquela parte da radiação solar que é visível ao olho humano (entre 380 e 780 nanômetros).

Espeleologia O estudo das cavernas.

Esquadrão de Deus Veja *Estatuto das espécies ameaçadas.*

estabilidade populacional As populações de uma comunidade estão sempre sob alguma forma de estresse ambiental. Os fatores de estresse naturais incluem temperaturas extremas, falta de umidade ou inundações, enquanto o estresse produzido pelos seres humanos inclui o uso de **pesticidas** e o **desmatamento**. As populações tentam manter uma estabilidade numérica. Existem três aspectos para essa estabilidade: 1) a persistência é a capacidade de uma população em resistir às mudanças; 2) a constância é a capacidade de uma população em manter um certo tamanho; 3) a resiliência é a capacidade de uma população em voltar a sua condição original, depois de ficar exposta a alguma forma de estresse. (Veja *Dinâmica das populações*)

Estatuto da Água Limpa Peça fundamental da legislação destinada a "restaurar e manter a integridade química, física e biológica das águas dos Estados Unidos". A lei, aprovada em 1972, tem resultado em uma expressiva melhoria da qualidade de nossas águas. A lei determina que cada estado adote padrões de qualidade para todos os cursos de água, restrinja o descarte de resíduos municipais e industriais nesses cursos e proteja suas margens. A aplicação da lei é responsabilidade da EPA. O Estatuto da Qualidade da Água de 1987 reafirmou e fortaleceu essa lei. Esse estatuto foi renovado em 1992.
Uma parte do estatuto responsável pela proteção das margens tornou-se um campo de batalha política nos últimos anos. Alguns membros do Congresso norte-americano são a favor de um novo projeto de lei que redefina as margens dos rios e que resultaria na destruição e ocupação de 80% das margens de rios que ainda existem. Outros membros defendem um projeto de lei pró-ambiental que deixaria a definição dos limites para os cientistas, e não para os políticos. (Veja *Poluição da água, Ecossistemas aquáticos, Nenhuma perda líquida; Destruição de estuários e margens costeiras úmidas*)

Estatuto das Espécies Ameaçadas Tornou-se lei em 1973. Ele deu ao governo federal norte-americano jurisdição sobre o manejo de qualquer organismo identificado como uma **espécie ameaçada**. O estatuto original possuía uma linguagem mais forte e eloqüente. Ele estabelecia que nenhuma agência governamental poderia desenvolver qualquer atividade que pudesse resultar na extinção de um organismo da lista e que todas as agências governamentais deveriam cooperar para evitar a extinção.

Estatuto do Ar Limpo

Desde o seu começo, o estatuto tem sido boicotado e gradualmente foi deixado de lado. Em 1978, uma Comissão para a Revisão das Espécies Ameaçadas estabeleceu que o estatuto poderia ser desrespeitado, se as vantagens econômicas compensassem os efeitos ecológicos. Além disso, as emendas feitas no estatuto tornaram extremamente difícil acrescentar novas espécies nas listas de espécies ameaçadas ou vulneráveis. A partir de 1992, mais de 1.000 espécies entraram na "lista de espera" e aguardam que haja dinheiro suficiente no orçamento.

Durante o governo Bush, um júri especial, chamado extra-oficialmente de "Esquadrão de Deus", tinha o poder de rejeitar a inclusão de qualquer animal na lista de espécies ameaçadas, se o "pretendente" representasse qualquer ônus aos interesses comerciais. Ele poderia até mesmo excluir espécies que já constassem da lista. (Veja *Convenção sobre o Comércio Internacional de Espécies Ameaçadas*)

Estatuto de Amplo Compromisso, Responsabilidade e Compensação Ambiental (CERCLA - Comprehensive Environmental Response, Compensation, and Liability Act) Veja *Superfundo*.

Estatuto de Pesquisa e Controle da Poluição por Plásticos Este estatuto, assinado como lei em 1988, proíbe o despejo de resíduos plásticos nos oceanos. (Veja *Poluição de navios de cruzeiro*)

Estatuto do Ar Limpo Peça fundamental da legislação, aprovada em 1970, destinada a melhorar a qualidade do ar, nos Estados Unidos. Seu objetivo é assegurar aos norte-americanos que o ar que eles respiram não representará nenhum risco para a saúde. A lei é aplicada pela EPA. Em 1990, o estatuto foi renovado e emendado para incluir alguns acréscimos. A maioria das principais cidades tem de se comprometer com a redução de emissão dos poluentes primários do ar, que causam a **poluição do ar** e o **smog**, até 1999. (Nove das maiores cidades conseguiram a concessão de alguns anos a mais para se adaptarem.) Isso implica reduções das emissões dos canos de escapamento de automóveis e bocais especiais nas bombas de gasolina para reduzir a exalação de compostos voláteis orgânicos.

A lei também exige que as indústrias emitentes de qualquer uma das 189 substâncias químicas tóxicas identificadas usem a **melhor tecnologia disponível** para reduzir essas emissões. Foram também estabelecidos limites para a quantidade de **dióxido de enxofre**, parcialmente responsável pela **chuva ácida**, liberado a partir da queima de combustíveis fósseis nas usinas de energia. (Veja *Conselho do Presidente para a Competitividade*)

Estatuto dos Direitos da Comunidade em Saber Em 1986, o Congresso norte-americano promulgou essa lei, exigindo que as empresas comunicassem as emissões que fizessem parte de um conjunto de mais de trezentas

esterco

substâncias químicas. A lei contém muitas exceções e isenções, o que significa que atualmente apenas 1 em cada 9 kg de emissões tóxicas é registrado. (Veja *Resíduos tóxicos; Poluição do ar*)

estepe Veja *Pasto*.

esterco Solo de grãos finos, saturado de água e com uma consistência densa. Ele é escuro, contendo altas concentrações de matéria **orgânica** muito decomposta tal como resíduos de plantas e animais. Contém menos matéria orgânica do que a **turfa**. (Veja *Lama de esgoto; Limo*)

esterco animal Usado como **fertilizante orgânico**. Ele adiciona nitrogênio ao solo, melhora a **textura do solo** e estimula o crescimento de **organismos benéficos ao solo**. O uso do esterco animal tem diminuído, nos Estados Unidos, porque os animais não são criados nas mesmas fazendas onde são cultivadas as plantações que precisam de fertilizantes. A necessidade de transporte do esterco animal torna-o demasiado caro para o seu uso extensivo.

esterilização de insetos Forma inovadora de controle de praga de insetos. É uma alternativa aos **pesticidas** e pode ser usada como parte de um programa de **manejo integrado de pragas**. A esterilização de insetos consiste na criação em massa de um inseto-praga cujos machos são esterilizados com produtos químicos ou radiação. Depois de esterilizados eles são liberados, na época apropriada, em uma área infestada, para se acasalarem com as fêmeas. Já que estão competindo com machos selvagens, não-esterilizados, eles têm de ser mais numerosos que os machos viris, na proporção de 10 para 1. A liberação é feita várias vezes e funciona apenas com as espécies que se acasalam uma única vez.

A mosca do gado, que é um parasita freqüente e fatal para o gado, as cabras e os cervos, foi virtualmente eliminada em muitas partes dos Estados Unidos, México e América Central por meio desse método. (Veja *Iscas sexuais; Controle biológico; Inseticidas naturais*)

estramônio Planta cujas recentes descobertas mostraram sua utilidade na neutralização de solos contaminados pela radioatividade. De acordo com as últimas pesquisas, o estramônio e outros tipos de plantas podem ajudar a resolver os problemas de **descarte de resíduos nucleares**. (Veja *Hiperacumuladores; Fitorremediação*)

estrategistas K Os organismos que são normalmente grandes, possuem uma vida relativamente mais longa e que geram uma prole pequena são chamados de estrategistas K. Esses organismos investem uma grande quantidade de energia para assegurar a sobrevivência de seus descendentes. A maioria dos mamíferos grandes, como cavalos, veados e seres humanos, são estrategistas K. O tamanho da população desses organismos é geralmente contro-

estuário

lado pelos **fatores limitantes** da densidade. Isso significa que a população cresce até a densidade da população limitar qualquer aumento a mais.

Por exemplo, a população de pássaros **predadores** como o falcão continua a crescer até que existam muitos falcões e poucas cobras, camundongos e outras presas disponíveis para a sobrevivência dos jovens falcões. O alimento torna-se o fator de limite e a população de falcões pára de crescer. Os estrategistas K possuem populações que se estabilizam no nível da **capacidade de suporte**. (Veja *Estrategistas R; Curva J*)

estrategistas R Geralmente pequenos organismos de vida curta, cuja prole é muito numerosa e necessita de pouco ou nenhum cuidado paterno. Esses organismos consomem uma grande quantidade de energia produzindo dúzias, centenas e até mesmo milhares de ovos ou jovens crias. Sua estratégia reprodutiva é aquela que se mantém pela quantidade. Se um número suficiente de crias é produzido, algumas delas têm mais probabilidade de sobreviver. A maioria dos insetos e alguns répteis, anfíbios e pequenos mamíferos usam esta estratégia.

O tamanho da população desses organismos é controlado pela densidade independente dos **fatores limitantes**, que possuem pouca ou nenhuma relação com a densidade da população existente. Temperaturas extremas, escassez de água e uma explosão inesperada na população de predadores são exemplos desses fatores limitantes. O tamanho da população dos estrategistas R geralmente não atinge a **capacidade de suporte** do meio ambiente como acontece com os **estrategistas K.**

estresse antropogênico Refere-se aos efeitos que as intervenções humanas produzem sobre outros organismos. Embora as interações entre os organismos sejam universais, o impacto da intervenção humana é freqüentemente extraordinário em abrangência e magnitude. Nós infligimos um estresse particular "causado pelo homem" sobre o planeta. Alguns exemplos do estresse antropogênico são a **poluição do ar** e a destruição de hábitats como os constatados no **desmatamento** e na **desertificação**. (Veja *Ciclos biogeoquímicos, intervenção humanos*)

estuário Ecossistemas únicos onde a água doce de um rio se mistura com a água salgada do mar. Isso resulta numa concentração de sais intermediária entre a água doce e os hábitats marinhos, chamada de água salobra. Uma vez que o grau de **salinidade**, temperatura e outros fatores variam com a maré, apenas determinados tipos de organismos com uma **faixa de tolerância** ampla habitam esse tipo de ecossistema.

Os estuários encontram-se entre os mais produtivos ecossistemas da Terra, junto com a **floresta tropical úmida** e outros tipos de **terras úmidas**. O fluxo constante de água do rio ou outro corpo de água no interior de um estuário

etanol

fornece alta concentração de **nutrientes** para os organismos se desenvolverem. A água é freqüentemente rasa, de maneira que a luz do Sol pode alcançar o fundo, permitindo que **plantas emergentes** e algas cresçam abundantemente. Esses **produtores** são o primeiro vínculo na **cadeia alimentar**, que inclui peixes como o linguado e crustáceos como o camarão. Muitos organismos usam os estuários como locais de desova ou viveiros. Os jovens organismos têm comida farta e ficam protegidos do oceano aberto. Quando se tornam suficientemente grandes, projetam-se mar adentro, fazendo do estuário um vínculo vital para muitos ecossistemas amplos. (Veja *Destruição de estuários e margens úmidas costeiras*)

estudos ecológicos A Ecologia pode ser estudada a partir de ângulos muito diferentes. Ela pode ser estudada a partir do **hábitat** escolhido (terrestre, marinho ou de água doce), a partir dos tipos de organismo (plantas, animais ou micróbios), a partir do **nível de organização biológica** (desde um único organismo até um ecossistema inteiro) ou a partir da metodologia usada durante a pesquisa. Todas essas abordagens são geralmente realizadas em conjunto com uma outra durante o processo de pesquisa ecológica. (Veja *Métodos de estudos ecológicos*)

estudos qualitativos Concentram-se em descrições, ao contrário das análises numéricas. (Veja *Métodos de estudos ecológicos*)

estudos quantitativos Baseiam-se em medidas, quantidades e outras análises numéricas. (Veja *Métodos de estudos ecológicos*)

etanol **Biocombustível** criado pela fermentação de açúcar ou grãos, usado como alternativa para a gasolina. Misturado na gasolina, ele é chamado de gasohol. (Veja *Energia de biomassa*)

Ética ambiental Ramo da Filosofia que tenta distinguir o certo e o errado, sem considerar as influências culturais. A ética ambiental diz respeito especificamente à distinção entre o certo e o errado no que concerne aos assuntos ambientais. Como qualquer problema ético, é definida de diferentes maneiras segundo a perspectiva que o indivíduo adotar em suas crenças. O ambientalista **Aldo Leopold** escreveu, em seu ensaio "The Land Ethics" (A Ética da Terra), em 1949, que "Toda ética repousa sobre uma única premissa: que o indivíduo é membro de uma comunidade de partes interdependentes. A ética da terra simplesmente amplia a fronteira dessa comunidade para incluir solos, águas, plantas e animais ou, coletivamente, a terra". (Veja *Filósofos ambientais*)

Etnobiologia Estudo do uso de plantas e animais pelos seres humanos.

Eugenia Estudo do melhoramento das qualidades genéticas dos organismos por meio de linhagens selecionadas. Plantas como a alfafa, o milho e o algo-

euroky

dão têm sido selecionadas por linhagens para resistir aos numerosos tipos de doenças que, de outra forma, destruiriam essas plantas. (Veja *Plantas resistentes; Manejo integrado de pragas*)

euroky Capacidade de um organismo em tolerar uma grande variedade de condições ambientais.

eutrofização cultural Forma acelerada de **eutrofização natural**. O processo natural é acelerado pelas substâncias residuais produzidas pela atividade humana; essas substâncias residuais penetram nos corpos de água. A **água de esgoto** não-tratada, os resíduos da pecuária, os **fertilizantes** agrícolas e domésticos e muitos produtos residuais industriais que terminam nos corpos de água aceleram drasticamente o processo normal de enriquecimento de nutrientes.

Esse drástico enriquecimento de **nutrientes** produz uma explosão da população de alguns organismos tais como as algas. Por sua vez, quando esses organismos morrem, as bactérias que se alimentam das algas em decomposição têm um aumento populacional exagerado. Isso causa uma redução nos níveis de oxigênio da água e provoca a morte do **ecossistema** do lago ou do reservatório.

Os sintomas de corpos de água eutróficos (aqueles com altos níveis de nutrientes) incluem grandes quantidades de vegetação nas margens, florescimento algáceo, águas estagnadas e ausência de peixes de água fria. (Veja *Eutrofização natural; Demanda bioquímica de oxigênio; Sucessão aquática primária*)

eutrofização natural Os lagos podem ser classificados em oligotróficos ou eutróficos. Os lagos oligotróficos são profundos, claros, frios e contêm quantidade limitada de nutrientes para sustentar a vida. Os lagos eutróficos passaram por um processo de eutrofização e são geralmente rasos, quentes e turvos, uma vez que são ricos em **nutrientes**.

Os corpos de água parada passam por uma eutrofização natural, um processo de enriquecimento de nutrientes que dura longos períodos de tempo, geralmente milhares de anos. Os sedimentos são normalmente carregados para os corpos de água provenientes da **bacia hidrográfica** que os circunda, e os nutrientes contidos nos sedimentos se dissolvem na água. Altas concentrações de nutrientes resultam em grande crescimento de algas. Subseqüentemente, ocorre uma enorme quantidade de morte e decaimento de matéria orgânica (algas mortas), que se deposita no fundo, fornecendo então alimento para um grande número de **bactérias**. À medida que as bactérias decompõem as algas mortas, consomem muito do oxigênio dissolvido na água, o que provoca um colapso na **rede alimentar**. A eutrofização natural é parte do processo de **sucessão**, que é a transformação gradual de um tipo de **hábitat** em outro. (Veja *Eutrofização cultural*)

exploração mineral

Everglades Ecossistema de **terras úmidas** único, com 320 km de comprimento, 80 km de largura e alguns centímetros de profundidade, situado entre o rio Kissimmee e um grupo de pequenas ilhas situadas ao sul da Flórida (EUA). Apelidado de "rio de plantas" por sua protetora, a ativista **Marjory Stoneman Douglas**, contém capim cerrado, ilhas de árvores e pântano. Encontram-se nessa região o Parque Nacional de Everglades, a Reserva Nacional do Grande Cipreste e o Refúgio Nacional do Loxahatchee, que juntos somam 600.000 hectares. Cerca de 40% dessas terras úmidas foram perdidas devido ao desenvolvimento econômico, e a qualidade das terras restantes tem sido degradada por causa das águas residuais e da drenagem de áreas agrícolas que contêm **fertilizantes** e **pesticidas**. (Veja *Destruição de estuários e margens costeiras úmidas*)

existente Os organismos que vivem no tempo presente; não-**extintos**.

Exobiologia Estudo de vida em outros planetas. (Veja *Extinção e impacto extraterrestre*)

exploração mineral Os minerais, tais como ferro, níquel e cobre, são uma necessidade, mas minerar esses e outros recursos freqüentemente provoca impactos no meio ambiente. A **reciclagem** de produtos manufaturados reduz a demanda pela exploração de minerais e ajuda a minimizar os danos ambientais. Para melhor compreender por que a reciclagem é importante, é útil entender como a exploração de minerais prejudica o meio ambiente. A exploração de novos depósitos de minerais freqüentemente ocorre em parques nacionais e outras reservas da natureza, prejudica esses conjuntos naturais e elimina o acesso do público a essas áreas. Quando os depósitos minerais são identificados, a sua mineração destrói a área; isso geralmente acontece por causa das operações de **mineração superficial** (a céu aberto) ou devido à **mineração profunda**. Escavar a rocha para extrair os minerais produz grandes quantidades de "sobras", chamadas de rejeitos, que são repugnantes, provocam erosão e podem liberar substâncias prejudiciais. Durante o processo, algumas operações de mineração utilizam a água, que se torna contaminada antes de ser liberada no meio ambiente. Muitos processos industriais liberam contaminantes no ar e produtos residuais para o solo e para a água.

A **reciclagem** de materiais, tais como alumínio, vidro e muitos outros, além de proporcionar a **redução das fontes** – por diminuírem a quantidade de demanda de minerais – minimiza os danos produzidos pela exploração de minerais. (Veja *Recursos naturais*)

explosão populacional Refere-se a um dramático crescimento no tamanho de uma população, termo freqüentemente associado às populações humanas. (Veja *Tempo de duplicação nas populações humanas*)

extinção e impacto extraterrestre

exterminadores hormonais de erva daninha Herbicidas orgânicos, produzidos artificialmente, que controlam o crescimento de ervas daninhas pela produção de um efeito semelhante ao dos hormônios de crescimento natural das plantas (chamados de auxinas).

extinção e impacto extraterrestre Os registros geológicos revelam que ao longo da história da Terra houve cinco processos de extinção em massa. Existem fortes evidências de que objetos vindo do espaço colidiram com a Terra em três ocasiões no passado, rompendo o equilíbrio climático global e provocando três dessas extinções em massa. Muitas dessas evidências se baseiam na existência de "microtektites" de formato irregular. Esses microtektites são como uma fina camada de vidro e acredita-se que foram formados a partir dessas colisões.

A mais famosa dessas três extinções ocorreu há cerca de 65 milhões de anos, resultando na aniquilação dos dinossauros e de cerca de dois terços de toda a vida marinha. As outras duas ocorreram há 200 e 370 milhões de anos.

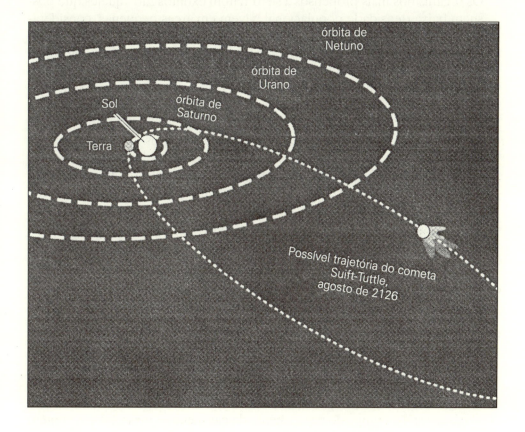

extração de gás natural

As teorias sobre como esses impactos causaram a extinção em massa versam sobre a formação de nuvens de poeira que provavelmente impediram a passagem da luz solar, interrompendo dessa forma o ciclo de crescimento das plantas e destruindo as **cadeias alimentares**. A Terra pode também ter sofrido um esfriamento capaz de interromper a vida tal como existia naquele tempo. Outras teorias propõem que algumas das extinções se deveram ao **aquecimento global** causado pelas grandes quantidades de dióxido de carbono liberadas pelo calcário que se fundiu durante a colisão.

Os críticos dessa teoria de impacto acreditam que as extinções em massa foram provavelmente causadas por fenômenos naturais, tais como vulcões que expeliram cinzas, bloqueando assim a passagem da luz do Sol e alterando o clima global. (Veja *Extinto; Eras do gelo*)

extinto As espécies que não existem mais são chamadas de extintas. As espécies são conduzidas à extinção quando não conseguem se adaptar às mudanças no seu meio ambiente. Essas mudanças podem ocorrer naturalmente ou ser causadas pelas atividades humanas.

Os organismos mais propensos a se tornarem extintos são aqueles que possuem baixa densidade populacional, vivem em áreas pequenas, consideradas como **nicho** específico, e se reproduzem lentamente. A **coruja-sarapintada-do-norte** é um bom exemplo desse tipo de organismo. Os coelhos, os ratos e a maioria dos insetos possuem uma alta densidade populacional, são encontrados fartamente em muitos nichos diferentes e se reproduzem rapidamente; dessa forma são menos propensos à extinção.

As atividades humanas têm levado muitas espécies à extinção, entre as quais o clássico exemplo do pombo selvagem muitos anos atrás e, mais recentemente, o pardal marinho escuro. As atividades humanas responsáveis pela extinção (e o percentual estimado atribuído a essas atividades) são as seguintes: destruição dos hábitats dos organismos (30%); caça comercial (21%); espécies exóticas, introduzidas pelo homem, que competem com os organismos extintos (16%); caça amadora (12%); controle de pragas (7%); poluentes (1%); e o restante, por diversas razões. (Veja *Biodiversidade, perda de; Estresse antropogênico; Espécies ameaçadas*)

extirpação Remoção de um organismo na sua totalidade; por exemplo, arrancar uma erva daninha desde a sua raiz.

extração de gás natural Tal como o petróleo cru, o **gás natural** é trazido para a superfície através de poços. A extração primária consiste na perfuração e remoção dos gases por forças naturais. A extração secundária consiste em bombear ar ou água no poço para forçar a subida do gás remanescente no depósito.

O gás natural é composto basicamente de gás metano, mas também contém pequenas quantidades de butano e propano. O metano é separado, seco,

extração do petróleo

limpo de impurezas e bombeado para gasodutos destinados à distribuição. Ele também pode ser convertido a temperaturas muito baixas em gás natural liquefeito, de maneira que possa ser transportado em tanques de navios e vendido a outros países.

O butano e o propano são geralmente separados e liquefeitos para formar o gás de petróleo liquefeito, que é estocado em tanques pressurizados e transportado para as áreas rurais que não possuem gás encanado. (Veja *Mineração a céu aberto; Mineração profunda; Extração do petróleo*)

extração do petróleo O petróleo é extraído de três formas. A extração primária do petróleo consiste na perfuração de um poço e bombeamento do petróleo que se acumula no fundo. A extração secundária tenta conseguir o petróleo mais espesso e mais pesado, que não se acumula pela força natural da gravidade. Por esse método injeta-se água em um poço adjacente para pressionar o petróleo remanescente para o poço central. Tanto a extração primária quanto a secundária extraem apenas um terço do conteúdo total do veio petrolífero.

A extração terciária ou intensa é cara e envolve o bombeamento de vapor no poço numa tentativa de reduzir a viscosidade do petróleo pesado e conseguir que ele flua para o interior do poço.

Uma vez removido do poço, o petróleo cru é geralmente enviado através de uma tubulação para uma refinaria, onde é transformado pelo calor em gasolina, óleo combustível, asfalto e muitas outras substâncias. (Veja *Extração de gás natural; Mineração a céu aberto*)

Exxon Valdez No dia 24 de março de 1989, um navio-tanque, Exxon *Valdez*, saiu da rota, atingiu um recife e derramou 41 milhões de litros de petróleo no estreito de Prince William, no Alasca, provocando o pior acidente com navios petroleiros da história dos Estados Unidos. (O Amoco *Cadiz* derramou cinco vezes mais petróleo na costa da França, em 1978.) O acidente *Valdez* poluiu cerca de 1.600km da linha costeira do Alasca e cobriu de óleo dezenas de milhares de animais, muitos deles morrendo em seguida. O grau de destruição do **ecossistema** em torno do acidente ainda está sendo estudado. As previsões otimistas estabeleceram que a área deveria voltar ao normal 5 anos depois do desastre, mas outras dizem que isso nunca mais ocorreria ou levaria décadas para ocorrer. Os estudos realizados em meados de 1992 revelaram que ainda existe petróleo ao longo da linha costeira. O petróleo ainda está contaminando as conchas, e continua a ser ingerido por lontras e pássaros, que mostram sintomas de doenças devido a essa ingestão. A companhia Exxon (Esso) passou mais de um ano ajudando a limpar a área e implantando programas que atendessem às reivindicações das populações que tiveram seu modo de vida prejudicado. O acidente custou à Exxon cerca de 2,5 bilhões de dólares, gastos com a limpeza da área e o

Exxon Valdez

ressarcimento dos danos. O Exxon *Valdez* não possuía casco duplo, o que poderia ter evitado o acidente.

O Conselho Nacional de Transportes e Segurança estabeleceu que o capitão era culpado por ter ingerido bebidas alcoólicas e deixado a ponte de comando antes do acidente. Entretanto, o **Estatuto da Água Limpa** de 1972, que garante imunidade a quem avisa as autoridades sobre um derramamento de petróleo, permitiu que o Tribunal de Apelações do Alasca isentasse o capitão de qualquer culpa. Em 1992, o capitão foi contratado como oficial-assistente de exercícios de treinamento da Escola Estadual Marítima da Universidade de Nova York. O capitão teve sua licença de mestre restituída pela Guarda Costeira, habilitando-o a pilotar qualquer embarcação. (Veja *Vazamentos de petróleo nos Estados Unidos; Poluição de petróleo no Golfo Pérsico*)

faixa de tolerância Trata-se da faixa de um fator específico, tal como a temperatura, na qual um organismo pode sobreviver. Se o fator ultrapassa a faixa de tolerância (demasiadamente alto ou demasiadamente baixo), o organismo morrerá. Posteriormente isso se torna o **fator limitante**. (Veja *Hábitat*)

falcão peregrino Considerado o animal mais rápido do mundo, pode atingir velocidades de 320 km/h em um mergulho aéreo. Esse pássaro quase foi extinto ao final da década de 60 e início da década de 70 devido ao uso de inseticida **DDT**. Em meados da década de 70, foram salvos graças às restrições ao uso de DDT e aos esforços de organizações como o Fundo do Peregrino e o Serviço Nacional de Parques norte-americano. (Veja *Estatuto das espécies ameaçadas*)

fator limitante Fator que, no meio ambiente de um organismo, está muito afastado do estágio ideal e que, portanto, limita as chances de sobrevivência do organismo. Os fatores limitantes podem ser **bióticos**, como alimentação insuficiente (plantas para comer ou presas a serem capturadas), ou **abióticos**, como insuficiência de luz do Sol, água ou fósforo para o desenvolvimento de plantas. (Veja *Estrategistas K; Estrategistas R; Capacidade de suporte; Faixa de tolerância*)

fauna Todos os animais de um **hábitat**.

fazenda industrial A maioria do gado criado para o abate vem de fazendas industriais altamente mecanizadas, de alta tecnologia e de alta produtividade. As fazendas industriais têm grandes densidades populacionais em ambientes controlados. Os animais são freqüentemente mantidos em condições cruéis de existência. Hormônios de crescimento e antibióticos são usados cotidianamente para assegurar o crescimento rápido, substancial e saudável dos animais. Algumas das substâncias ingeridas ou injetadas nesses animais podem representar um risco para a saúde dos consumidores de carne. (Veja *Fazenda orgânica*)

fazenda orgânica É um novo termo usado para definir práticas agropecuárias tradicionais que não dependem de **inseticidas** e **fertilizantes** sintéticos. O trabalho manual ou mecânico é utilizado para remover as ervas dani-

feromônio

nhas. Culturas consorciadas são plantadas para evitar as infestações de pragas. O **fertilizante orgânico** (geralmente o esterco animal) é usado para enriquecer o solo e a **rotação de culturas**, para estabilizar os nutrientes. A quantidade de energia necessária ao cotidiano de uma agricultura orgânica é muito menor do que a usada nas **monoculturas** modernas altamente mecanizadas, porém sua produção é menor.

Os alimentos desenvolvidos em fazendas que evitam os pesticidas e os fertilizantes são agora comumente chamados de alimentos "organicamente desenvolvidos" e têm se tornado mais comuns. Muitos países têm assistido a um expressivo crescimento na popularidade das fazendas orgânicas, entre os quais Canadá, Austrália, Israel e Nova Zelândia. Só no Japão, existem mais de 20.000 fazendas orgânicas em funcionamento. O crescimento da aceitação pública dos alimentos orgânicos provavelmente forçará uma queda de preço, à medida que mais e mais fazendas envolvidas reduzam a quantidade de pesticidas e fertilizantes prejudiciais aplicados a cada ano.

Algumas das práticas utilizadas nas fazendas orgânicas, tais como a **rotação de culturas** e as variedades resistentes de plantas, são usadas em fazendas grandes e mecanizadas como uma parte importante de um plano de **manejo integrado de pragas**. (Veja *Agricultura sustentada; Inseticidas naturais; Controle biológico; Pesticidas biológicos*)

febre de umidificadores Doença respiratória com sintomas muito semelhantes aos da gripe, provocada por microrganismos que habitam e se propagam nos umidificadores e sistemas ou unidades de ar-condicionado, quando não são mantidos adequadamente limpos. (Veja *Baubiologia; Casas saudáveis*)

Federação Nacional de Vida Selvagem Essa federação, fundada em 1936, possui 5,8 milhões de membros. É principalmente uma organização educacional de conservação que promove o uso adequado dos recursos naturais norte-americanos. O grupo defende que o bem estar da vida selvagem e o dos humanos são inseparáveis e que a vida selvagem é um indicador da qualidade ambiental do planeta. Eles trabalham para influenciar a política de conservação, em todos os níveis, através de medidas legislativas e legais. A taxa anual paga por seus membros é de 16 dólares. Escreva para 1400 16th Street NW, Washington DC 20036. (Veja *Ambientalista*)

feromônio Substância produzida por um organismo para transmitir informações a outros membros da mesma espécie. Por exemplo, os indivíduos de algumas espécies de formigas e pulgões, quando atacados por um predador, secretam um **feromônio de alarme**, avisando os outros membros da colônia. (Veja *Iscas sexuais*)

feromônio de alarme Substância química liberada pelos membros de uma espécie para avisar os outros membros da mesma espécie de uma situação

fertilizante

de perigo. É usado freqüentemente por insetos tais como formigas e pulgões. (Veja *Feromônio; Insetos*)

fertilizante Refere-se a uma substância adicionada ao solo para fornecer os **nutrientes** necessários ao desenvolvimento das plantas. Pode ser um **fertilizante orgânico** ou fertilizante sintético. Os fertilizantes contêm os três nutrientes primários das plantas: potássio, fósforo e nitrogênio, chamados de **macronutrientes**. Eles podem também conter substâncias necessárias às plantas em pequenas quantidades, chamadas de **micronutrientes**, entre os quais magnésio, boro e zinco. (Veja *Monocultura; Adubo verde; Adubo de origem humana*)

fertilizante orgânico Tal como qualquer fertilizante, é usado para enriquecer o solo, pela adição dos nutrientes necessários ao desenvolvimento das plantas. Os fertilizantes orgânicos são provenientes de **matérias orgânicas.** Existem três tipos: 1) O **esterco animal** é composto de fezes e urina de animais, geralmente de bovinos, carneiros, cavalos ou aves domésticas. Alguns **países subdesenvolvidos** utilizam fezes humanas, chamadas de **adubo de origem humana**, como fertilizante orgânico; 2) o **adubo verde** são as plantas que são arrancadas do solo para não prejudicar o cultivo desejado; 3) **composto**. (Veja *Fazendas orgânicas*)

filósofos ambientais Pessoas que nos ajudaram a desenvolver uma conscientização acerca de como fazemos parte de um conjunto e temos de nos adequar em vez de assumir o comando. No início do século XIX, o ensaio "Natureza", de Ralph Waldo Emerson, e mais tarde, no mesmo século, *Walden Pond*, ou a *Vida nas florestas*, de Henry David Thoreau, ajudaram a dar início ao movimento ambiental. Os escritos de **John Muir** e sua atuação na criação do **Sierra Club**, em 1890, ajudaram a ampliar a consciência ambiental.
No início do século XX, **Aldo Leopold** fomentou a combinação de Filosofia e Ciência em seus escritos e estudos. Ele filosofou em *Sand County Almanac* (*Almanaque do Condado de Areia*) e propôs hipóteses científicas no Boletim da Associação Norte-Americana de Caça. Nos dias atuais os filósofos ambientais são freqüentemente cientistas que se tornam filósofos. A mais conhecida é **Rachel Carson**, que escreveu *Silent Spring* (*Primavera silenciosa*) no começo da década de 60, alertando a comunidade acerca dos **perigos dos pesticidas**, que muitos consideram o catalisador do movimento ambiental dos nossos dias. (Veja *Ética ambiental; Ambientalista*)

fissão nuclear Processo de divisão de um átomo para liberar energia. Essa energia pode ser liberada para a destruição, como é o caso das bombas nucleares, ou pode ser controlada e utilizada, recebendo o nome de **energia nuclear.**

fitoplânctons

O núcleo de um átomo é composto por nêutrons e prótons, que são mantidos juntos pela energia. Na maioria dos elementos, o núcleo permanece estável, o que significa que as partículas e a energia contidas nele estão confinadas no núcleo infinitamente. Alguns elementos, tais como o urânio e o plutônio, são radioativos, isto é, o núcleo é instável e as partículas são liberadas do núcleo – um processo chamado de decomposição. Quando isso acontece, a energia que usualmente mantém as partículas unidas é liberada junto com elas. De uma maneira simples, isso é a energia nuclear. A decomposição dos núcleos pode ser aproveitada para produzir energia nos **reatores nucleares** e gerar eletricidade.

fitoplânctons Plantas microscópicas flutuantes que incluem as algas verdes, *desmids* e **algas** verde-azuladas. Os fitoplânctons atuam como **produtores** em muitos **ecossistemas aquáticos**. (Veja *Plâncton; Zooplâncton*)

fitorremediação Refere-se ao uso de plantas para remover toxinas ou desintoxicar o meio ambiente. (Veja *Remediação de resíduos perigosos; Biorremediação; Hiperacumuladores*)

fixação do nitrogênio Setenta e oito por cento do ar que respiramos é composto de gás de nitrogênio. O nitrogênio no ar, contudo, não pode ser usado pelos organismos, de maneira que ele tem de mudar de forma (ser "fixado") antes de tornar-se acessível às plantas, o que acontece durante o processo de fixação do nitrogênio. Esse processo ocorre em parte devido à **relação simbiótica** que existe entre as **bactérias** que vivem nas raízes de plantas leguminosas como feijão, ervilha e trevo. As bactérias produzem protuberâncias ou nódulos na raiz da planta. No nódulo, trazem o nitrogênio do solo (na realidade, do ar que permeia o solo) e incorporam-no em suas próprias células. Quando as bactérias nos nódulos morrem, o nitrogênio orgânico torna-se disponível para as plantas. Quando estas são comidas, o nitrogênio é transmitido ao longo da **cadeia alimentar**.
Existem outras bactérias fixadoras de nitrogênio que vivem livremente no solo e na água. Algumas árvores e pastagens têm uma relação simbiótica com os **fungos** fixadores de nitrogênio. (Veja *Ciclo do nitrogênio*)

floculação Processo pelo qual os aglomerados de resíduo sólido (flocos) aumentam de tamanho para facilitar sua remoção. (Veja *Tratamento da água*)

flor imperfeita Uma **flor** de apenas um sexo, contendo apenas os órgãos reprodutivos masculinos (pistilo) ou femininos (estame). Por exemplo, o carvalho do cerrado produz flores imperfeitas.

flora Refere-se à vida vegetal de um determinado **hábitat**. (Veja *Nicho*)

flores Órgãos reprodutivos especializados das plantas que florescem (angiospermas), geralmente com órgãos femininos no centro, circundados por órgãos masculinos. (Veja *Reprodução sexuada*)

florescimento algáceo Repentino e exagerado aumento da densidade de **fitoplânctons** em um corpo de água. O florescimento algáceo ocorre freqüentemente durante a **eutrofização**. (*Veja Hábitats de água parada; Marés vermelhas*)

floresta boreal Veja *Taiga*.

floresta conífera Veja *Taiga*.

floresta decídua temperada Um tipo de **bioma**. Os fatores que diferenciam os biomas são a temperatura e a precipitação. Essas florestas recebem mais de 1000 mm de chuva, uniformemente distribuídos ao longo do ano. Existem invernos frios nos quais as plantas perdem suas folhas e tornam-se inativas até a primavera seguinte. Embora a vida seja abundante, a maioria dessas florestas são compostas de apenas algumas espécies de árvores. Existem também diversos pequenos arbustos capazes de sobreviver na sombra.

Essas regiões contêm numerosos insetos, mamíferos pequenos, tais como camundongos e coelhos, além de mamíferos grandes de pastagem, tais como o cervo. **Os predadores**, como raposas e texugos, também são comuns. A maioria dos pássaros que vivem nesses bosques migra para o sul, durante os meses mais frios. Uma vez que o solo nessas regiões é muito fértil (principalmente por causa da queda de folhas a cada estação), muitas dessas florestas têm sido derrubadas e transformadas em fazendas agrícolas; outras têm sido engolidas pelo **crescimento urbano desordenado**. Na América do Norte, apenas um décimo de 1% das florestas originais foram preservadas.

floresta diminuta Localizada em altitudes mais altas do que as normais, caracterizada por árvores que tiveram seu crescimento interrompido (Veja *Fator limitante; Zonas de vida*)

Floresta Nacional de Tongass Maior de todas as 156 florestas nacionais dos Estados Unidos, com uma área de quase 7 milhões de hectares. Ela representa cerca de 80% do sudeste do Alasca, sendo que 57% de sua vegetação compõe-se de floresta temperada úmida. Ela contém árvores de 800 anos de idade e com alturas de 60 metros, além de possuir a maior concentração de águias de cabeça branca e ursos ferozes do mundo.

O **Serviço Florestal** norte-americano assinou contratos de 50 anos com duas grandes empresas madeireiras para a derrubada de mais de 90% dessa floresta. Durante o final da década de 80, os ambientalistas passaram a chamar

floresta tropical úmida

a atenção pública para os prejuízos ambientais e financeiros que esses contratos representavam para os cidadãos. Esses grupos tentaram forçar o Congresso norte-americano a reestruturar a gerência do Serviço Florestal de Tongass assim como a de outras florestas nacionais. Em 1989, o Congresso aprovou a interrupção da venda de madeiras em Tongass. (Veja *Sistema Nacional de Preservação de Parques e Regiões Selvagens*)

floresta tropical úmida É um dos vários tipos de **biomas**. A floresta tropical úmida recebe de 2.000 a 5.000 mm ou mais de chuva por ano. Elas se situam próximas à linha do equador, onde as temperaturas são sempre quentes. A **biodiversidade** desses biomas é realmente admirável. Neles podem existir centenas de espécies de árvores convivendo próximas umas das outras. Podem existir três ou quatro camadas de **teto vegetal** devido a essa diversidade. Os tetos vegetais são densos e fornecem um hábitat específico que pode ser estudado como um **ecossistema** em si. As plantas que vivem na região têm de ser tolerantes à sombra, já que pouca luz penetra através das árvores. Samambaias, musgos, plantas florescentes e trepadeiras também são abundantes.

A fauna inclui inúmeros pássaros, roedores, insetos, cobras e lagartos. Muitos animais habitam as árvores e abrangem desde rãs até mamíferos. Embora as florestas tropicais representem uma pequena fração da superfície terrestre, elas contêm mais espécies de plantas e animais do que todas as outras regiões do planeta juntas. Cerca de 25% de todos os produtos farmacêuticos são derivados de plantas originárias das florestas tropicais úmidas. Essas regiões estão sendo devastadas pela indústria madeireira, pela indústria mineral e para serem transformadas em áreas agrícolas e de pastagem, a taxas assustadoras. (Veja *Desmatamento; Destruição das florestas tropicais*)

florestas de árvores grandes Para um guarda-florestal, árvores grandes significam árvores que atingiram o seu tamanho máximo para o corte. Para outros, árvores vivas com um tamanho estável e antiguidade, que nunca foram cortadas (chamadas de florestas primárias). Uma clássica floresta de árvores grandes, de acordo com a **Sociedade das Áreas Selvagens**, contém pelo menos vinte árvores grandes por hectare, cada uma com mais de 300 anos de idade ou medindo mais de 1 metro de diâmetro. (Veja *Florestas virgens; Douglas fir; Sequóia-sempre-verde*)

florestas virgens Florestas que nunca foram cortadas e que, por conseguinte, possuem árvores antigas, algumas com 700 anos ou mais. Um típico conjunto de árvores numa floresta virgem contém árvores de 250 anos de idade, com troncos de mais de 6 metros de diâmetro. Quase todas as florestas virgens que ainda existem em terras privadas têm sido cortadas.

fluvial

A prática-padrão hoje em dia é cortar árvores em áreas específicas a cada 60 anos, o que significa que as florestas virgens, uma vez cortadas, nunca mais voltam a ser as mesmas. A maioria das florestas virgens remanescentes são encontradas em florestas e parques nacionais.

As poucas florestas virgens remanescentes, também chamadas de florestas "velhas", são encontradas na Cadeia das Cascatas que abrange o norte da Califórnia, a parte oeste do Oregon e de Washington e o sudeste do Alasca. Cerca de 900.000 hectares ainda permanecem, mas menos de 400.000 hectares são considerados áreas selvagens e, portanto, protegidas do corte. Nos últimos anos, o Serviço de Florestas tem permitido que 24.000 hectares de árvores com mais de 200 anos sejam cortadas anualmente.

Essas árvores são em sua maioria cedros, pinheiros do tipo Douglas, espruces Sitka e a cicuta do oeste. A maioria dos ambientalistas acredita que todas as florestas virgens deveriam ser protegidas e preservadas como monumentos naturais.

fluvial Correntes e rios habitáveis. (Veja *Hábitats de águas correntes*)

fogo-de-Santelmo Incandescência produzida pela eletricidade atmosférica. Ele geralmente aparece na ponta de estruturas tais como torres de igreja, asas de aeroplanos e mastros de barcos.

folhas mortas Plantas e partes de plantas que caíram recentemente no chão e estão apenas parcialmente decompostas são chamadas de folha morta. As folhas mortas freqüentemente constituem a camada superficial de muitos hábitats. (Veja *Organismos do solo; Horizontes do solo; Húmus*)

fontes de energia, histórico A madeira foi a primeira fonte de combustível. Ela foi usada para cozinhar alimentos, aquecer moradias e para transformar metais em utensílios, ferramentas e armas. Como a demanda por madeira cresceu, o fornecimento diminuiu em muitas partes do mundo e novas alternativas tiveram de ser encontradas. A Europa Ocidental começou a desistir da madeira no século XIII, mas as florestas norte-americanas forneceram madeira para ser usada como combustível primário nos Estados Unidos, até meados do século XIX.

Como o fornecimento de madeira diminuiu, o **carvão**, um **combustível fóssil**, adquiriu popularidade. No início do século XVIII, os países com grandes reservas de carvão participaram da Revolução Industrial. Em 1850, 90% do fornecimento de energia nos Estados Unidos eram provenientes da madeira, mas por volta de 1900, 70% eram fornecidos pelo carvão.

Ao mesmo tempo em que o carvão estava substituindo a madeira, os poços de **petróleo** estavam sendo perfurados. De meados do século XIX até o início do século XX, o petróleo foi usado primeiramente como querosene de lamparina, enquanto a gasolina era considerada um subproduto residual.

formação do carvão

Em 1870, o petróleo fornecia apenas 1% das necessidades totais de combustível nos Estados Unidos. No princípio do século XX, entretanto, o automóvel e sua sede de gasolina criaram nossa crescente dependência de petróleo. Atualmente, nos Estados Unidos as necessidades de combustível são supridas em 40% pelo petróleo e, em apenas 23%, pelo carvão.

Assim como a gasolina foi inicialmente considerada um subproduto residual do petróleo cru, o **gás natural** costumava ser queimado no poço de petróleo como um resíduo. O gás natural foi indicado como uma boa fonte de energia, especialmente para o aquecimento. Durante a década de 20, cerca de 5% do fornecimento de energia dos Estados Unidos era proveniente do gás, mas a quantidade foi, aos poucos, aumentando e atualmente chega a 24%, superando até o carvão.

A **energia hidrelétrica** também assumiu o seu lugar durante o início do século XX e atualmente fornece cerca de 21% da energia norte-americana, embora apenas 6% da energia em todo o mundo. A **energia nuclear** tornou-se popular no final do século XX, ao lado de muitas outras formas de **energia alternativa**, que somadas fornecem cerca de 10% das necessidades energéticas dos Estados Unidos.

formação do carvão Começou a formar-se há 300 milhões de anos (durante o Período Carbonífero), quando grandes regiões da Terra foram cobertas com pântanos tropicais contendo densa vegetação. À medida que a vegetação de crescimento rápido morreu e se acumulou sob a água, formou-se um material chamado turfa, que é a primeira etapa na formação do carvão. A turfa é composta de aproximadamente 90% de água, 5% de carbono e 5% de outras substâncias. A turfa foi gradualmente sendo coberta por **sedimentos**.

Ao longo do tempo, a pressão empurrou parte da água para fora e transformou a turfa em carvão linhita (também chamado de carvão marrom), que contém cerca de 40% de umidade. Com o aquecimento da Terra e a pressão contínua, a linhita foi transformada em um tipo maleável de carvão, chamado carvão betuminoso, que possui apenas 3% de umidade. Com a continuidade do aquecimento e da pressão, um carvão duro, chamado antracito (de grande poder calorífero), foi finalmente formado.

O processo todo levou centenas de milhões de anos. Os produtos originários de cada estágio são encontrados atualmente. Em alguns **países subdesenvolvidos**, a turfa é seca e queimada, mas possui baixo poder calorífero, o que a torna uma fonte de energia pobre. A linhita também tem baixo poder calorífero e não é uma boa fonte de energia. O carvão betuminoso possui grande poder calorífero e é o tipo mais comum de carvão. Infelizmente, ele contém também alta concentração de enxofre, tornando-o mais prejudicial ao meio ambiente. Os dispositivos de controle da **poluição do ar** são usados para diminuir essas emissões. O antracito tem alto poder calo-

formação do petróleo

rífero e baixa concentração de enxofre, tornando-se a fonte de energia mais desejável. Esse carvão, contudo, é menos comum e caro. (Veja *Formação do petróleo*)

formação do petróleo   O petróleo, assim como outros **combustíveis fósseis**, foi criado a partir de acumulações de organismos mortos que ficaram expostos ao calor intenso e à pressão, por centenas de milhões de anos. Enquanto o **carvão** era criado a partir da vegetação, acredita-se que o petróleo formou-se a partir de organismos microscópicos marinhos que morreram e se acumularam com os sedimentos no fundo dos oceanos. À medida que esses organismos morriam, eles liberavam pequenas quantidades de óleo. O sedimento gradualmente tornou-se argila xistosa, que continha o óleo acumulado. Os depósitos de petróleo foram criados quando as condições geológicas permitiram que o petróleo contido na argila xistosa fosse comprimido pelas camadas de arenito vizinhas, que o absorveram como uma esponja. (Veja *Formação do carvão*)

formações   Os cientistas dividiram a Terra em grandes regiões que contêm grupos distintos de vida vegetal chamados de formações. Por exemplo, todas as plantas de uma pastagem são consideradas como uma formação. (Veja *Bioma; Zonas de vida*)

formaldeído   Composto **orgânico volátil** usado em muitos materiais de construção, tais como aglomerados, chapas de madeira compensada e pranchas de fibra. Também é amplamente usado em **plásticos**, têxteis, **pesticidas** e cosméticos. Sua popularidade se deve, em primeiro lugar, à sua capacidade de unir substâncias diferentes, produzindo novos e complexos compostos. Mais de 2 milhões de quilogramas desse gás incolor foram produzidos nos Estados Unidos, em 1989.

O formaldeído "evapora" dos produtos mencionados acima por meio de um processo chamado de **liberação de gases**. A maior parte dessa liberação ocorre nos primeiros meses da produção, liberando no ar grandes quantidades da substância. O formaldeído é freqüentemente encontrado, no interior das construções, em concentrações excessivamente altas.

Os problemas de saúde mais óbvios relacionados com o formaldeído são as irritações do trato respiratório que produzem sintomas como resfriados, olhos irritados e sinusites, tosse e coriza. Algumas pessoas ficam com dor de cabeça. Ele também foi identificado como um "provável cancerígeno humano", mas essa questão ainda está sendo pesquisada e debatida. (Veja *Poluição de interiores; Casas saudáveis; Classificação cancerígena*)

forrageira   Vegetação disponível para os organismos que se alimentam de pasto. Também chamada de pastagens. (Veja *Consumidor*)

fotossíntese

fossa séptica Uma fossa subterrânea projetada para receber, manter e decompor os conteúdos da água residual doméstica. As bactérias decompõem os resíduos, deixando uma **lama** orgânica que se acumula no fundo. O **efluente** líquido então flui para os terrenos vizinhos. Cerca de 24% das casas norte-americanas usam fossas sépticas. (Veja *Uso de água doméstica; Tratamento da água*)

fotossíntese A energia luminosa proveniente do Sol é capturada pelas plantas verdes e convertida em energia química durante a fotossíntese. A energia química é uma forma de moléculas de açúcar (glucose). Essa energia é depois liberada durante a **respiração** e usada por plantas e animais (através das **cadeias alimentares**) para sobreviver. A fotossíntese utiliza o **dióxido de carbono** e a **água** para formar esse açúcar e libera oxigênio durante o processo. (Veja *Ciclo do carbono; Ciclos biogeoquímicos*)

fraldas descartáveis Mais de 10 bilhões de fraldas descartáveis são usadas nos Estados Unidos, anualmente. Estima-se que aproximadamente 4% do **resíduo sólido municipal** norte-americano seja composto de fraldas descartáveis, o que representa um custo anual de descarte de resíduos em torno de 100 milhões de dólares.

As fraldas de pano, quando descartadas, decompõem-se depois de alguns meses, enquanto as fraldas descartáveis (que contêm plástico) levam anos. Estimativas indicam um período que dura desde décadas a várias centenas de anos. Anunciam-se fraldas descartáveis "biodegradáveis" que se decompõem mais rapidamente, mas até agora isso parece ser mais uma jogada de **marketing verde** do que um avanço tecnológico. Em um esforço para tornar as fraldas descartáveis realmente biodegradáveis, as indústrias estão gastando grandes somas de dinheiro em pesquisas e no desenvolvimento de novos tipos de fraldas descartáveis, e em instalações de **compostagem** que poderiam efetuar uma biodegradabilidade real. (Veja *Aterro sanitário; Reciclagem de plásticos; Produtos verdes*)

freatófita Planta que obtém umidade das **águas subterrâneas**. Por exemplo, a planta algarobeira pode absorver umidade a uma profundidade de 18 metros.

friabilidade Capacidade de esfarelamento de um solo. A friabilidade é necessária para o bom desenvolvimento de plantas e é geralmente determinada pela umidade e pela **textura do solo**. Por exemplo, solos "arenosos" são friáveis, mas solos "argilosos", não. (Veja *Minhocas*)

frutas parafinadas Os pepinos freqüentemente recebem uma camada de parafina sobre a sua superfície para melhorar a aparência e evitar que murchem. Essa parafina é freqüentemente misturada com **fungicidas** para evitar o surgimento de bolor. A parafina também se mistura com outros **pes-**

fumaça industrial

ticidas que foram aplicados nas plantas, antes de serem parafinadas. Muitos outros tipos de produtos agrícolas são também rotineiramente parafinados, mas não tão perceptivelmente como os pepinos, uma vez que naqueles produtos é usada uma cobertura mais fina. Maçãs, pimentas, frutas cítricas, berinjelas, abóboras e tomates também são comumente parafinados.

Uma lei federal norte-americana exige que o produto agrícola parafinado seja marcado como tal. Embora esses sinais raramente apareçam, os armazéns podem ser multados em 1.000 dólares, se a legislação não for cumprida. Os consumidores podem exigir que esses sinais sejam colocados em seu supermercado. Se isso não for feito, os norte-americanos podem denunciar a violação dessa lei da Administração de Alimentos e Drogas (FDA – Food and Drug Administration) aos governos estaduais. Para maiores informações sobre alimentos seguros, entre em contato com Americans for Safe Food, 1875 Connecticut Ave NW, #300, Washington DC 20009. (Veja *Perigos dos pesticidas; Resíduos de pesticidas nos alimentos*)

fumaça industrial Fumaça contendo altos níveis de **dióxido de enxofre** e ácido sulfúrico produzidos pela queima de carvão contendo impurezas de enxofre. Os aparelhos de controle da poluição eliminam uma grande quantidade desses poluentes para tornar a fumaça industrial rarefeita; também chamada de fumaça cinza.

fumaça passiva Veja *Fumante passivo.*

fumante passivo O indivíduo não-fumante que, a contragosto, é obrigado a inalar a fumaça de cigarro expelida pelos fumantes é chamado de fumante passivo. A EPA (Agência de Proteção Ambiental norte-americana), assim como o Conselho de Pesquisa Nacional e o Ministério Nacional da Saúde, têm realizado estudos que mostram que o ato de fumar passivamente provoca doenças e provavelmente a morte. Os estudos mais recentes realizados pela EPA, baseados em outros cinqüenta estudos, chegaram às seguintes conclusões: fumar passivamente causa 3.000 casos de câncer de pulmão por ano, contribui para pelo menos 150.000 casos de infecções respiratórias em bebês, inicia o processo da asma em pelo menos 8.000 crianças por ano que não possuíam a doença antes e agrava os sintomas dessa doença em pelo menos 400.000 crianças asmáticas. (Veja *Poluição de interiores; Poluição do ar*)

fundações arrecadadoras de subsídios Mais de 7 bilhões de dólares foram doados através de fundações filantrópicas nos Estados Unidos, em 1990. Cerca de 5% desse total foram para causas ambientais. As cinco fundações que mais contribuíram para as causas ambientais neste ano e as quantias doadas (em milhões de dólares) foram: a Richard King Mellon Foundation (23,5), a J. D. & C. T. MacArthur Foundation (23,3), a Pew Chari-

fungo

table Trusts (14,6), a Ford Foundation (12,9) e a Rockefeller Foundation (10,9). (Veja *Organizações ambientais*)

Fundo das Nações Unidas para a População Financia o planejamento familiar e programas de saúde para maternidade e infância em 140 **países subdesenvolvidos**. A contribuição norte-americana para esse fundo foi reduzida dramaticamente entre os anos de 1982 e 1992.

Fundo de Defesa Ambiental (EDF – Environmental Defense Fund) Fundado em 1967 e tem cerca de 150.000 membros. Ele se dedica a muitas questões, mas especializou-se em assuntos de qualidade ambiental e saúde humana. Busca novas e criativas maneiras de resolver os problemas ambientais de longo prazo e está na vanguarda das ações legislativas. O jornal *The New York Times* se refere ao EDF como "uma das mais poderosas organizações ambientais no mundo". A contribuição anual de seus membros é de 20 dólares. Escreva para 257 Park Avenue South, New York, NY 10010.

fundos de ações ambientais Existem muitos fundos de ações que se especializaram em aplicar capitais apenas em instituições que eles consideram socialmente responsáveis quanto ao meio ambiente. Empresas com um histórico de violações ambientais, por exemplo, são excluídas das suas carteiras de ações. Alguns dos muitos fundos de ações disponíveis incluem: Working Assets Money Fund, (001)(800)223-7010; Calvert Social Investment Fund, (001)(800)368-2750; John Hancock Freedom Environmental Fund, (001)(800)225-5291; Global Environment Fund, (001)(202)466-0529; Parnassus Fund, (001)(800)999-3505; e o PAX World Fund, (001)(800)767-1729. (Veja *Dedução da folha de pagamento ambiental; Ética ambiental; Ambientalista*)

fungicida Refere-se a um **pesticida** que mata **fungos**. Os fungos ajudam a decompor naturalmente os organismos mortos ou os tecidos. A maioria dos fungicidas são aplicados na forma de fumaça para evitar a deterioração dos produtos alimentares estocados.

fungo Plantas primitivas, incapazes de realizar a fotossíntese. A maioria se reproduz **assexuadamente** por meio de esporos. Uma vez que eles não podem produzir seu próprio alimento, são **parasitas** de outros organismos (como o fungo que causa o pé-de-atleta) ou saprofíticos, que se alimentam de plantas mortas (assim como os cogumelos).

fusão O refrigerante (geralmente água) em um **reator nuclear** é responsável por manter as hastes de combustível radioativo e o sistema inteiro, a salvo de um superaquecimento. Se o refrigerante não está funcionando adequadamente devido a vazamentos ou outros problemas de funcionamento, as hastes combustíveis e as estruturas próximas ficam superaquecidas e fisi-

fusão nuclear

camente fundidas, liberando **radioatividade**. Espera-se que as fusões sejam evitadas automaticamente por equipamentos de monitoramento sofisticados, pelos operadores da usina ou por ambos. (Veja *Reator nuclear; Three Mile Island, acidente de; Chernobyl*)

fusão nuclear As usinas convencionais de **energia nuclear** utilizam a **fissão nuclear**, a divisão de átomos, para liberar energia. Entretanto, quando os núcleos são combinados (fundidos), também é liberada energia. O Sol é energizado devido à fusão nuclear. O processo envolve a combinação de dois núcleos de hidrogênio para formar o hélio. Controlar esse processo tem sido difícil para os cientistas, que o estão estudando há décadas. Algum dia a fusão nuclear poderá suprir todas necessidades energéticas do mundo, mas isso não deve ocorrer nas próximas décadas, se ocorrer.

gado orgânico Gado que se desenvolveu sem o uso de antibióticos, hormônios de crescimento ou substâncias químicas. Apenas uma pequena parte do gado que está no mercado é considerada orgânica ou desenvolvida naturalmente. Existem algumas empresas que estão percebendo a carência e o aumento das vendas do gado criado mais naturalmente. Três dessas empresas se destacam: Coleman Natural Beef, Inc., (001) (303) 297-9393, Country Natural Beef, (001) (503) 576-2455 e B3R Country Meats, (001) (817) 937-3668. (Veja *Fazenda industrial; Fazenda orgânica*)

galha Crescimento incomum, geralmente uma protuberância, nas folhas ou nos galhos de uma planta, provocado pela invasão de micróbios, **fungos** ou **insetos**. Os invasores usam a estrutura para proteção e como fonte de alimentos. A planta geralmente mantém-se ilesa. (Veja *Relacionamento simbiótico*)

Garbage magazine *Garbage: The Pratical Journal for the Environment (Lixo: o Jornal Prático para o Meio Ambiente)* é uma publicação bimensal vendida em bancas de jornais e por assinatura. Uma olhada em uma de suas edições pode tornar qualquer um consciente de como o lixo, e o que fazemos com ele, é de vital importância para o nosso planeta. Cada edição contém muitos artigos de uma ou duas páginas, de maneira que você provavelmente encontrará um ou mais artigos do seu interesse. Você pode entrar em contato com o jornal pelo telefone (001) (800) 274-9909. (Veja *Resíduo sólido municipal; Água de esgoto; Reciclagem; Lixo*)

gás de hidrogênio Fonte experimental de energia que teoricamente tem potencial para atender todas as nossas necessidades de energia. Ele queima de forma limpa, produzindo apenas vapor de água, e tem 2,5 vezes mais energia do que a gasolina. O principal problema com esse combustível é a sua escassez. Ele não é abundante na natureza e tem de ser produzido. Se mais energia é necessária para criar um combustível do que a que pode ser produzida por ele, ele é impraticável como fonte de energia. Isso significa que métodos eficientes de produção do combustível de hidrogênio precisam ser encontrados para torná-lo útil.

As maiores esperanças estão depositadas em um eficiente tipo de célula solar que decompõe a água em moléculas de oxigênio e hidrogênio. Se essa

gás natural

tecnologia puder ser aperfeiçoada, ela poderá substituir nossa dependência de **combustíveis fósseis** e reduzir muitos dos problemas ambientais associados a eles. O Japão e a Alemanha estão fortemente envolvidos nessa pesquisa. (Veja *Energia alternativa*)

gás de petróleo liquefeito Veja *Extração de gás natural*.

gás metano Criado naturalmente como um produto residual de bactérias anaeróbicas (que vivem com pouco ou nenhum oxigênio). Essas bactérias produzem gás metano em solos alagados e em margens úmidas, mas também em ambientes produzidos pelo homem tais como arrozais e aterros sanitários. O sistema digestivo de animais como o boi e o carneiro (animais ruminantes) também contém essas bactérias e produz o gás metano. Uma única vaca expele cerce de 378 litros de gás metano por dia. Os micróbios nos intestinos dos cupins, que comem madeira, também produzem metano. O metano é produzido como combustível em algumas partes do mundo e queimado em **digestores de metano**. O gás metano é também um **gás-estufa** e contribui para o **aquecimento global**. Cerca de 12% do aquecimento global é atribuído ao aumento de gás metano na atmosfera.

As dez principais fontes de gás metano em nossa atmosfera são as seguintes: **margens úmidas** (20,2%), arrozais (19,4%), animais ruminantes (14%), incêndios de biomassa, tais como queimadas (9,7%), vazamentos de petróleo e **gás natural** (7,9%), cupins (7%), mineração de carvão (6,2%), **aterros sanitários** (6,2%), resíduos de animais (5%), **água de esgoto** (4,4%).

gás natural **Combustível fóssil** que fornece aproximadamente 17% da energia do mundo e cerca de 24% da energia dos Estados Unidos. Ele pode ser encontrado isoladamente ou mais freqüentemente junto com as reservas de **petróleo** cru. Acredita-se que o gás natural tenha sido formado sob condições semelhantes às da **formação do petróleo**, mas que continuou a mudar para um hidrocarbono mais leve, o gás metano.

Cerca de 40% das reservas remanescentes de gás natural do mundo encontram-se na área da antiga União Soviética. Os Estados Unidos possuem apenas 6% das reservas mundiais. Quase toda a demanda norte-americana de gás natural destina-se ao aquecimento de casas.

Espera-se que os estoques de gás natural durem mais do que os de petróleo. Acredita-se que as reservas conhecidas e as fontes estimadas durem aproximadamente 60 anos, mantendo-se os níveis de consumo atuais. Se as novas tecnologias que estão sendo desenvolvidas puderem extrair normalmente o gás dos depósitos inatingíveis, o fornecimento poderá durar aproximadamente 200 anos. O gás natural é mais limpo que outros combustíveis fósseis e sua capacidade calorífera é maior. Ele produz menos poluentes e menos **dióxido de carbono** (um **gás-estufa**) do que outros combustíveis fósseis. A única grande preocupação é o perigo do transporte marítimo do **gás**

gaseificação

natural liquefeito, porque ele é altamente inflamável. As usinas de queima de carvão que geram eletricidade poderiam converter suas turbinas para a queima de gás natural, que são mais custo-efetivas*.

Muitas pessoas acreditam que, com o fim do uso do petróleo, o gás natural tomará seu lugar até que a **energia solar** ou outras **fontes de energia renováveis** sejam plenamente desenvolvidas e implementadas. (Veja *Extração de gás natural*)

*Custo-efetividade refere-se a um tipo de análise econômica que identifica a via de menor custo para se alcançar um dado objetivo, independentemente do nível de benefícios. É uma alternativa à análise custo-benefício, geralmente empregada na avaliação de projetos.

gás natural liquefeito Veja *Extração de gás natural.*

gás natural sintético Veja *Combustíveis sintéticos.*

gaseificação Método de uso de **energia de biomassa** que envolve a conversão de biomassa (resíduos de plantas e animais) em combustíveis líquidos ou gasosos chamados de **biocombustíveis**. O processo é denominado gaseificação, se o combustível produzido é um gás. Um exemplo de gaseificação combina calor, vapor e pequenas quantidades de oxigênio com biomassa para produzir uma mistura de monóxido de carbono e hidrogênio chamada de **singás**. Essa é uma abreviatura para gás sintético natural, uma vez que tem muitas das propriedades do gás natural.

gaseificação e liquefação do carvão Veja *Combustíveis sintéticos.*

gaseificadores do carvão Quase todos os combustíveis queimarão de forma mais eficiente e limpa se forem antes convertidos em gás. Quando esse princípio é aplicado à matéria orgânica (**biomassa** ou **combustíveis fósseis**) é chamado de **gaseificação**. Uma forma promissora de gaseificação envolve o uso de gaseificadores que queimam o carvão (um combustível fóssil) de forma mais limpa do que a combustão convencional, produzindo menos **poluição do ar** e menos **gases-estufa**. Ela também queima mais eficientemente, obtendo mais energia com a mesma quantidade de carvão, em comparação com a queima convencional. Mesmo a mais eficiente tecnologia de queima de carvão, contudo, causa mais danos ambientais do que o **petróleo** ou o **gás natural**.

gases-estufa Acredita-se que o **aquecimento global** seja causado pelo aumento de concentrações de gases-estufa emitidos para a atmosfera pelas atividades humanas. Os gases-estufa incluem o **dióxido de carbono**, proveniente da queima de combustíveis fósseis, os **clorofluorcarbonos (CFCs)**, provenientes dos aparelhos de ar condicionado e geladeiras, o **gás metano**, proveniente de aterros sanitários e depósitos de alimentos, e os **compostos**

GATT

de nitrogênio, óxido nitroso, provenientes da queima de combustíveis fósseis e de fertilizantes. O ozônio de nível básico, produzido pela queima de combustíveis fósseis, também é considerado um gás-estufa. (Não confundir ozônio de nível básico com a camada de ozônio, que está acima, na estratosfera.)

O dióxido de carbono é o principal gás-estufa. Os estudos mostram que a quantidade de dióxido de carbono na atmosfera aumentou muito, em poucas décadas. Os estudos realizados no Havaí mostram um aumento de 315 ppm (partes por milhão) em 1958 para 350 ppm em 1990. Acredita-se que a queima de gasolina em automóveis e a queima de carvão e petróleo para gerar eletricidade sejam os responsáveis por esse aumento.

Os gases-estufa são produzidos principalmente nos **países mais desenvolvidos**. Os Estados Unidos produzem cerca de 18% do total de emissões anuais, seguidos pelos países europeus, que emitem 13%. Outros países responsáveis por uma grande quantidade de emissões são os da antiga União Soviética, o Brasil, a China, a Índia, o Japão, o Canadá e o México.

gases que provocam a depleção de ozônio A depleção de ozônio é causada pela acumulação de gases introduzidos no ar quase que exclusivamente por causa das atividades humanas. A causa primária da depleção de ozônio é uma família de gases chamados **CFCs (clorofluorcarbonos)**, usados como refrigerantes e em aerossóis. Outros gases que contribuem são os halons e alguns solventes tais como o tetracloreto de carbono e o metilclorofórmio.

Em condições normais, o ozônio absorve a luz ultravioleta e se decompõe em uma molécula de oxigênio e um átomo de oxigênio livre. Essas duas partes naturalmente se recombinam para reconstituir o ozônio e perpetuar a existência da camada. O cloro proveniente dos CFCs, contudo, interfere nesse processo. O cloro reage com o ozônio, produzindo uma molécula de oxigênio, mas nenhum átomo de oxigênio livre. (Eles ficam ligados ao cloro.) Isso significa que o ozônio não pode reconstituir-se continuamente e a camada de ozônio entra em depleção. Isso forma o já conhecido buraco na camada de ozônio, permitindo que um excesso de luz ultravioleta alcance a superfície terrestre.

gasohol Mistura de 10 a 23% de gasolina com o **biocombustível** etanol.

GATT–General Agreement on Tariffs and Trade (Acordo Geral de Comércio e Tarifas) Existe desde 1974, mas nos últimos anos tornou-se uma ameaça a muitas leis ambientais aprovadas nos Estados Unidos. O GATT foi criado para promover o livre comércio entre as nações. Uma forma pela qual ele promove esse comércio é exigir que os países, em conjunto, padronizem suas leis e regulamentações de forma a eliminar as barreiras comerciais. Em muitos aspectos, isso significa que os Estados Unidos, com leis *geleiras*

ambientais relativamente rigorosas em comparação com outros países, têm de abandonar seus padrões para se adequar aos padrões internacionais, geralmente menos rigorosos.

A Lei de Proteção aos Mamíferos Marinhos, que foi aprovada pelo Congresso norte-americano, proíbe a venda de atum capturado por **malhas de arrastão**, porque milhares de golfinhos são mortos indiscriminadamente por essas redes. O México promoveu uma ação contra os Estados Unidos, com base no acordo do GATT, por considerar tal lei uma barreira ao livre comércio. O Congresso norte-americano tem de aprovar a reclamação antes de a lei poder ser reescrita. Outra questão sob a mira do GATT é a quantidade de **resíduos de pesticidas** permitidos nos alimentos vendidos nos Estados Unidos.

geleiras Refere-se a qualquer parte sólida da superfície terrestre que permanece gelada por 2 anos ou mais. (Veja *Tundra*)

Geologia Estudo da Terra, dedicando especial atenção à história das rochas. (Veja *Formação do petróleo; Formação do carvão; Panspermia*)

Gibbs, Lois Em 1978, Lois Gibbs descobriu um local de despejo de **resíduo tóxico** em uma fábrica de produtos químicos abandonada a três quadras de sua casa, nas Cataratas do Niágara, no estado de Nova York, em um subúrbio conhecido como o **Canal do Amor**. Ela acreditava que esse local de despejo podia ser a causa de asmas, distúrbios nervosos e outras doenças de seus filhos e de outras crianças da região. Embora tenha encaminhado petições, pronunciado discursos, procurado políticos para que fosse feita a limpeza do local, seus apelos foram ignorados. Finalmente ela sensibilizou alguns agentes da **EPA**, que conseguiram chamar a atenção do então presidente Jimmy Carter. O governo providenciou o afastamento da população da área adjacente ao canal. Atualmente, a senhora Gibbs é uma lobista em Washington, envolvida com o grupo Reivindicações dos Cidadãos acerca de Resíduos Perigosos, que dá assistência às pessoas que vivem em comunidades com problemas semelhantes ao do Canal do Amor.

gley Tipo de solo caracterizado por inundações periódicas devido a sua pouca permeabilidade.

Goodall, Jane Estudou os chimpanzés por mais de 30 anos. Ela criou o programa ChipanZoo para valorizar e melhorar a vida dos chimpanzés em **zoológicos**. Também trabalha pela suspensão do uso do chimpanzé como cobaia de pesquisas científicas. Atualmente, trabalha no Centro de Pesquisas Gombe, além de proferir conferências para arrecadar dinheiro para as pesquisas sobre chimpanzés.

Grand Canyon Localizado no noroeste do Arizona (EUA), é considerado uma das sete maravilhas naturais do mundo. A rocha exposta foi erodida

Greenpeace

pelo rio Colorado durante um processo que, acredita-se, tenha levado 10 milhões de anos. Ele foi originalmente transformado em área protegida em 1908 e tornou-se um parque nacional em 1919. Em 1975, a área de proteção foi ampliada para compreender mais de 480.000 hectares de terra. Quatro milhões de pessoas visitam o parque nacional a cada ano. (Veja *Parque Nacional de Yosemite; Sistema Nacional de Preservação de Parques e Regiões Selvagens*)

Greenpeace Organização com mais de 4 milhões de associados em todo o mundo. Ela promove agressivamente, e algumas vezes dramaticamente, manifestações públicas acerca dos problemas ambientais e suas possíveis soluções. O Greenpeace é basicamente engajado na defesa dos **ecossistemas marinhos** e no controle sobre a propagação de substâncias tóxicas e armas nucleares. Seus militantes têm sido implacáveis no seu objetivo de interromper o uso de **redes de pesca** e a morte indiscriminada de peixes e mamíferos marinhos.

Seu barco, *The Rainbow Warrior* (O Guerreiro do Arco-íris), tem sido usado para protestar contra a pesca da baleia, as operações com rede de pesca e os testes nucleares. O *Rainbow Warrior* foi destruído pelo governo francês durante um desses protestos, mas o Greenpeace ganhou um processo judicial contra esse governo e foi ressarcido pela perda do barco. O Greenpeace continua a ser uma das principais organizações ambientais do mundo. A taxa anual dos associados é de 15 dólares. Escreva para 1436 U Street NW, Washington DC 20009, ou telefone para (001) (202) 462-1177. (Veja *Organizações ambientais*)

Grupo dos 10 Nome informal usado na comunidade ambiental para se referir às dez mais poderosas **organizações ambientais** norte-americanas que freqüentemente trocam idéias e informações entre si. São elas: o **Fundo de Defesa Ambiental**, a **Sociedade do Deserto**, o **Sierra Club**, o Fundo de Defesa Jurídica do Sierra Club, a **Sociedade Nacional Audubon**, a Associação de Conservação dos Parques Nacionais, o Conselho de Defesa dos Recursos Nacionais, os **Amigos da Terra**, a **Federação Nacional da Vida Selvagem** e a **Liga da América Izaak Walton**.

guano Acumulação de grandes depósitos de excremento de aves, morcegos ou outros animais. O guano é rico em **nutrientes orgânicos** e pode provocar um impacto na **ecologia** do **hábitat**.

guilda Todas as espécies de um ecossistema que utilizam da mesma forma os mesmo recursos são descritas como uma guilda. Por exemplo, muitos tipos diferentes de insetos que se alimentam de folhas de árvores formam uma guilda e, conseqüentemente, podem ser estudados como uma só unidade. (Veja *Competição*)

hábitat Refere-se ao lugar onde um organismo vive. Ele tem de atender às necessidades da espécie para a sua sobrevivência. Essas necessidades incluem alimento e água suficientes, temperatura adequada, luz solar suficiente etc.
Existem dois tipos principais de hábitats: aquáticos e terrestres. O aquático se divide em hábitats de água doce e marinho. A água doce é dividida então em **hábitats de água parada**, que incluem lagos, reservatórios e pântanos, e **hábitats de águas correntes**, que incluem os rios, as correntes e as cachoeiras. Os meios ambientes marinhos são divididos em **zona nerítica**, que inclui as águas pouco profundas das costas, e **zona oceânica**, que são as águas profundas. Os hábitats terrestres são divididos em **biomas**. Quando os organismos vivem em áreas restritas – tais como os limites de uma folha, sob uma pedra ou em uma pilha de esterco –, o termo micro-hábitat é freqüentemente usado.

hábitat virgem Refere-se a hábitats não afetados pela intervenção humana, tais como uma floresta virgem. (Veja *Áreas selvagens*)

hábitats de água parada Os **ecossistemas de água doce** podem ser divididos entre aqueles encontrados nos **hábitats de águas correntes** e aqueles encontrados nos corpos de água parada, tais como poços, lagos e reservatórios. Se um corpo de água parada é suficientemente profundo, ele tem uma camada superior, chamada de zona eufótica, na qual a luz do Sol penetra, e uma camada inferior que não recebe nenhuma luz, chamada de zona afótica.
Em áreas onde a luz alcança o fundo da água, as plantas de raízes podem se desenvolver. Essa parte da zona eufótica é chamada de região litorânea. Ela pode conter plantas florescentes, tais como lírios d'água e partasanas. Essas plantas são chamadas de plantas emergentes, uma vez que emergem da água. As plantas aquáticas que permanecem inteiramente submersas são chamadas de plantas submersas e incluem a elódia.
As algas também desempenham um importante papel nesses hábitats. Elas formam espessas camadas, no fundo ou na superfície, ligadas à vegetação. As plantas emergentes e submersas, mais as massas de algas, fornecem alimento e abrigo para muitas espécies de peixes, insetos, camarões-d'água-doce, moluscos e outros organismos aquáticos.

hábitats de águas correntes

Se o corpo de água é profundo, a porção mais baixa da zona eufótica não tem plantas de raízes e é chamada de região limnética. Essas regiões são, em muitos aspectos, semelhantes aos **ecossistemas marinhos**. Os **fitoplânctons** flutuam na área iluminada pelo Sol, realizando a fotossíntese e tornando-se o primeiro vínculo de muitas cadeias alimentares. Os **zooplânctons** se alimentam dos fitoplânctons e são comidos pelos pequenos peixes, que por sua vez são comidos pelos peixes **predadores**.

Uma vez que as camadas mais baixas (zona afótica) não recebem nenhuma luz, seus habitantes têm de conseguir seus nutrientes dos organismos mortos que afundam e dos resíduos que submergem das regiões superficiais, ou então subir à superfície para encontrar alimento. A matéria orgânica que continuamente cai no fundo produz um meio ambiente rico em nutrientes. Os organismos que moram no limo orgânico que se acumula no fundo são principalmente bactérias anaeróbicas, visto que existe pouco oxigênio nesse nível.

Muitos animais terrestres e organismos voadores estão associados a esses ecossistemas de água parada, incluindo libélulas, tartarugas, rãs, patos selvagens, ratos almiscarados e outros. (Veja *Eutrofização natural; Poluição da água*)

hábitats de águas correntes Os **ecossistemas de água doce** podem ser divididos entre aqueles em que se encontram os **hábitats de água parada** e aqueles encontrados em águas correntes, que incluem córregos e rios. Uma vez que a água está sempre em movimento nesse tipo de hábitat, os organismos que ficam agarrados nas rochas e outros substratos desempenham o papel principal, ao contrário dos **plânctons** flutuantes, que são os mais importantes em outros **ecossistemas aquáticos**.

A maioria dos corpos de águas que se movimentam são geralmente rasos, com a luz solar penetrando até o fundo, o que permite que as plantas se desenvolvam e sirvam de alimento para organismos, tais como os insetos; isso estabelece uma **cadeia alimentar** rica. Os insetos predadores e os peixes se alimentam desses insetos.

Os nutrientes são também adicionados, na corrente, pela morte e submersão de organismos (ou partes de organismos) que caem na água. Folhas, galhos e cascas de árvores caem, e resíduos animais e outras partículas orgânicas são arrastados pela correnteza. Essa matéria orgânica é atacada por bactérias, fungos e microrganismos, que estabelecem uma cadeia alimentar de decomposição.

Os insetos unem-se ao ataque, principalmente para comer as bactérias e fungos que ficam agarrados às folhas caídas. As folhas caídas e os organismos fluem correnteza abaixo e, eventualmente, ficam presos no fundo, tornando-se uma fonte de alimento para muitos outros organismos, especialmente larvas de insetos aquáticos. (Veja *Hábitats de águas correntes, impacto humano sobre*)

hábitats de águas correntes, impacto humano sobre Os ecossistemas de água doce podem ser divididos em **hábitats de água parada** e hábitats de águas correntes. Os hábitats de águas correntes, que incluem rios e córregos, têm sido usados pelos humanos por centenas de anos como vasos sanitários, onde poluentes e resíduos podem ser levados para longe de nossas vistas. A imensa maioria dos rios norte-americanos estão poluídos em alguma medida. Embora os córregos e rios possam se autodepurar quando baixos níveis de resíduos são introduzidos, o volume e a velocidade da introdução desses resíduos têm causado danos irreparáveis.

A **poluição industrial das águas** derrama enormes quantidades de **resíduos tóxicos** e subprodutos nos rios. A água é retirada dos rios para refrigerar usinas de energia, que depois a despejam de volta em temperaturas que destroem os ecossistemas, um processo chamado de **poluição térmica das águas**. A água de esgoto *in natura* é despejada em grandes quantidades nos córregos, a pequenos intervalos de tempo, modificando a constituição química da água e freqüentemente eliminando os seus habitantes típicos. Os **pesticidas** e os **fertilizantes** são levados pela corrente, alterando a composição química das águas e matando os organismos aquáticos. Resíduos radioativos também têm sido encontrados nos sedimentos de córregos e rios. (Veja *Descarte de resíduos radioativos; Poluição da água*)

balon Substância usada em extintores de incêndio e **gás causador da depleção de ozônio**. Embora produzidos e liberados na atmosfera em quantidades muito menores do que os **CFCs**, os halons são muito mais prejudiciais à camada de ozônio. Os extintores de incêndio sem halon trazem uma etiqueta com os dizeres "química seca" ou "bicarbonato de sódio".

HCFC Os HCFCs (hidroclorofluorcarbonos) são versões modificadas dos CFCs. Os HCFCs estão substituindo os CFCs em muitos produtos, já que são menos prejudiciais à camada de **ozônio**. Contudo, uma vez que o HCFC ainda é um **gás causador da depleção de ozônio**, estão sendo feitas tentativas para retirá-lo de uso e para encontrar substâncias que não causem nenhum tipo de dano à camada de ozônio. Os HCFCs são comumente usados em produtos de espuma de poliestireno.

HDPE Acrônimo para *high-density polyethy-lene* (polietileno de alta densidade), um dos tipos de *plásticos* mais comum. Cerca de 30% de todos os plásticos produzidos nos Estados Unidos são feitos de HDPE. Ele é usado para embalagens rígidas de produtos como leite e óleo de motor. O HDPE é um dos tipos de plásticos mais reciclado. Para atender aos objetivos da *reciclagem de plásticos*, esses produtos são impressos com o número "2" no interior de um triângulo formado por setas.

herbicida

HEAL – Human Ecology Action League (Liga para Ação Ecológica Humana) Criada em 1977 por físicos e cidadãos preocupados com os efeitos prejudiciais dos produtos químicos ao meio ambiente e sua ameaça à saúde humana. Ela publica um boletim informativo quadrimestral, *The Human Ecologist*, que contém informações sobre os perigos para a saúde ambiental, matérias legislativas e fornecedores de alimentação, roupas e aparelhos domésticos seguros. Escreva para Human Ecology Action League, Inc., P.O. Box 49126, Atlanta, GA 30359.

herbicidas Um dos tipos de **pesticidas** que matam **ervas daninhas** ou toda a vegetação de uma área. Os herbicidas representam 65% de todos os pesticidas usados nos Estados Unidos. Eles são usados para matar desde as ervas daninhas do seu gramado (nesse caso, geralmente chamados de exterminadores de erva daninha) até toda a vida vegetal ao longo de uma rodovia projetada ou ferrovia, ou sob as linhas de alta-tensão. Também são usados extensivamente sobre as lavouras para eliminar a vegetação indesejada que disputa a água e a luz do Sol com as plantas destinadas à colheita.
Os herbicidas são geralmente classificados de acordo com a maneira pela qual mata e o método pelo qual penetram na planta. A maioria dos herbicidas mata ao inibir um dos processos de desenvolvimento, como a fotossíntese, a divisão de células, a respiração, a produção de clorofila ou o crescimento da raiz, do broto ou da folha. Alguns promovem o crescimento excessivo usando uma substância que imita o hormônio de crescimento natural da planta, chamado de auxina. Essa substância leva a um crescimento anormal, matando a planta porque ela não pode obter nutrientes suficientes para suportar seu tamanho. Os herbicidas que usam hormônios sintéticos podem ser altamente seletivos, e afetam apenas a praga indesejada. Os herbicidas penetram em uma planta de três modos: 1) Os herbicidas de contato matam pelo contato e incluem o conhecido paraquato. 2) Os herbicidas sistêmicos são absorvidos e incluem o **alar** e um ingrediente do **Agente Laranja**. 3) Os esterilizantes de solo são aplicados no solo, onde matam os micróbios essenciais para o desenvolvimento da planta. Um tipo de esterilizante é o trifluralin.

herbívoros Animais que se alimentam apenas de plantas (**consumidores primários**) são chamados de herbívoros. Os animais de pasto, como o gado, carneiros, coelhos e gafanhotos, são alguns exemplos de herbívoros. Os herbívoros humanos são chamados de vegetarianos. (Veja *Rede alimentar; Pirâmides de energia*)

hermafrodita Animal que possui os órgãos reprodutivos masculino e feminino ou planta que possui os dois tipos de órgãos em uma única flor. A minhoca é um hermafrodita. (Veja *Partenogênese*)

hidrocarbonos

Herpetologia Estudo de répteis e anfíbios.

heterotróficos Veja *Consumidor.*

hidrocarbonos São um dos cinco principais elementos causadores da **poluição do ar.** São liberados pela combustão incompleta dos combustíveis fósseis ou pela simples evaporação de combustíveis tais como a gasolina. Os hidrocarbonos, propriamente, não são um problema, mas, quando reagem com outros poluentes primários, formam perigosos **poluentes secundários do ar.**

As válvulas de ventilação positiva do cárter do motor e as válvulas de controle de poluição do gás natural, exigidas nos carros vendidos nos Estados Unidos, ajudam a reduzir as emissões de hidrocarbonos. Os conversores catalíticos também ajudam a reduzir os hidrocarbonos (e outros poluentes primários) que são expelidos pelo cano de descarga. (Veja *Alternativas de combustível para automóveis*)

hidrocarbonos clorados Referem-se a uma das principais categorias de **inseticidas** sintéticos. O **DDT** foi o primeiro inseticida de hidrocarbono clorado e, provavelmente, o mais conhecido. Os efeitos dos hidrocarbonos clorados no sistema nervoso de um organismo geralmente causam sua morte. Eles podem ser aplicados uma vez e durar longos períodos, o que representa, ao mesmo tempo, um benefício e um malefício. Uma vez que eles são tão resistentes e permanecem no meio ambiente entre 2 e 15 anos, não precisam ser reaplicados continuamente para controlar uma praga.

Esses produtos químicos, contudo, são prejudiciais a muitos outros organismos inofensivos (que não são pragas). Como eles duram muito tempo e podem ser absorvidos e mantidos no corpo de um animal, são transmitidos ao longo das cadeias de alimentação e se acumulam nos animais, entre os quais os seres humanos, em um processo chamado de **bioacumulação** e **amplificação biológica.** Como eles são tão resistentes e afetam muitas formas de vida, a maioria dos hidrocarbonos clorados tem sido banida nos Estados Unidos. Eles são, entretanto, comumente usados em outros lugares do mundo. Aldrin, Clordano, Dieldrin, Eldrin, Kepono, Lindano e Mirex são outros inseticidas comuns dessa categoria. (Veja *Pesticidas; Perigos dos pesticidas*)

hidropônico Crescimento de plantas em um meio ambiente líquido artificial, usando uma solução de nutrientes artificiais e fornecendo suporte artificial para a planta.

hidrosfera Todas as formas de água sobre o nosso planeta constituem a hidrosfera. A maior parte da hidrosfera é formada por **águas superficiais,** que cobrem 74% da superfície terrestre. Elas incluem os oceanos, rios e lagos de água doce e salgada, além das calotas glaciais e geleiras. As **águas subterrâneas** e a umidade do solo também são consideradas partes da hidrosfera.

Hipótese Gaia

A intervenção humana está afetando a qualidade da água de muitas maneiras, causando a **chuva ácida** e a **contaminação das águas subterrâneas**. Tem sido verificado até mesmo um aumento da quantidade de chumbo encontrado nas calotas de gelo. (Veja *Ciclo da água; Ecossistemas aquáticos; Biosfera*)

hinterlândia Área distante da civilização, inabitada e sem desenvolvimento econômico. (Veja *Terras áridas*)

hiperacumuladores Plantas ou animais que se desenvolvem em solos contaminados. Algumas plantas podem absorver altas concentrações de contaminantes do solo, descontaminando-o. Atualmente, estão sendo feitas pesquisas com plantas que hiperacumulam **metais pesados**. Depois que as plantas acumularam os metais, elas podem ser descartadas como **resíduo perigoso** ou processadas para remover os metais pesados e reciclá-los para usos posteriores.
Plantas como a ambrósia norte-americana e o apócino do cânhamo removem o chumbo do solo, enquanto outras removem zinco, cádmio e níquel. Uma vez que as plantas foram colhidas com altas concentrações de metais, elas atuam como um biomineral, que é depois processado ou "fundido" como os minérios numa liga metálica. Os solos contaminados em locais incluídos pelo **Superfundo** podem ser descontaminados dessa forma no futuro. (Veja *Biorremediação; Estramônio*)

hipocrisia verde Conforme definido pela **Liga dos Eleitores Conservacionistas**, é "um crime cometido pelos políticos que se apresentam como ambientalistas, mas que efetivamente votam em projetos que ajudam a poluir nosso ar e nossa água e a destruir nosso planeta". (Veja *Produtos verdes; Marketing verde*)

hipótese de atração e repulsão Teoria que estabelece que as condições internas de um país, tais como a pobreza e o desemprego, expulsam as pessoas (**emigração**), enquanto as condições internas de outros países, como um alto padrão de vida e níveis de pleno emprego, atraem as pessoas para aqueles países (**imigração**). (Veja *Imigração, nível de substituição*)

Hipótese Gaia Gaia era a antiga divindade grega da Mãe Terra. A Hipótese Gaia, proposta em 1972 por Lovelock e Margulis, sugere que toda a vida na Terra atua em conjunto, de forma que o planeta seja auto-regulado. A hipótese estabelece que o planeta possui uma força vital que monitora e mantém suas condições nos melhores níveis para a sobrevivência contínua da vida sobre a Terra. Segundo algumas pessoas, isso significa que qualquer espécie isolada que ameace a sobrevivência da vida no planeta seria naturalmente forçada à extinção. (Veja *Ecologia profunda; Ética ambiental; Extinto*)

húmus

História natural Estudo da natureza, incluindo todos os seres naturais, vivos ou não, e os processos naturais. (Veja *Meio ambiente*)

horizontes do solo Referem-se às camadas horizontais do solo. O horizonte superior contém uma matéria vegetal parcialmente decomposta, chamada de **folha morta**, enquanto o horizonte mais baixo tem pouca ou nenhuma matéria orgânica. O horizonte do fundo, por exemplo, consiste de rocha sólida, chamada de **rocha original**. Cada camada é formada a partir do desgaste natural da rocha original e pelos organismos que vivem na região. Existem três horizontes principais, cada um subdividido em camadas específicas. As camadas superiores formam o horizonte A, chamado de terra cultivável; as camadas do meio formam o horizonte B, chamado de subsolo; e as camadas mais baixas formam o horizonte C, composto de rocha original.

hospedeiro Organismo vivo que fornece alimento ou abrigo para outro. (Veja *Parasita; Relacionamento simbiótico*)

húmus (1) Quando as **folhas mortas** (folhas, pedaços de casca, galhos que caem no chão da floresta) se fragmentam em uma substância poeirenta, essa subs-tância é chamada de húmus. (Veja *Decompositores*)

húmus (2) Substância marrom-escura, semelhante ao solo, formada pela decomposição parcial de plantas e animais, normalmente encontrada misturada com a camada superficial do **solo**. O húmus sustenta as novas plantas com a maioria dos **nutrientes** necessários ao crescimento. Ele muda a textura do solo e aumenta sua capacidade de absorção de água. (Veja *Organismos do solo*)

Ictiologia Estudo dos peixes. (Veja *Ecossistemas aquáticos*)

iluminação fluorescente As luzes fluorescentes usam menos energia para produzir mais luz do que as lâmpadas de bulbo convencionais de luz incandescente. Um bulbo fluorescente de 40 **watts** produz 80 lumens de luz por watt, enquanto uma lâmpada de bulbo de luz incandescente de 60 watts produz menos de 15 lumens de luz por watt. Após um período de 7 horas, o bulbo fluorescente do exemplo acima economiza 140 watts de energia em comparação com o bulbo incandescente. (Veja *Lâmpadas de bulbo de ondas de rádio; Bioluminescência; Baterias*)

imaturo Qualquer estágio do desenvolvimento de um organismo antes de atingir a maturidade sexual.

imigração Uma das duas formas de **migração** através das fronteiras internacionais. Refere-se ao movimento das pessoas que entram em um país. A emigração refere-se ao movimento das pessoas que saem de um país. Imigração e emigração, em conjunto com a **natalidade** e a **mortalidade**, determinam mudanças no tamanho da **população** de uma nação. (Veja *Imigração, nível de substituição*)

imigração, nível de substituição A imigração é o fluxo de pessoas de um país para outro. Cerca de 700.000 pessoas imigram legalmente para os Estados Unidos a cada ano e aproximadamente 200.000 imigram ilegalmente. Isso contribui significativamente para o crescimento anual da população dos Estados Unidos. O nível de substituição da imigração refere-se a limitar o número de imigrantes nos Estados Unidos para o mesmo número daqueles que emigram dos Estados Unidos anualmente, cerca de 130.000 pessoas. (Veja *Tempo de duplicação nas populações humanas*)

imposto do carbono Veja *Taxa verde*.

In Business Apropriadamente chamada pelo editor de *A revista do empresariado ambiental*, essa publicação bimensal se destina a qualquer pessoa interessada em um negócio relacionado com o meio ambiente. Disponível em bancas de jornal e vendida por assinatura, ela contém bons conselhos e informações sobre vários mercados e indústrias. Pequenos artigos de informação e reportagens mais extensas como "Alimentos orgânicos encontram

incineração

mais espaço nas prateleiras" são de interesse tanto para empresários quanto para consumidores. Telefone para (001)(215) 967-4135. (Veja *Eco-revistas; Ecoempresário*)

incineração Um dos quatro métodos de **descarte de resíduo sólido municipal**. Os incineradores queimam o lixo para reduzir seu volume. Alguns usam o calor para gerar eletricidade nas **usinas de energia de resíduo**. Existem mais de cem dessas instalações nos Estados Unidos, e muitas outras estão sendo projetadas. A principal vantagem da incineração é a redução do volume, o que diminui a quantidade a ser despejada nos aterros sanitários. Queimar resíduos sólidos reduz seu volume numa percentagem que varia entre 60 e 90%. (Veja *Problemas de incineração; Energia de biomassa*)

Índice do Bem-estar Econômico Sustentado (ISEW - Index of Sustainable Economic Welfare) Método alternativo de avaliação da saúde global de uma economia e do bem-estar dos habitantes. Durante 50 anos, a saúde econômica de um país foi medida pelo produto interno bruto (PIB). O PIB mede a produção total de bens e serviços, mas não leva em conta a degradação dos recursos naturais ou o impacto negativo que ela possa ter sobre o meio ambiente ou sobre o seu povo.

Por exemplo, campos irrigados aumentam a produtividade agrícola, mas reduzem o fornecimento de água para a próxima geração, se a irrigação é feita a partir dos mananciais de águas subterrâneas. Queimar carvão aumenta a produtividade mas polui o ar, degradando a qualidade de vida daquela região.

O Índice do Bem-estar Econômico Sustentado incorpora a degradação ambiental em seus cálculos. Ele leva em conta a degradação dos recursos renováveis, a perda de terras agrícolas e margens úmidas e o custo da poluição das águas e do ar. Isso inclui também fatores de longo-prazo, como o impacto de um produto que danifica a camada de ozônio ou que aumenta o aquecimento global.

O ISEW tem mostrado um gradual declínio (cerca de 12%), de 1976 até os dias atuais. Infelizmente, esse indicador é atualmente calculado apenas nos Estados Unidos. Muitos países não possuem nem mesmo dados disponíveis para calculá-lo. O ISEW pode ser considerado como um indicador de transição, ajudando o mundo a encontrar formas melhores para medir a saúde das economias e o bem-estar das populações agora e no futuro. (Veja *Economia* versus *meio ambiente, Agricultura sustentada*)

Nos Estados Unidos é generalizado o uso de águas subterrâneas para abastecimento humano e para a irrigação. No Brasil, ao contrário, esses setores são geralmente atendidos pela captação de águas superficiais. O autor citou o comprometimento do recurso para a geração futura, pois os aqüíferos são considerados recursos não-renováveis porque muitas vezes o ritmo de ex-

inseticidas

ploração do aqüífero é muito maior do que o nível de recarga. A água superficial, por outro lado, é considerada um recurso renovável.

indústria de minioficinas Veja *Reciclagem de automóveis.*

Inform Criado em 1974, é uma **organização ambiental** que se dedica a: prevenção de acidentes químicos, **manejo de resíduos sólidos**, qualidade do ar urbano e conservação da terra e da água. Seu objetivo é educar e incentivar a tomada de medidas práticas para reduzir a poluição e conservar os recursos naturais. O Inform edita muitas publicações excelentes que informam o público acerca dessas questões, e ajudou a formular a primeira lei federal sobre prevenção de resíduos, encaminhada ao Congresso norte-americano. Escreva para 381 Park Avenue South, New York, NY 10016.

informações básicas sobre o meio ambiente Referem-se ao nível básico de entendimento que uma pessoa deve possuir para tomar decisões inteligentes sobre a gestão do nosso meio ambiente. Por que reciclar, se você não compreende o que isso representa? Por que votar contra ou a favor da construção de um **aterro sanitário** ou de uma **usina de geração de energia a partir de resíduos** em sua cidade, se você não compreende as vantagens e desvantagens de cada um? Por que se interessar se a fruta que você come está rotulada com o símbolo de **alimento irradiado** ou se os vegetais que você come foram parafinados? Ter conhecimento sobre o meio ambiente significa que você não está apenas interessado no nosso meio ambiente, mas que comprende esses problemas e por isso pode ajudar a resolvê-los de uma maneira responsável. (Veja *Ambientalista; Organizações ambientais; Educação ambiental; Liga dos Eleitores Conservacionistas; Eco-revistas; Frutas parafinadas*)

Iniciativa para a Biosfera Sustentada (SBI – Sustainable Biosphere Initiative) Trata-se de um importante esforço empreendido publicamente pela Sociedade Ecológica da América para definir as pesquisas prioritárias em **Ecologia**, ao longo da década de 90. Essa iniciativa se concentra no papel que as ciências ecológicas desempenharão no manejo sensato dos recursos da Terra e na manutenção dos sistemas de apoio à vida. O Resumo Executivo desse documento chama a SBI de uma "convocação à luta" de todos os ecologistas. Escreva para The Ecological Society of America, Public Afairs Office, 2010 Massachusetts Avenue NW, #420, Washington DC 20036.

inseticidas Quaisquer substâncias que matam **insetos**. A imensa maioria é produzida sinteticamente e pode ser classificada em uma dessas quatro categorias: **hidrocarbonos clorados, organofosfatos, carbamatos** e **piretróides**. Uma alternativa para esses inseticidas sintéticos são os **inseticidas naturais**, que usam substâncias encontradas na natureza. (Veja *Controle biológico; Pesticidas biológicos; Esterilização de insetos*)

163

insetos

inseticidas naturais Embora quase todos os **inseticidas** aplicados anualmente sejam inseticidas sintéticos, existem alguns encontrados na natureza que não precisam ser criados em laboratórios. Eles se dividem em pesticidas botânicos, que são os derivados de plantas, e pesticidas minerais, provenientes diretamente da terra. Os exemplos dos botânicos incluem o piretrin, extraído dos crisântemos, que foi o modelo original de muitos pesticidas piretróides sintéticos. A nicotina, proveniente da planta do tabaco, e o rotenono, proveniente de legumes, são também inseticidas botânicos.
Os pesticidas minerais incluem o ácido bórico, que contém boro. O enxofre e o cobre têm sido usados como **fungicidas** naturais. Outros métodos naturais incluem o uso de fumaça para repelir insetos e óleo leve borrifado sobre as plantações. (Veja *Controle biológico; Pesticidas biológicos; Manejo integrado de pragas*)

insetívoro Organismo que se alimenta de **insetos**. Os insetívoros incluem numerosos pássaros, peixes, répteis, anfíbios e alguns mamíferos tais como o musaranho e o tamanduá, além de muitos insetos **predadores**. Algumas plantas também podem ingerir insetos, como no caso da dionéia, comum na América do Norte.

insetos Existe cerca de 1,4 milhão de espécies identificadas (plantas e animais) em nosso planeta. Aproximadamente 1 milhão delas são insetos e dois terços desses são **besouros**. O corpo típico de um inseto se divide em três regiões (cabeça, tórax e abdome) e o tórax normalmente possui três pares de patas. (Veja *Pesticidas*)

Instituição Smithsoniana A maioria dos norte-americanos conhece a Smithsoniana em Washington D.C. por seus museus maravilhosos e pelo Zoológico Nacional. Além de educar pessoas de todas as idades, a instituição também está envolvida nas pesquisas relacionadas com o meio ambiente e a conservação. Esses estudos são realizados em centros de pesquisas, espalhados pelos Estados Unidos e em muitas partes do mundo.
A instituição recebe a cada ano a colaboração de mais de 6.000 voluntários que atuam como guias nos museus e no zoológico. Ela publica materiais didáticos tanto para cientistas quanto para leigos, além da colorida revista **Smithsonian**. O instituto foi fundado em 1846 e tem 2,6 milhões de membros. A taxa anual de seus membros é de 20 dólares. Escreva para The Smithsonian Institution, 1.000 Jefferson Dr. SW, Washington, DC 20560. (Veja *Educação ambiental*)

Instituto de Recursos Mundiais (WRI – World Resources Institute) Instituto de política e pesquisa independente criado em 1982 para auxiliar governos, organizações ambientais e empresas privadas a entenderem melhor como a sociedade pode atingir as necessidades humanas básicas e manter o cresci-

inversão térmica

mento econômico, sem esgotar os recursos naturais da Terra. O WRI se concentra atualmente em seis grandes áreas: clima, energia e poluição; florestas e biodiversidade; economia; tecnologia; recursos e informação ambiental; e instituições que acrescentam recomendações políticas para grupos que trabalham no manejo de recursos naturais. Escreva para 1709 New York Avenue NW, Washington DC 20006.

Instituto Worldwatch Referência mundial no fornecimento de informações ambientais globais para as pessoas em geral e para aquelas que têm poder de decisão. Suas análises de questões de manejo global e suas recomendações são respeitadas pelos líderes mundiais e acessíveis ao público. Seu foco principal está sobre questões relacionadas com população, energia, política de alimentos e qualidade ambiental. Sua publicação anual, *State of the World (Situação do mundo)*, tornou-se um padrão de referência para as tomadas de decisão da política ambiental. O instituto foi fundado em 1975 e a taxa anual paga por seus membros é de 25 dólares. Escreva para 1776 Massachusetts Avenue NW, Washington DC 20036.

intrusão de água salina Quando as águas **subterrâneas** são removidas mais rapidamente do que podem ser repostas, o lençol freático seca. Quando isso ocorre em áreas costeiras, os **aqüíferos** podem ser repostos (preenchidos) com a água salgada do oceano em vez da água doce. Quando a água salgada substitui a água doce nos aqüíferos tem-se a chamada intrusão de água salina. A intrusão de água salina tornou-se um problema em muitas áreas costeiras norte-americanas, tais como Califórnia, Nova York e Flórida. (Veja *Mineração de água*)

invasão Transferência em massa da população de uma área para outra, freqüentemente desalojando uma outra já existente. (Veja *Migração*)

inversão térmica Os poluentes produzidos nas cidades são geralmente dissipados quando o ar quente na superfície alcança as camadas superiores mais frias misturando-se com elas. As cidades localizadas em vales ou parcialmente circundadas por montanhas são propensas a inversões térmicas nas quais uma camada de ar quente se forma acima da camada superficial, criando uma cobertura sobre o ar frio. Isso aprisiona os poluentes por longos períodos de tempo, freqüentemente provocando o **smog fotoquímico**. As inversões térmicas e o *smog* fotoquímico são problemas freqüentes nas cidades norte-americanas de Los Angeles, Salt Lake City, Phoenix e Denver, e na Cidade do México. (Veja *Cúpula de poeira; Efeito ilha de calor urbana*)

invertebrados Animais que não possuem coluna vertebral. O apoio é obtido por outros meios, tais como um dermoesqueleto (como nos **insetos**) ou pela flutuação na água (tal como a medusa). (Veja *Recifes de corais*)

irrigação

irradiação   Refere-se à exposição à **radiação**. (Veja *Problemas e segurança dos reatores nucleares; Irradiação em alimentos*)

irradiação em alimentos   Trata-se do bombardeamento de produtos alimentares com **radiação** gama para matar pragas e agentes patogênicos, como salmonelas, e ampliar o tempo de vida durante a estocagem. Esse método tem sido usado em muitos países e foi aprovado nos Estados Unidos. O alimento irradiado não se torna radioativo, e a maioria dos estudos de curto prazo indicam que o alimento pode ser consumido com segurança. Muitas pessoas sustentam que os efeitos danosos de longo prazo não  foram estudados ainda e exigem que a irradiação em alimentos seja proibida. Embora a irradiação em alimentos utilize o cobalto radioativo em vez do urânio, tal como ocorre em **reatores nucleares**, ela produz **resíduos radioativos** que têm de ser descartados. Os alimentos irradiados são etiquetados com o **radura**. (Veja *Descarte de resíduos nucleares*)

irrigação   O uso humano da água divide-se em quatro categorias: **uso doméstico da água, uso industrial da água, uso das águas correntes** e irrigação de áreas agrícolas. A irrigação envolve a derivação e a condução da água da fonte para regiões que necessitam de água. Por exemplo, 14,2 milhões de hectares de lavouras se desenvolvem em regiões áridas do oeste dos Estados Unidos com água canalizada de fontes que estão a quilômetros de distância. A irrigação utiliza 70% da água usada pelos seres humanos em todo o mundo. Uma vez que dois terços da água usada na irrigação evaporam ou escoam superficialmente – e não suprem as necessidades das plantas – novos métodos de irrigação têm sido desenvolvidos. (Veja *Irrigação por gotejamento; Poluição da água*)

irrigação por gotejamento   A maioria dos métodos de **irrigação** perdem grandes volumes de água por causa da evaporação e da infiltração. Na década de 50, Israel desenvolveu o método por gotejamento, no qual tubos perfurados são colocados sobre a superfície do solo próximos à raiz da planta. Na medida em que a água goteja, molha somente as raízes, reduzindo assim a quantidade média de água perdida de 50% para menos de 25%. Esse método é usado apenas em pequenas áreas de terras irrigadas dos Estados Unidos. (Veja *Monocultura*)

iscas sexuais   Alguns organismos produzem **feromônios**, substâncias produzidas pelos indivíduos de uma espécie para se comunicar com outros membros da mesma espécie. Alguns desses feromônios atuam como iscas

isolamento térmico

sexuais, usadas pelas fêmeas para atrair os machos. A maioria dos estudos sobre iscas sexuais foram realizados com insetos e possuem aplicações específicas.

Uma interessante alternativa ao uso de **pesticidas** é o uso de iscas sexuais sinteticamente produzidas (feromônios) que imitam o objeto verdadeiro. Essas iscas sexuais artificiais são espalhadas na área infestada. A abundância de iscas confunde os machos e os leva à "loucura" na busca de fêmeas. Uma vez que os machos não podem encontrar as fêmeas, não há reprodução e a população da praga diminui. As iscas sexuais estão atualmente disponíveis para cerca de trinta tipos de pragas de insetos. Algumas dessas iscas podem ser detectadas pelos machos a uma distância de quase 3km.

Um adereço doméstico comum em algumas áreas dos Estados Unidos inclui armadilhas para a mariposa européia amarela, que contêm uma isca sexual com o nome brando de Gyplure (um trocadilho com as palavras inglesas *gyp*, "trapaça", e o radical de *gypsy moth*, "mariposa européia", unido à palavra *lure*, "tentação"). As mariposas machos são atraídas pela tentação e ficam presas. As mariposas européias fêmeas não podem voar, de maneira que são mantidas do lado de fora da armadilha, enquanto os machos ficam aprisionados do lado de dentro. As iscas sexuais são mais eficazes quando usadas como parte de um programa de **manejo integrado de pragas**. (Veja *Esterilização de insetos*)

isolamento Veja *Isolamento térmico, construções*.

isolamento térmico, construções De 50% a 70% da energia das residências norte-americanas são usados para condicionar o espaço (aquecer e esfriar). O isolamento térmico adequado reduz drasticamente a quantidade de energia usada para condicionar o espaço ao minimizar a passagem de ar. As três áreas mais importantes que necessitam de isolamento são: o sótão, os andares inferiores que estão acima de espaços não-aquecidos e as paredes que circundam os porões e espaços em que se anda abaixado.

O isolamento térmico é medido pelo **valor R**, que indica a resistência ao fluxo de calor. O Ministério da Energia norte-americano tem recomendado valores R para cada código de endereçamento postal do país. Para novas construções, esteja seguro de que os valores R recomendados sejam estabelecidos na casa inteira. Para as construções existentes, o isolamento quase sempre pode ser melhorado para atingir essas recomendações.

Existem muitos tipos de isolamento correntemente usados. Esses incluem revestimentos e soalho de fibras minerais, enchimento fofo ou inflado feito de fibra de vidro, lã mineral ou fibras de celulose, perlito e vermiculita. Cada tipo de isolamento requer uma espessura diferente para atingir o valor R desejado. Por exemplo, 23 a 25 cm de lã mineral inflada significam um valor R de 30, mas você necessitará de 33 a 35 cm de fibra de vidro para obter o mesmo valor R. (Veja *Superisolante*)

jactação Algumas plantas dispersam suas sementes por um movimento de contração, expelindo as sementes do fruto. Esse processo é chamado de jactação.

jardim zoológico Os jardins zoológicos foram originalmente construídos para satisfazer a curiosidade humana acerca dos animais selvagens. Uma vez que esse foi o seu primeiro objetivo, os jardins zoológicos eram verdadeiras prisões para os seus habitantes. Com poucas pessoas se opondo a esse tipo de instalação, os jardins zoológicos permaneceram nessa situação por décadas. Durante os anos 60, as organizações dos direitos dos animais protestaram contra a maneira pela qual os jardins zoológicos tratavam seus prisioneiros. O público começou a prestar atenção e, dessa forma, eles tiveram de ser modificados. Em vez de serem considerados apenas como curiosidades, os animais passaram a ser vistos como parte de um hábitat e tratados como a parte mais fascinante daquele hábitat.
Na maioria dos grandes jardins zoológicos, os animais não ficam confinados em jaulas e são tratados com respeito. Embora os jardins zoológicos ainda sejam tema de debate, muitas pessoas acreditam nas suas vantagens educacionais e o aumento da consciência pública provocada por eles tornou-os dignos de mérito. Além disso, e provavelmente com mais importância, os jardins zoológicos transformaram-se no principal vetor na proteção de **espécies ameaçadas e em perigo** de extinção com seus programas de reprodução e conservação. Por exemplo, a **Instituição Smithsoniana**, por meio do Jardim Zoológico Nacional dos Estados Unidos, reintroduziu com êxito o mico-leão-dourado nas florestas tropicais brasileiras. Muitos outros jardins zoológicos estão desempenhando importantes papéis no salvamento de outras espécies.

jazz da Terra Também chamado de música da Terra, "celebra as culturas e as criaturas de toda a Terra", de acordo com um dos seus principais intérpretes, Paul Winter. Os sons dos animais fazem parte da música tal como na canção "Wolf Eyes" (Olhos de Lobo), um dueto com os uivos de um lobo.

joule Quantidade de energia que pode ser gerada por um combustível, tal como o petróleo ou o gás, é medida em unidades chamadas joules. Um joule equivale à energia necessária para erguer 1 quilograma a uma altura de 10 centímetros. Grandes quantidades de energia são medidas em megajoules (MJ = 1 milhão de joules) e gigajoules (GJ = 1 bilhão de joules).

Kricket Krap Alternativa empresarial única e divertida aos fertilizantes químicos para sua casa e seu jardim. É uma acumulação de gotículas (farinhas) provenientes de 2 bilhões de grilos que são criados como isca de peixe em Augusta, no estado norte-americano da Geórgia. Ligue para (001)(404) 722-0661. (Veja *Zoo Doo; Fazenda orgânica; Ecoempresário; In Business*)

lagos oligotróficos Referem-se a lagos frios, claros e profundos que contêm poucos nutrientes para a manutenção da vida. (Veja *Eutrofização natural; Hábitats de água parada*)

lama de esgoto Espessa e pegajosa massa de matéria orgânica e outros resíduos sólidos que é removida da água residual em uma **estação de tratamento de esgoto** antes de a água ser liberada de volta ao meio ambiente. O volume de lama de esgoto produzido é assombroso. A área da Baía de São Francisco produz cerca de 2.500 toneladas de lama de esgoto por dia. (Veja *Descarte de lama de esgoto; Energia de biomassa*)

lâmpadas de bulbo de ondas de rádio Também chamada de E-lamp, utiliza uma nova tecnologia para produzir luz. Ela usa sinais de rádio de alta freqüência, em vez do filamento comum, para gerar luz. A lâmpada de ondas de rádio tem uma expectativa de vida útil de aproximadamente 20.000 horas, superior à expectativa das lâmpadas incandescentes, que é de 750 a 1.000 horas, e da nova lâmpada de bulbo compacto fluorescente, que normalmente dura de 7.000 a 10.000 horas. A E-lamp tem uma vantagem adicional sobre as lâmpadas de bulbo compacto fluorescente, que é a de se adequar em todos os bocais existentes e poder ser usada com um interruptor de redução de intensidade.

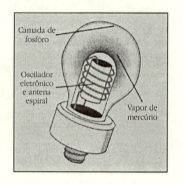

Uma E-lamp de 25 watts produz a mesma quantidade de luz que uma lâmpada incandescente de 100 watts. A nova lâmpada custa cerca de 15 dólares, mas sua longa durabilidade representa uma economia de cerca de 20% por semana em comparação com as lâmpadas incandescentes. Trocar uma lâmpada incandescente por uma E-lamp eliminaria cerca de 1 tonelada de dióxido de carbono que teria de ser produzida enquanto gerasse a eletricidade extra. Se essas novas tecnologias de lâmpadas forem aceitas e implementadas, um importante passo será dado na direção de reduzir as emissões de **gases-estufa**. (Veja *Bioluminescência*)

LD50 Unidade comumente usada para medir a toxicidade de uma substância. LD significa *Lethal Dose* (Dose Letal) e 50 refere-se a 50%. O LD50 mede a

LDPE

dose necessária para matar 50% dos indivíduos de uma amostra da população exposta à substância. Ele é medido com relação à massa do corpo em quilogramas. Por exemplo, a substância que causa o botulismo (um envenenamento alimentar) tem um LD50 de 0,0014 miligrama. Isso significa que um grupo de animais pesando 100 kg cada que tenha 0,14 miligrama da substância em seus corpos (1 miligrama para cada quilograma de massa corporal) teria metade de todos os animais mortos. (Veja *Toxicidade aguda; Toxicidade crônica; Resíduos tóxicos; Resíduos de pesticidas nos alimentos*)

LDPE Acrônimo para *low-density polyethylene* (polietileno de baixa densidade), um tipo de plástico usado geralmente na fabricação de filmes e sacolas plásticas. Ele representa cerca de 30% de todos os plásticos produzidos nos Estados Unidos, mas raramente é reciclado. Esses produtos são freqüentemente impressos com o número "4" no interior de um triângulo formado de setas. (Veja *Reciclagem de plástico; Poluição de plástico*)

Lei da Água de Beber Segura Criada em 1974, essa lei norte-americana exige que a EPA estabeleça os níveis máximos de contaminação de todos os poluentes da água de beber, de maneira que eles não representem um perigo. Embora tenha reduzido a quantidade de contaminantes microbiológicos, ela tem feito pouco para proteger os cidadãos de águas contaminadas com **pesticidas** e substâncias tóxicas. A lei foi modificada muitas vezes e sancionada novamente em 1992. (Veja *Poluição da água; Descarte de resíduos perigosos; Aqüíferos*)

Lei da Extração e da Conservação de Recursos de 1976 Importante peça da legislação norte-americana que define como os **resíduos perigosos** podem ser transportados, estocados, tratados e descartados. Ela delega à EPA a proteção da água e do ar americanos contra a contaminação. (Veja *Superfundo*)

Lei de Controle de Substâncias Tóxicas de 1976 Essa peça da legislação concede à EPA a autoridade para exigir testes nas novas substâncias químicas, antes que se tornem disponíveis para o público. (Veja *Perigos dos pesticidas; Poluição tóxica*)

Lei de Informação ao Consumidor e Proteção das Florestas Tropicais Lei foi proposta pelos membros do Congresso norte-americano para ajudar a reduzir a **destruição das florestas tropicais**. A lei exige etiquetas informativas nos produtos elaborados com madeiras provenientes das **florestas tropicais úmidas**. (Veja *Desmatamento*)

lei e meio ambiente

Lei de Mineração de 1872 Lei norte-americana assinada pelo presidente Grant em 1872 e ainda está em vigor, basicamente em sua forma original. O fato de não ter sido revista por mais de 120 anos mostra como o governo federal pode ser pressionado a proteger as necessidades de grupos especiais de interesses – nesse caso, o *lobby* das mineradoras – em vez de proteger os cidadãos norte-americanos. Essa lei permite que qualquer pessoa que descubra um mineral de valor em terras públicas reclame os direitos sobre essas terras. O reclamante não paga nenhum aluguel ao governo federal, mas pode alugar ou arrendar a terra a terceiros, cobrando aluguel ou direitos de exploração. Além disso, o reclamante pode depois comprar a terra e seu conteúdo do governo por cerca de 12 dólares por hectare! Mais de 1,2 milhão desse reclamantes acumulou mais de 10 milhões de hectares de antigas terras públicas; 800 desses hectares situam-se em parques nacionais. Grande parte dessas terras reclamadas nunca foram mineradas, mas, ao contrário, foram transformadas em áreas desenvolvidas, gerando altos lucros para os seus proprietários. Durante anos, os esforços para emendar ou reescrever essa lei foram inúteis. O **Centro de Política Mineral** e alguns membros do Congresso norte-americano estão lutando para mudar a lei. (Veja *Exploração mineral*)

Lei de Proteção dos Mamíferos Marinhos Criada em 1972, essa lei protege os mamíferos marinhos existentes nas águas norte-americanas, entre os quais os golfinhos, baleias e lontras marinhas. Ela contém regulamentações sobre **malhas de arrastão, redes de pesca** e **malhas de pesca**. Foi revista e atualizada em 1993. (Veja *GATT; Dispositivo para exclusão de tartarugas*)

lei e meio ambiente Como uma onda de litígios ambientais começa a atravessar o sistema judiciário, promotores, advogados de defesa e juízes estão tentando ampliar seu nível de **informações básicas sobre o meio ambiente** acerca de temas como proteção das **margens úmidas, poluição do ar, descarte de resíduos perigosos** e **análise de risco**. Seminários especiais e cursos sobre esses temas são oferecidos a advogados há algum tempo, mas apenas recentemente os juízes têm sido alvo dessas iniciativas. O Instituto Judicial Flaschner, em Boston, Massachusetts (EUA), foi um dos primeiros a oferecer um seminário sobre meio ambiente, especialmente para juízes. (Veja *SLAPP, CONTRA-SLAPP*)

Lei Federal do Inseticida, do Fungicida e do Raticida Criada em 1972, essa lei concedeu autoridade à EPA para testar e regulamentar os **pesticidas**, com o objetivo de proteger o meio ambiente. Essa lei é considerada por muitos como a lei ambiental em vigor aplicada de forma mais medíocre. A aplicação dessa lei tem sido uma longa batalha entre a indústria química e os ambientalistas. (Veja *Perigos dos pesticidas; Resíduos de pesticidas nos alimentos; Círculo do veneno*)

lençol d'água

Lei Magnuson de Manejo e Conservação da Pesca Estabelece cotas de pesca nos Estados Unidos. Elas são estabelecidas pelos representantes do governo e por membros da indústria pesqueira. Muitos ambientalistas acham que essas decisões deveriam ser tomadas por biólogos marinhos, que conhecem os aspectos científicos acerca das populações de peixes, e por um público esclarecido ambientalmente.

Lei Nacional de Santuários Marinhos Lei norte-americana que protege da poluição e do desenvolvimento econômico ecossistemas únicos, tais como os **recifes de corais** próximos da costa da Flórida (EUA). Dez desses santuários estão protegidos por essa lei, o que representa cerca de 1% da costa norte-americana. (Veja *Destruição de estuários e margens costeiras úmidas*)

leite materno e toxinas Uma indicação do grau de permanência de substâncias tóxicas em nosso meio ambiente são os estudos que mostram a existência dessas substâncias no leite materno de algumas mulheres. Descobriu-se a ocorrência das seguintes substâncias tóxicas no leite materno: **pesticidas** tais como Clorordano, Lindano e DDT; **metais pesados**, como chumbo e mercúrio; e subprodutos industriais como a **dioxina**. Essas substâncias penetram no corpo humano quando comemos alimentos contaminados ou são absorvidas diretamente através da pele. (Veja *Amplificação biológica; Bioacumulação; Perigos dos pesticidas*)

lençol d'água Refere-se à camada superior da **zona de saturação**, que é facilmente tratável para o consumo humano. (Veja *Aqüíferos*)

lêntico Corpos de água parados tais como os reservatórios e lagos. (Veja *Hábitats de água parada*)

Leopold, Aldo Escritor, conservacionista e filósofo, tornou-se conhecido por sua perspectiva ambiental no ensaio "A ética da terra", de seu livro *A Sand County Almanac and Sketches Here and There* (uma tradução aproximada, *Um almanaque do condado de areia e crônicas daqui e de lá*). Leopold inaugurou o campo de gestão por jogos. Enquanto trabalhava para o **Serviço Florestal**, durante a década de 20, ajudou a desenvolver uma política para os desertos e lutou para regulamentar a caça com o objetivo de manter um equilíbrio adequado da vida selvagem em seu hábitat. (Veja *Filósofos ambientais; Ética ambiental*)

liberação de gases Forma de evaporação que ocorre quando moléculas instáveis são liberadas no ar. Um bom exemplo é a liberação de formaldeído de materiais de construção e produtos como pranchas, painéis, carpetes e mobílias. A liberação de gases ocorre quando o formaldeído escapa da cola encontrada nesses produtos. Uma intensa liberação de gases ocorre nas primeiras semanas de vida dos produtos para depois ser reduzida a

Lighthawk

níveis mais baixos, o que pode levar anos. A liberação de gases pode ser um fator da **síndrome da doença das construções** e das **doenças relacionadas com as construções**. (Veja *Baubiologia; Casas saudáveis; Compostos orgânicos voláteis*)

Liga da América Izaak Walton Organização criada em 1922, por um pequeno grupo de pescadores interessados. Ela cresceu para 53.000 membros dedicados à proteção do solo, do ar, das madeiras e da vida selvagem do país. Eles estão envolvidos na proteção de áreas de lazer e na valorização das relações entre os proprietários de terras e o lazer. Publicam vários boletins e uma revista quadrimestral, que apresenta artigos sobre conservação e lazer. A inscrição como sócio custa 20 dólares. Escreva para 1401 Wilson Blvd., Level B, Arlington, VA 22209.

Liga de Salvação das Sequóias-Sempre-Verdes Criada em 1918 com o objetivo de adquirir e proteger as Sequóias-Sempre-Verdes e as florestas de Sequóias Gigantes. Uma vez que as fronteiras de muitos parques de Sequóias-Sempre-Verdes existentes são inadequadas para manter o **ecossistema** das Sequóias-Sempre-Verdes, as terras da **bacia hidrográfica** em torno delas têm de ser adquiridas. Escreva para 114 Sansome Street, Room 605, San Francisco, CA 94104. (Veja *Florestas virgens*)

Liga dos Eleitores Conservacionistas (LCV – League of Conservation Voters) Ajuda a eleger os candidatos pró-meio ambiente ao legislativo com a aprovação e o fornecimento de apoio financeiro para aqueles que possuem uma reconhecida trajetória ambientalista. Também têm um excelente programa para informar o público acerca da **hipocrisia verde**. Essa informação é fornecida anualmente no Placar Nacional de Votações Ambientais. Com o objetivo de mudar o equilíbrio de forças no Congresso norte-americano para refletir o sentimento pró-meio ambiente do eleitorado, o LCV é uma das mais importantes dentre todas as **organizações am-bientais**. A taxa anual paga por seus membros é de 25 dólares. Escreva para 1707 L Street NW, Suite 550, Washington DC 20036.

Lighthawk A Lighthawk (cuja tradução aproximada é gavião leve ou de luz) é uma organização dedicada a proteger o meio ambiente influenciando os formadores de opinião, os representantes dos veículos de comunicação e os movimentos populares sobre terras ameaçadas. Ela os auxilia diretamente com sua experiência ajudando-os a entrar em ação. Algumas de suas realizações incluem ajudar a acabar com a maior fonte de poluição do ar com arsênico dos Estados Unidos – uma velha fundição de cobre no sul do estado do Arizona – e a criar os 37.000 hectares de reserva natural do Parque Nacional de Bladen em Belize, na América Central. Escreva para P.O. Box 8163, Santa Fe, NM 87504. (Veja *Ambientalista; Organizações ambientais*)

lixo

Limnologia Estudo dos organismos de água doce e seus hábitats. (Veja *Ecossistemas de água doce*)

limo Refere-se aos **sedimentos** de grãos finos encontrados no fundo das águas profundas, contendo os remanescentes de organismos marinhos.

linha costeira Área de praia acima do nível normal de maré alta; coberta pela água apenas durante as fortes tempestades. (Veja *Ecossistemas marinhos*)

líquens Organismos que consistem de **algas** e **fungos** em uma **relação simbiótica**. Eles são capazes de viver nos ambientes mais sombrios, inclusive sobre rocha nua. Freqüentemente são os primeiros organismos a aparecer em uma **comunidade pioneira**. As algas fotossintetizam e passam os nutrientes para os fungos.

lixeiros Animais que obtêm nutrientes comendo organismos que morreram recentemente. Os lixeiros são geralmente os primeiros a chegar na carcaça de um animal e iniciam o processo de decomposição, que é depois terminado pelos **decompositores**. (Veja *Redes alimentares*)

lixiviação À medida que as águas fluem sobre ou através do **solo** e da rocha, elas removem substâncias químicas e as carregam para mais adiante. Esse processo é chamado de lixiviação. Por exemplo, muitos dos nutrientes encontrados na camada superficial do solo penetram para níveis mais baixos. (Veja *Perfil do solo*)

lixo Qualquer substância que não é mais necessária e que tem de ser descartada. Pode ser qualquer coisa, desde restos de comida até uma geladeira velha ou um automóvel. Em muitos aspectos o lixo é semelhante a uma praga ou a uma erva daninha, já que todos os três podem ser considerados úteis se encontrados em outro lugar e em outra hora. O lixo de uma pessoa pode ser o alimento de outra pessoa, assim como o que é erva daninha para um pode ser flor para outro. Uma vez que a maior parte do lixo vai hoje para um local de coleta municipal, ele é comumente chamado de **resíduo sólido municipal**. (Veja *Garbage magazine; Reciclagem*)

locais de injeção em poço profundo Os **resíduos perigosos** têm sido descartados por décadas através de sua injeção em poços profundos na crosta terrestre. Esses poços podem ter de 6 a vários milhares de metros de profundidade. Muitos desses poços têm poluído **aqüíferos** que fornecem **água doméstica** para milhões de residências. (Veja *Descarte de resíduos perigosos*)

logotipos de reciclagem Três setas torcidas seguindo-se uma à outra são impressas freqüentemente nas embalagens, pelos fabricantes, para simbolizar que o produto foi reciclado ou é reciclável. Três setas indicam que o produto é supostamente reciclável. Três setas no interior de um círculo significam que o produto foi supostamente reciclado. O logotipo foi originalmente criado por uma empresa de papel holandesa, em 1973, mas tornou-se um símbolo universal de reciclagem. Esses logotipos, entretanto, não são regulamentados e, por isso, não são confiáveis como orientação para o consumidor. (Veja *Reciclagem de papel; Selos de aprovação ambiental; Marketing verde; Produtos verdes*)

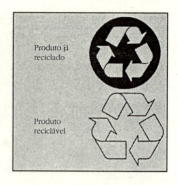

lótico Refere-se aos **hábitats de águas correntes** como os rios e ribeirões.

LUST Acrônimo para "leaking underground storage tanks" (vazamento de tanques armazenados no subsolo), que são uma fonte comum de **poluição de águas subterrâneas**. Não se sabe quantos dos 5 milhões de tanques enterrados contendo **resíduos perigosos** e combustíveis estão vazando, mas acredita-se que aproximadamente 5% deles contendo gasolina estejam contaminando as águas subterrâneas.

macronutrientes Veja *Nutrientes essenciais*.

malhas de pesca Equipamentos de pesca usados nas águas costeiras para capturar grandes quantidades de atum e salmão. Os peixes que inadvertidamente nadam próximos a essas redes ficam presos pelas guelras. Além dos desejados, as redes prendem indiscriminadamente grandes quantidades de peixes e outras formas de vida marinha. Essa captura involuntária, chamada de **pesca indesejada**, é lançada de volta ao mar, o que não impede que morram. Essas redes são semelhantes às **redes de pesca**, embora não tão grandes por serem usadas em águas costeiras.
Acredita-se que 2.500 barcos lançam nas águas, a cada noite, cerca de 80.000 km de redes e malhas de pesca. Essas redes devastam as populações de muitas espécies de peixes, matando golfinhos, baleias, focas e tartarugas marinhas, entre muitas outras formas de vida. (Veja *Malhas de pesca; Dispositivo para exclusão de tartarugas; Selo Flipper de Aprovação; Selos de aprovação ambiental*)

Malthus, Thomas (1766-1834) Clérigo e economista inglês, famoso por sua teoria acerca do crescimento populacional. Essa teoria tornou-se conhecida pela publicação do "Ensaio sobre o Princípio da População", que estabelecia que a população humana aumentaria mais rápido do que os suprimentos de alimento. Afirmava ainda que, se a fertilidade não fosse controlada pelo casamento tardio ou pelo celibato, as doenças e a fome iriam controlar o crescimento populacional. Os neomalthusianos acreditam que o crescimento populacional deveria ser regulado por medidas de controle da natalidade. Segundo os estudos de Malthus na época, a população humana crescia em progressão geométrica, enquanto a produção de alimentos crescia em progressão aritmética.(Veja *Curva J; Curva S; Capacidade de suporte*)

manejo da vida selvagem Refere-se à manutenção ou à promoção da sobrevivência da vida selvagem. O manejo pode tratar de uma espécie ou de todos os organismos de uma área. Toda a vida selvagem pode ser manejada com a expectativa de sua manutenção contra a intervenção humana. Certos animais podem ser manejados para objetivos específicos tais como a caça. Manejar um determinado animal significa estudar e entender suas necessidades de alimento e água, e as formas pelas quais ele se protege ou

manejo integrado de florestas

se abriga dos elementos e **predadores**. Isso também significa compreender a dinâmica das populações da área.

Uma vez que esses estudos estejam completos, podem ser tomadas decisões sobre qual a melhor maneira de manejar a vida selvagem. Os métodos utilizados variam desde deixar as populações naturais sem interferência até adicionar ou reduzir os membros de alguma espécie.

Freqüentemente, o manejo da vida selvagem envolve o manejo do hábitat. Isso pode significar construir estruturas que melhorem os abrigos contra os predadores, ou a destruição de alguma parte do hábitat para encorajar ou desencorajar uma certa população (por exemplo, cortar árvores maduras para permitir que árvores novas se desenvolvam fornecendo alimento para cervos). O manejo do hábitat de alguns animais, tais como aves migratórias, necessita da criação de acordos internacionais, uma vez que muitas dessas aves podem ter hábitats em três países por ano enquanto migram ao longo de suas **rotas migratórias**. (Veja *Serviço Florestal, passado e presente; Manejo integrado de florestas; Programa de Controle de Animais Danosos*)

manejo de hábitat Veja *Manejo da vida selvagem.*

manejo de risco ambiental Estuda o equilíbrio entre as vantagens e desvantagens de um novo projeto, produto ou tecnologia. Manejar o risco ambiental significa confrontar o impacto ambiental negativo com o lucro econômico e incluir as questões legais e de interesse público. O manejo de risco é difícil uma vez que boa parte da informação recolhida nos estudos não se baseia em fatos, mas em suposições. Em alguns casos, o que é bom para a economia pode ser prejudicial ao meio ambiente e a decisão correta é altamente subjetiva. (Veja *Análise de risco ambiental; Riscos, realidade* versus *suposição*)

manejo integrado de florestas A madeira nas florestas constitui um **recurso natural** que é explorado para consumo humano. A **vida selvagem** nas florestas também é um recurso natural e deveria ser protegida da destruição humana. Equilibrar as necessidades econômicas com os interesses ambientais é chamado de manejo integrado de florestas. As técnicas adequadas para o manejo de florestas pode minimizar o impacto ambiental negativo do corte de madeira e manter muitas florestas indefinidamente. As técnicas inadequadas podem danificar ou destruir ecossistemas florestais inteiros. Alguns métodos, como a **abertura de clareira**, são economicamente lucrativos para a indústria madeireira mas são geralmente devastadores para a floresta. O **corte seletivo** e o **reflorestamento** são métodos que, sob certas condições, podem manter as florestas vivas, enquanto o corte de madeiras é realizado. (Veja *Serviço florestal, passado e presente*)

Mar do Aral

manejo integrado de pragas (IPM - Integrated Pest Management) Alternativa ao uso de **inseticidas** sintéticos como única forma de combate aos insetos. Ele usa várias técnicas em programas cuidadosamente planejados para reduzir nossa dependência de **pesticidas**. O IPM usa outras técnicas disponíveis, entre as quais muitas que estão na vanguarda da Biotecnologia. Essas técnicas incluem a **esterilização de insetos, iscas sexuais, lavouras resistentes**, técnicas de **agricultura orgânica** ou cultural, **inseticidas naturais, controle biológico** e o uso seletivo de pesticidas sintéticos.

O IPM não é usado mais amplamente devido à carência de programas coordenados apoiados pelos governos locais, estaduais e federais, e à falta de financiamentos. O uso contínuo de pesticidas perigosos como principal forma de controle de pragas, a despeito das tecnologias disponíveis, é um problema de educação e administração pública que precisa ser resolvido. (Veja *Perigos dos pesticidas, Resíduos de pesticidas nos alimentos*)

Mar do Aral O **desvio de água** redireciona-a de uma área para outra, geralmente com o objetivo de irrigar as plantações. O mar do Aral, situado na Ásia Central, foi o quarto maior lago de água doce do mundo, até 1920. A partir de então, o antigo governo soviético decidiu desviar a água dos rios que alimentavam o lago para a irrigação das plantações de algodão do país, com o objetivo de aumentar sua produção. Um canal de irrigação conduzia a água para as terras agricultáveis ao longo de 1.300 km de distância. Ao final da década de 30, as plantações de algodão eram um sucesso, mas o mar do Aral ficou arruinado. Atualmente, o mar do Aral possui uma área de superfície cerca de 40% menor e perdeu dois terços do seu volume total. As antigas cidades praianas transformaram-se em áreas degradadas e secas, com embarcações desalinhadas revolvendo o fundo do lago. O comércio de pesca extinguiu-se, assim como as plantações que floresciam ao longo das planícies marginais. (Veja *Irrigação*)

Maraniss, Linda Organizou a "Limpeza da Costa do Texas", que anualmente remove 250 toneladas de lixo dos quase 320 km de praias texanas. Esse programa e muitos outros existentes nos Estados Unidos não apenas recolhem o lixo mas também registram o que encontram, sendo os plásticos a maior parte do material recolhido. Esses relatórios ajudam a persuadir o Congresso norte-americano no sentido de ratificar um tratado internacional proibindo os navios de despejarem plásticos no mar. Por essa lei, essas embarcações deveriam trazer de volta as embalagens plásticas para a costa.

Por meio desses tipos de programas, as praias tornam-se mais limpas e os organismos marinhos, tais como baleias, pássaros e tartarugas marinhas, ficam mais seguros. A limpeza de praias e linhas costeiras transformaram-se em eventos anuais, em várias regiões dos Estados Unidos e do mundo. (Veja *Poluição de plásticos; Poluição de navios de cruzeiro; Centro de Conservação Marinha*)

marés vermelhas

marés vermelhas Referem-se a um repentino e dramático aumento da população de algas microscópicas (**fitoplâncton**) ao longo da costa litorânea ou em enseadas. Isso pode ocorrer naturalmente, mas é freqüentemente atribuído às atividades humanas que produzem desequilíbrios nos ciclos naturais. A **água de esgoto** *in natura* ou parcialmente tratada despejada na água ou os **fertilizantes** carregados pelo escoamento superficial das chuvas adicionam excessivos nutrientes, causando o aumento de plânctons.

Embora chamadas de vermelhas, elas são na realidade marrons, amarelas ou verdes. São totalmente inofensivas aos organismos. Entretanto, a camada espessa e lodosa que se forma pode impedir a penetração da luz do Sol nas águas mais profundas, afetando o **ecossistema aquático**. Quando essas massas de algas morrem, as bactérias que se alimentam das algas em decomposição têm uma explosão populacional, reduzindo a quantidade de oxigênio na água. Isso mata grandes quantidades de peixes e de outros organismos. Em algumas circunstâncias as algas produzem toxinas que envenenam os mariscos que, por sua vez, podem envenenar aqueles que os comem. (Veja *Destruição de estuários e margens costeiras úmidas; Eutrofização cultural; Poluição da água*)

margens costeiras O terreno que fica inundado durante todo o ano ou a maior parte dele é chamado de **margem úmida**. Se ele contém água salgada, é chamado de margem costeira (em oposição: **margens interiores**). As margens costeiras em regiões temperadas incluem baías, lagoas e pântanos salgados, e todas possuem capim como vegetação **dominante**. Nas regiões tropicais, as margens costeiras são principalmentes charcos com árvores de mangues. (Veja *Destruição de estuários e margens costeiras úmidas*)

margens úmidas Termo coletivo para inúmeros **hábitats**, entre os quais brejos, pântanos e charcos. As margens úmidas se dividem em dois tipos: as **margens úmidas continentais** e as **margens úmidas costeiras**. Pelo menos um dos dois pode ser encontrado em todos os cinqüenta estados norte-americanos. Esses hábitats contêm alguns dos mais produtivos e úteis ecossistemas encontrados. As margens úmidas estão para a natureza como as fazendas estão para o homem. Elas produzem grandes volumes de alimentos na forma de plantas, tanto vivas quanto – e principalmente – mortas e decompostas como **detritos**. Essa **biomassa** atua como o primeiro nível de uma **cadeia alimentar** que supre a todos, desde peque-nos invertebrados até grandes peixes predadores tais como o badejo.

Atuando como filtros, as margens úmidas mantêm a qualidade da água nos rios e córregos ao remover e reter nutrientes, além de ajudar a decompor os resíduos. Elas também reduzem a quantidade de sedimentos que penetram em um corpo de água.

As margens úmidas minimizam o efeito da inundação ao estocar grandes

margens úmidas continentais

volumes do excesso de água, o que protege todas as formas de vida rio abaixo. Elas também amortecem a erosão da linha costeira e protegem áreas costeiras inteiras de serem desgastadas pelas ondas.

Infelizmente, as margens úmidas foram consideradas como terra inculta, de pouco valor, até o início da década de 70. Por causa dessa concepção errônea, vastas porções de margens úmidas foram destruídas nas últimas décadas. Hoje, nos Estados Unidos, resta menos da metade do número de hectares de margens úmidas que existia no século XVII. De meados da década de 50 até meados da década de 70, mais de 4 milhões de hectares de margens úmidas foram destruídos, a maior parte sendo drenada para uso agrícola. As margens úmidas remanescentes estão agora protegidas pelas seções do **Estatuto da Água Limpa**, mas encontram-se na mira dos porta-vozes do desenvolvimento econômico.

A **biodiversidade** das margens úmidas está entre as mais abundantes do mundo, semelhante em termos de **produção primária líquida** à das florestas tropicais úmidas. Muitas espécies só sobrevivem nesses hábitats. As margens úmidas continentais são habitadas por numerosas espécies de peixes de água doce e vida selvagem. Patos, gansos e muitos pássaros canoros se alimentam, fazem ninhos e passam sua primeira fase da vida nas margens úmidas, e a maioria dos peixes que são pescados por lazer desovam nas margens úmidas. Muitos mamíferos também se alimentam e vivem nas margens úmidas continentais.

As margens úmidas costeiras são hábitats de peixes de estuários e marinhos, crustáceos e aves aquáticas, além de muitos pássaros e mamíferos. A maioria dos peixes que se destinam à pesca comercial e à pesca esportiva utiliza os brejos e estuários costeiros para desovar. (Veja *Destruição de estuários e margens costeiras úmidas*)

margens úmidas continentais   As **margens úmidas** dividem-se em dois tipos: as **margens úmidas costeiras** e as margens úmidas continentais. Cerca de 95% de todas as margens úmidas remanescentes nos Estados Unidos são continentais. As margens úmidas desempenham um papel fundamental em nosso planeta. Elas fornecem um hábitat para numerosos peixes, aves aquáticas e vida selvagem. Ajudam no controle das inundações porque armazenam grandes quantidades de água da chuva, que é depois usada para reabastecer (repor) os mananciais de **águas subterrâneas**, que fornecem a maior parte de nossa água doméstica. As margens úmidas filtram os sedimentos e diluem os poluentes das correntes, que, de outra forma, terminariam em nossos mananciais de água. Lavouras de arroz, vacínio e uva-do-monte (plantas comestíveis norte-americanas) são cultivadas nessas áreas. Mais de 50% das margens úmidas na área continental dos Estados Unidos já foram destruídas. Das margens úmidas continentais remanescentes, apenas

matéria orgânica

8% estão sob a proteção federal. Muitas leis locais são insuficientes para evitar o desenvolvimento econômico dessas terras.

marketing verde Muitas fábricas estão tomando a dianteira na conquista de um consumidor interessado em problemas ambientais. Os estudos de *marketing* mostram que os consumidores preferem comprar produtos seguros ambientalmente e estão dispostos a pagar mais por eles. A publicidade que trabalha com essas questões é chamada de *marketing* verde ou publicidade verde.

Muito desse *marketing* tem pouca, ou nenhuma, base factual. Algumas empresas foram obrigadas a parar de fazer propagandas ambientais quando foram acusadas de práticas desonestas e enganosas. Por exemplo, propagandas sobre **fraldas descartáveis** e sacos plásticos de lixo, que foram anunciados nos Estados Unidos como produtos de decomposição imediata, tiveram sua veiculação proibida porque sua veracidade não pôde ser comprovada. Tanto consumidores quanto fabricantes estão tentando estabelecer padrões que justifiquem esse tipo de propaganda.

No final de 1990, um conselho de procuradores-gerais de onze estados norte-americanos apresentaram um conjunto de normas chamado de "O Relatório Verde". As normas apresentadas nesse relatório foram usadas voluntariamente por alguns fabricantes para padronizar a publicidade. A Comissão Federal de Comércio norte-americana apresentou recentemente seu próprio conjunto de normas "voluntárias" para o país. Muitas dessas normas são ambíguas. Por exemplo, um produto com a etiqueta "reciclado" precisa ter apenas 1% de materiais reciclados.

Alguns estados, como Nova York e Califórnia, aprovaram conjuntos de normas mais severas. Por exemplo, a lei da Califórnia exige que o produto contenha 10% de papel reciclado para poder usar o termo reciclado. Alguns novos **selos de aprovação** ambiental estão ajudando os consumidores a tomarem suas próprias decisões. Até que padrões sejam criados e impostos, *caveat emptor* (todo cuidado é pouco). (Veja *Produtos verdes; Reciclagem; Reciclagem de papel; Logotipos de reciclagem*)

matéria inorgânica Substância que não vive nem é provenientes de organismos decompostos. (Veja *Matéria orgânica*)

matéria orgânica Substância que se compõe ou é derivada de organismos vivos. Toda matéria orgânica tem no carbono o seu elemento essencial.

material de calafetagem Na maioria das casas antigas e em algumas casas novas existem várias fendas, aberturas e espaços na estrutura, por onde o ar quente escapa no inverno e o ar frio escapa no verão. Esses vazamentos de ar representam cerca de 35% da perda total de energia de uma casa típica. O método mais fácil e barato de diminuir essa perda de energia é com mate-

megalópole

rial de calafetagem. O material de calafetagem se compõe de faixas estreitas de metal, vinil, borracha, feltro ou espuma que são aplicadas nas aberturas. Ele é geralmente aplicado nas juntas entre as várias estruturas da casa onde os vazamentos ocorrem, tais como juntas de janelas e portas, da parede próximas às fundações, em torno da lareira, aberturas no sótão, ou em torno das tomadas elétricas e caixas de manutenção. (Veja *Isolamento térmico, construções; Superisolante*)

material particulado Também chamado de material particulado em suspensão, é um dos cinco tipos de poluentes primários que contribuem para a **poluição do ar**. Ele se refere a qualquer tipo de partícula sólida diminuta, tal como pó (que é um **solo** fino), fuligem (partículas finas de carbono) e quaisquer outras partículas finas dispersas provenientes de **pesticidas**, **amianto** ou milhares de outros produtos. Muitas dessas partículas são simplesmente incômodas, mas outras são **tóxicas**. O material particulado freqüentemente atrai e carrega substâncias químicas através do ar, como é o caso do pó que carrega o ácido sulfúrico. Esse é o tipo mais evidente de poluição do ar, uma vez que se torna visível.

O material particulado é reduzido pelos dispositivos de controle de poluição do ar nas indústrias e usinas de energia elétrica. Depuradores, filtros, centrifugadores e precipitadores são construídos junto com as novas instalações, ou, freqüentemente, são adaptados nas antigas. Os automóveis também possuem dispositivos de controle de emissões para reduzir os particulados.

O grande número de fornalhas para queima de madeira e lareiras liberam particulados suficientes para produzir um fenômeno chamado de **nuvem marrom**. Muitas prefeituras controlam o número e a eficiência das fornalhas de queima de madeira para reduzir essas emissões.

megalópole Grande região contínua, densamente povoada, onde o **crescimento urbano desordenado** uniu muitas cidades, formando uma grande cidade complexa, é chamada de megalópole. Alguns exemplos são o corredor entre Boston e Washington DC, a orla marítima do estado norte-americano da Flórida e a linha costeira do estado norte-americano da Califórnia. A região entre Londres e Dover, na Inglaterra, as regiões da Grande São Paulo e do Grande Rio, no Brasil, e a região entre Toronto e Mississuga, no Canadá, também são consideradas megalópoles. (Veja *Urbanização, e crescimento urbano; Ecocidade; Vias verdes; Espaço urbano aberto; Transporte de massa*)

megawatt (MW) Unidade de medida equivalente a 1.000 quilowatts (1 milhão de **watts**).

meio ambiente São todos os componentes vivos ou não, assim como a todos os fatores, tais como clima, que existem no local em que um organismo vive.

melanismo industrial

As plantas e os animais, as montanhas e os oceanos, a temperatura e a precipitação, tudo faz parte do meio ambiente do organismo. O meio ambiente é considerado a partir da perspectiva do organismo que está sendo estudado ou debatido (isto é, o meio ambiente do coelho, ou o lançamento de resíduos que danificam nosso meio ambiente).

Esse termo é freqüentemente confundido com **Ecologia**, que é também o estudo desses componentes e fatores, mas mais do que isso, do relacionamento que existe entre eles. A Ecologia é o estudo de como as partes vivas interagem com as partes não-vivas, e como os fatores, tais como o clima, influenciam todas as partes. Você pode imaginar que o meio ambiente é um agrupamento de dominós em torno de você, e a Ecologia é o estudo do efeito dominó, ou o impacto de um dominó sobre os outros. (Veja *Ciência ambiental*)

melanismo industrial Aumento no número de indivíduos com manchas escuras (tal como as mariposas), causadas por um hábitat que ficou escurecido devido à poluição industrial. (Veja *Seleção natural; Especiação*)

melhor tecnologia disponível (BAT – Best Available Technology) Refere-se ao "estado da arte" da tecnologia disponível para uma indústria específica. A BAT ambiental se refere à tecnologia que causa o menor dano ao meio ambiente. Por exemplo, as principais fábricas de papel e polpa norte-americanas usam as melhores tecnologias disponíveis, ao contrário das canadenses. Usar a BAT não significa necessariamente que uma tecnologia seja não-poluente. Significa apenas que ela é a melhor entre as tecnologias existentes. (Veja *Poluição industrial da água; Poluição do ar*)

metabolismo Todos os processos químicos que ocorrem em um organismo vivo. (Veja *Poluição tóxica*)

metamorfose Processo de mudança óbvia da forma durante o desenvolvimento de um organismo; por exemplo, uma lagarta construindo um casulo e emergindo como uma borboleta.

Meteorologia Estudo da **atmosfera**, especialmente no que diz respeito ao tempo (condições meteorológicas).

método de pilar e escora Usado para fornecer apoio estrutural na **mineração a céu aberto**.

métodos de controle biológico Existem três tipos de **controle biológico**: importação, conservação e ampliação. A importação envolve a identificação, em uma área remota, de um inimigo natural de uma praga local. O inimigo natural é então importado e solto na região atingida pela praga. O inseto importado tem de ser capaz de sobreviver na área escolhida. Uma vez soltos, esses inimigos desenvolvem-se sozinhos, destruindo a praga.

mimetismo

Nos Estados Unidos, a broca da alfafa tem sido controlada com sucesso por meio desse método.

A conservação envolve a descoberta de inimigos naturais da praga, na própria região. Uma vez que o inimigo natural é encontrado, são implementadas técnicas que o ajudem a se desenvolver e a se multiplicar. Isso inclui a interrupção de qualquer produto químico que seja danoso ao inimgo natural e o uso de métodos de controle cultural, tais como técnicas de aragem e irrigação que ajudem a capacidade de desenvolvimento do inimigo natural.

A ampliação envolve a introdução de um grande número de **parasitas** ou **predadores** da praga. Esses inimigos naturais são criados em massa especificamente para esse objetivo. Esse método difere da importação e da conservação porque não se tem uma expectativa de que o inimigo natural se reproduza e sobreviva indefinidamente como controlador da praga. Pequenas vespas parasíticas são freqüentemente usadas para o controle por meio de ampliação. Elas deixam seus ovos nos estágios larvais da praga, evitando o seu amadurecimento. (Veja *Manejo integrado de pragas; Esterilização de insetos*)

métodos de estudos ecológicos   A Ecologia pode ser estudada de acordo com uma dessas três diferentes abordagens ou metodologias: **Ecologia descritiva**, **Ecologia experimental** ou **Ecologia teórica**. A maioria das primeiras pesquisas ecológicas eram essencialmente descritivas (qualitativas), mas atualmente o campo é fundamentalmente experimental ou teórico (quantitativo). (Veja *Modelos ecológicos para computador*)

microfauna   Todos os seres de um micro-hábitat, como uma folha morta ou o solo sob uma pedra.

micronutrientes   Veja *Nutrientes essenciais.*

migração   Movimento de populações de uma área para outra. Quando se fala de populações humanas cruzando as fronteiras internacionais, ele é chamado de **emigração** e **imigração**. As populações animais freqüentemente migram anualmente como parte de seus padrões de comportamento normais. Alguns migram com propósitos de procriação, outros simplesmente para evitar condições hostis. Os pássaros migratórios utilizam rotas migratórias para cruzar continentes.

mimetismo   Organismo que se assemelha a outro geralmente como um método de proteção contra os predadores. (Veja *Mimetismo agressivo; Mimetismo batesiano; Mimetismo muelleriano; Relacionamento predador-presa*)

mimetismo agressivo   Forma de **mimetismo** na qual um **predador** imita um organismo não-predatório. Essa tática engana a **presa**, que baixa sua guarda, tornando-a vulnerável ao ataque.

mineração a céu aberto

mimetismo batesiano Forma de **mimetismo** em que um organismo comestível (não-venenoso) fica parecido com uma outra espécie que é venenosa. Essa adaptação protege o organismo comestível induzindo o **predador** a pensar que trata-se de um alimento nocivo. Por exemplo, existe uma cobra inofensiva que fica parecida com uma cobra coral altamente venenosa. Os predadores se afastam das duas.

mimetismo muelleriano Forma de **mimetismo** na qual muitas espécies de organismos assumem uma aparência repugnante ou venenosa de organismos semelhantes, afastando os **predadores**. Por exemplo, existem muitas espécies de borboletas com uma coloração que parece ser venenosa, o que alerta os pássaros para se manterem distantes. (Veja *Coloração diretiva; Coloração aposemática*)

mineração a céu aberto O carvão é extraído da terra de duas maneiras: mineração a céu aberto e **mineração profunda**. Existem dois tipos de mineração a céu aberto (que também é chamada de mineração superficial). O primeiro, chamado de mineração a céu aberto por zona, é utilizado em terrenos planos onde o veio de carvão não fica a mais de 90 metros abaixo da superfície. O material acima do carvão é chamado de sobrecarga. Equipamentos pesados removem a sobrecarga e a colocam ao longo do veio. O veio de carvão é depois removido e a sobrecarga preenche a cavidade deixada pelo veio.
O segundo método, a mineração de contorno a céu aberto, é utilizado em terrenos íngremes. Nesse método, o morro é cortado em uma série de terraços com a sobrecarga de um sendo despejada no terraço escavado abaixo. Nos dois métodos de mineração a céu aberto, a terra tem de ser manualmente restaurada (recuperada) ou a **erosão do solo** destrói a região. Na área de mineração a céu aberto, as falhas na restauração do local resultam numa série de pequenos morros e vales erodidos chamados de bancos de terra escavada. Na mineração de contorno a céu aberto, forma-se uma parede que é rapidamente erodida, chamada de parede alta. (Veja *Drenagem ácida de minas*)

mineração de água Diz respeito à **água subterrânea**, que é bombeada para fora da terra para consumo humano, de forma mais rápida do que o seu processo natural de reabastecimento, diminuindo o nível do **lençol d'água**. Em algumas áreas de San Joaquim Valley, no estado norte-americano da Califórnia, o lençol d'água desceu mais de 90 metros e o próprio terreno está cedendo a uma taxa de fração de centímetros por ano. Estima-se que a mineração de água esteja ocorrendo em 35 dos 48 estados contíguos norte-americanos. Essa depleção ocorre basicamente devido à demanda para irrigação na agricultura, mas também para propósitos industriais e residenciais. (Veja *Aqüíferos; Águas subterrâneas*)

minhocas

mineração profunda Quando o carvão encontra-se em regiões muito profundas, impedindo a **mineração a céu aberto**, a mineração profunda é utilizada. Um túnel vertical profundo é escavado e uma série de túneis e galerias são abertos de maneira que o carvão possa ser enviado para a superfície. O método de pilar e escora deixa cerca de metade do carvão no lugar para funcionar como pilar, o que fornece apoio estrutural para o labirinto.

mineração superficial Ver *Mineração a céu aberto*.

minhocas De vital importância no condicionamento do **solo** para o desenvolvimento das plantas. Por causa de sua incessante busca por alimentos através do solo, elas provocam a mistura de materiais orgânicos com inorgânicos. Durante seu movimento, formam pequenos túneis que aumentam a capacidade do solo de absorver o ar e drenar a água. Um hectare de solo pode conter cerca de 500.000 minhocas que irão se alimentar de 10 toneladas de solo em um ano, produzindo um solo de textura leve e bem-condicionado para o crescimento de plantas. (Veja *Organismos do solo; Textura do solo*)

minimização de resíduos Redução do volume de poluentes antes de descartá-los no meio ambiente. Ao invés de se preocupar com a limpeza de resíduos após eles terem sido criados (tecnologia de "final de linha"), a minimização de resíduos concentra-se nas formas de reduzir a necessidade de uso de matérias-primas. Por exemplo, as substâncias químicas usadas em processos manufaturados podem ser coletadas e reutilizadas. Isso acarreta uma menor quantidade de **resíduos perigosos** que precisa ser descartada depois. (Veja *Redução das fontes; Taxas de descarte; Projetos-lei para garrafas*)

MNS On-line Provedor eletrônico (computador) oficial que permite o **ecolinking**. Reportagens, programas e notícias ambientais podem ser transmitidos e intercambiados. Foros *on-line* estão disponíveis para muitos temas ambientais. Para maiores informações entre em contato com Ecolinking na P.O. Box 463, Schenectady, NY 12301-0463. (Veja *Redes ambientais de computador; Programas ambientais para computador; Serviço de notícias do meio ambiente*)

modelos ecológicos para computador Referem-se ao uso de supercomputadores de alta velocidade para simular mudanças no sistema biológico e de maneira que possam ser feitas as previsões de seus impactos. O sistema biológico estudado pode ser uma única população, uma comunidade ou um ecossistema inteiro. Esses modelos fornecem suporte a todo tipo de **estudos ecológicos**, antecipam o que pode acontecer com um ecossistema no futuro e ajudam a desenvolver novas teorias ecológicas. (Veja *Métodos de estudos ecológicos*)

monocultura

monocultura Quando uma única espécie é plantada sobre uma grande área de terra tem-se uma monocultura. As fazendas cultivadas com milhares de hectares de milho ou trigo são exemplos de monoculturas. As monoculturas são ecossistemas ultra-simplificados: uma espécie única de planta existe onde antes havia um ecossistema de floresta ou pastagem com centenas ou milhares de espécies. Esses ecossistemas são um método muito eficiente de desenvolvimento de plantas, mas são altamente vulneráveis a mudanças e têm de ser continuamente protegidos e apoiados pelos meios criados pelo homem. As monoculturas necessitam de extraordinárias quantidades de **pesticidas** para sua proteção e de **fertili-zantes** para se desenvolverem.

Por exemplo, quando ervas daninhas indesejadas naturalmente tentam invadir as monoculturas, os **herbicidas** são usados. As pragas de insetos que se alimentam da planta cultivada têm um dia de festa em uma monocultura, já que a sua fonte de alimentação é abundante, gerando a necessidade do uso de **inseticidas**.

Os insetos se reproduzem rapidamente e desenvolvem resistência a esses inseticidas por meio do processo de **seleção natural**; como conseqüência, doses maiores de inseticidas têm de ser usadas apenas para manter o mesmo nível de controle. As monoculturas também convidam as doenças de plantas a se estabelecerem nelas, e, dessa forma, os **fungicidas** são usados para proteger a plantação.

Uma vez que as plantas que se desenvolvem em monoculturas são colhidas regularmente, poucas partes das plantas permanecem para nutrir o solo para o próximo cultivo, de forma que o solo tem de ser constantemente enriquecido com **fertilizantes**. Muitas práticas de **agricultura orgânica** reduzem a necessidade de pesticidas e fertilizantes. (Veja *Agricultura sustentada; Manejo integrado de pragas; Irrigação*)

monóxido de carbono Um dos cinco componentes primários da **poluição do ar**. Ele se forma a partir da combustão incompleta dos combustíveis orgânicos tais como petróleo, gasolina, lenha ou lixo sólido. Um dos maiores emissores do monóxido de carbono para a atmosfera é o automóvel. Quando o motor do carro não funciona eficientemente, o combustível não é completamente queimado e o monóxido de carbono é produzido. Usinas de energia ineficientes à base de combustível fóssil também emitem grandes quantidades de monóxido de carbono para o ar.

O monóxido de carbono é produzido na fumaça do tabaco e pode afetar qualquer um que esteja próximo ao fumante. Pequenas quantidades de monóxido de carbono em locais pequenos podem provocar dores de cabeça, sonolência e embaçamento da visão. As cidades cheias de carros e locais nublados pela fumaça de cigarro representam um sério risco para a saúde.

morbidade

montanha Grande massa de terra a pelo menos 300 metros acima do terreno ao seu redor e com um topo mais estreito do que sua base. As estruturas menores são geralmente chamadas de morros.

Montanhas Yucca Localizadas no estado norte-americano de Nevada, foram escolhidas pelo Congresso norte-americano como um local permanente de **descarte de resíduos nucleares** de alto nível. Programado para entrar em funcionamento no ano 2010, está enfrentando uma oposição considerável. (Veja *Descarte de resíduos radioativos; Programa piloto de isolamento de resíduos; Síndrome de NIMBY*)

morbidade Ocorrência de uma doença em uma população e seus efeitos sobre ela. A informação sobre a freqüência e distribuição de uma doença pode ajudar a controlar sua incidência e determinar sua causa. (Veja *Mortalidade*)

mortalidade Probabilidade de mortes em uma população. Todos morrem mais cedo ou mais tarde, mas a probabilidade de morte está relacionada com fatores como idade, sexo, raça, ocupação, classe social e muitos outros. A incidência de morte geralmente revela muito acerca do **padrão de vida** de uma população.

A mortalidade é comumente medida como a "taxa de mortalidade estimada". Ela é calculada tomando-se o número de mortes no ponto médio de um período específico de tempo e dividindo-o pela população existente no começo do período, multiplicando o número obtido por 1.000. O resultado é apresentado como mortes por 1.000.

Por exemplo, se existem 10 mortes em uma população de 3.000 indivíduos em 1 ano, a taxa de morte para essa população é 3 por mil, por ano (10 dividido por 3.000, multiplicado por 1.000). Os resultados da mortalidade podem ser gerados para todos os tipos de organismos, inclusive humanos. Por exemplo, a mortalidade (taxa de mortalidade estimada) nos Estados Unidos em 1990 foi de 9 por mil. (Veja *Dinâmica das populações*)

Muir, John Considerado por muitos como o maior naturalista e conservacionista da América. Ele foi, em grande medida, responsável pela criação de muitos parques nacionais, entre os quais Sequóia, Yosemite, Rainier e **Grand Canyon**. Depois de formar-se na Universidade de Wisconsin (EUA), trabalhou em invenções mecânicas, mas abandonou essa atividade para se dedicar à natureza. Percorreu a pé o caminho entre o Meio-Oeste e o Golfo do México e escreveu um diário que foi publicado em 1916. Em 1868, foi para o Vale de Yosemite e de lá fez diversas viagens exploratórias aos estados norte-americanos de Nevada, Utah, Oregon, Washington e Alasca. Essas viagens permitiram-lhe formular a teoria, atualmente aceita, de que as formações em Yosemite resultaram de erosões glaciais. Em 1876, exigiu que o

mutualismo

governo federal norte-americano adotasse uma política de conservação de florestas. Em 1892, Muir ajudou a fundar o **Sierra Club**, que continuou a criar e preservar os parques nacionais norte-americanos. (Veja *Ética ambiental; Filósofos ambientais; Eras do Gelo*)

mutagênico Substâncias que provocam defeitos genéticos. (Veja *Poluição tóxica*)

mutualismo Relação **simbiótica** que beneficia ambos os organismos envolvidos. As relações inseto-planta desse tipo são comuns. Por exemplo, a planta iúca é polinizada pela mariposa da iúca, possibilitando a sobrevivência da planta. A mariposa coloca seus ovos na planta e as jovens mariposas dependem das sementes para sua nutrição. Planta e inseto sobrevivem por causa dessa relação mútua. A **fixação do nitrogênio** é o resultado de outra relação mutualística entre bactérias e plantas leguminosas.

natalidade Taxa de nascimentos de uma população. Mais especificamente, refere-se à "taxa de nascimento estimada", calculada tomando-se o número de nascimentos em um determinado período de tempo, tal como um ano, dividindo-o pela população estimada no ponto médio do período e multiplicando o número obtido por 1.000. O resultado é expresso como nascimentos por 1.000 em um certo período de tempo.
Por exemplo, se uma população de 2.000 indivíduos tem 10 nascimentos em 1 ano, a natalidade para essa população é de 5 por mil, por ano (10 dividido por 2.000 multiplicado por 1.000). Os resultados da natalidade podem ser obtidos para todos os tipos de organismos, inclusive os humanos. Por exemplo, a natalidade (taxa de nascimento estimada) em 1990, nos Estados Unidos, foi de 16 por mil. (Veja *Mortalidade; Dinâmica das populações; Capacidade de suporte*)

nativo Organismos – incluindo os seres humanos – que originalmente vivem em uma área, em oposição àqueles provenientes de outras, que foram introduzidos nela. Por exemplo, os índios norte-americanos são nativos da América do Norte.

negawatts Refere-se aos "watts negativos", o que significa eletricidade que foi economizada em oposição àquela que é usada ou desperdiçada. Cunhada pelo Instituto Montanhas Rochosas, a palavra ajuda a definir a economia de eletricidade e a encorajar as pessoas a praticá-la, bem como a difundir a idéia implícita no termo. Por exemplo, quanto em dinheiro uma empresa pode economizar descobrindo negawatts em suas construções e fábricas. (Veja *Uso da energia; Watt*)

nematóides Também chamados de nematelmintos, são vermes microscópicos, indivisos, encontrados, em grande número, em quase todos os hábitats. Alguns são **parasitas** do homem.

nenhuma perda líquida (no net loss) Frase usada pelas agências locais, estaduais e federais norte-americanas preocupadas com a perda de terras sensíveis ambientalmente. Significa o seguinte: se as atividades humanas destroem um recurso natural, tal como uma **margem úmida**, será "criado" um substituto artificial para ela em algum outro lugar, como uma margem úmida construída pelo homem. Essa política é vista com grande ceticismo

nicho

pelos ambientalistas, entre outros. (Veja *Discurso verde; Hipocrisia verde; Destruição de estuários* e *margens costeiras úmidas*)

nicho Cada espécie é diferente de outra de uma determinada forma. Cada uma delas representa uma determinada demanda em relação ao meio ambiente e contribui à sua maneira para esse meio ambiente. Essa função específica no meio ambiente é chamada de nicho ecológico do organismo. Um nicho é diferente do **hábitat** do organismo, uma vez que está mais relacionado com o impacto do organismo sobre o meio ambiente do que com o impacto do meio ambiente sobre o organismo, tal como no hábitat. (*Veja Espécie básica*)

níveis de organização biológica, estudo dos Os estudos ecológicos freqüentemente focalizam um certo nível de organização biológica. O estudo dos indivíduos ou de uma única espécie em um **ecossistema** é chamado de **autoecologia.** A Ecologia populacional, por outro lado, ocupa-se da pesquisa de uma população ou de algumas poucas interações entre as populações de um ecossistema. O ramo da Ecologia que estuda todas as populações no **meio ambiente** é chamado de Sinecologia. A Ecologia de sistemas (ou a ciência dos ecossistemas) estuda as relações entre todos os organismos e os fatores não-vivos encontrados em um meio ambiente.

níveis tróficos Veja *Pirâmides de energia.*

noosfera Pertence àquela porção da **biosfera** que é afetada pela influência humana. (Veja *Estresse antropogênico*)

NOPE Acrônimo para a expressão inglesa *Not On Planet Earth* (não no planeta Terra), que é a extensão lógica da **síndrome de NIMBY.**

nutrientes essenciais Quase todas as substâncias necessárias à vida são encontradas na natureza no estado mineral. Esses minerais penetram no mundo vivente quando são absorvidos pelas plantas, que os transmitem ao longo das **cadeias alimentares.** Para sobreviver, os organismos necessitam de aproximadamente quarenta substâncias diferentes, chamadas de nutrientes essenciais. Eles podem ser divididos em três categorias.
Aqueles que são necessários em grandes quantidades diariamente são os elementos básicos e incluem o hidrogênio, o carbono e o nitrogênio. O próximo grupo é exigido em graus menores e é coletivamente chamado de macronutrientes, entre os quais incluem-se o fósforo, o potássio, o cálcio, o magnésio e o sódio. Por fim, os que são necessários em pequenas quantidades e que são chamados de micronutrientes ou elementos-traço. Entre esses estão o ferro, o cobre, o zinco e o iodo. (Veja *Ciclos biogeoquímicos; Ciclo do fósforo; Ciclo do carbono*)

nuvem marrom Grande número de fogões e lareiras queimando madeira podem emitir **material particulado** (fuligem e cinza) suficiente para produzir, sob certas condições climáticas, um fenômeno de **poluição do ar** chamado de nuvem marrom. (Veja *Inversão térmica; Cúpula de poeira*)

Oceanografia Estudo dos organismos marinhos e seus hábitats. (Veja *Ecossistemas marinhos*)

oceanos Nosso planeta é freqüentemente chamado de planeta água, já que mais de 70% de sua superfície está coberta de água. Noventa e sete por cento desse total formam os oceanos: todas as águas provenientes de córregos e rios se destinam a eles. Os oceanos desempenham um papel-chave na regulação do clima do planeta ao concentrar e distribuir calor por meio das correntes oceânicas. Ajudam a regular o **ciclo** (hidrológico) **da água** e desempenham um importante papel em muitos outros **ciclos biogeoquímicos**. Também estocam grandes quantidades de dióxido de carbono, o que ajuda a regular a temperatura global do planeta. Por fim, os oceanos abrigam aproximadamente 250.000 espécies. (Veja *Ecossistemas da zona oceânica; Energia das ondas; Energia lunar; Conversão da energia térmica do oceano*)

ocorrência Distribuição geográfica de uma espécie.

óleo de girassol, combustível diesel Os óleos de girassol, soja e canola estão sendo testados como uma alternativa ao combustível diesel de automóvel. Supostamente não é necessário fazer nenhuma modificação no motor. Esse tipo de combustível está sendo produzido na Itália com o nome de Diesel-Bi, que é composto de 90% de óleo e 10% de metanol. Ambientalmente, ele apresenta muitas vantagens em relação aos combustíveis fósseis tradicionais: uma vez que esses óleos não contêm enxofre, eles não produzem o **dióxido de enxofre**, que contribui para a **chuva ácida**. Testes independentes indicaram que esse combustível reduz as emissões de fuligem em 80%, as de cancerígenos em 65%, as de fumaça visível em 65% e as de **monóxido de carbono** em 30%. (Veja *Energia alternativa*)

onívoros Animais que comem vegetais e animais são onívoros. Ursos, guaxinins, raposas e a maioria dos humanos são onívoros. (Veja *Cadeia alimentar; Pirâmides de energia; Consumidor*)

Oologia Diz respeito ao estudo dos ovos.

OPEP (Organização dos Países Produtores de Petróleo) Criada em 1960, quando os cinco principais países exportadores de **petróleo** juntaram-se e for-

organismos do solo

maram um cartel para controlar o preço global do petróleo. Existem treze países filiados à OPEP, entre os quais sete países árabes: Arábia Saudita, Kuwait, Líbia, Argélia, Iraque, Catar e os Emirados Árabes Unidos; e seis países não-árabes: Irã, Indonésia, Nigéria, Gabão, Equador e Venezuela. Esses países controlam cerca de 60% das **reservas de petróleo** do mundo e cerca de 30% do mercado atual de petróleo. As diferenças entre as nações-membros têm enfraquecido o cartel nos últimos anos. (Veja *Extração do petróleo; Energia fria*)

organismo visado (alvo) Os **pesticidas** são criados para matar uma praga específica, que é chamada de organismo visado. Qualquer organismo afetado, além do organismo visado, é chamado de organismo não-visado. (Veja *Perigos dos pesticidas*)

organismos aeróbicos Organismos que requerem oxigênio para sobreviver, em oposição aos **organismos anaeróbicos**, que vivem sem oxigênio. (Veja *Cadeia alimentar*)

organismos anaeróbicos Organismos que não necessitam de oxigênio para sobreviver, em oposição aos **organismos aeróbicos**, para os quais o oxigênio é imprescindível. Algumas bactérias são anaeróbicas e parcialmente responsáveis pela decomposição de matéria orgânica (plantas e animais mortos). (Veja *Decompositores; Cadeia alimentar*)

organismos bênticos Organismos que vivem sobre ou próximos ao fundo dos corpos de água. (Veja *Ecossistemas aquáticos*)

organismos do solo O solo fornece nutrientes e suporte para as plantas terrestres se desenvolverem, mas também é um hábitat cheio de vida. Um único grama de solo rico pode conter: 2,5 bilhões de **bactérias**, 500.000 **fungos**, 50.000 **algas** e 30.000 protozoários (animais formados por uma única célula).

A **terra cultivável** é uma região de transição entre os mundos vivo e não-vivo. Os minerais do solo são absorvidos pelas plantas e tornam-se parte do mundo vivente. Muitos organismos decompõem as moléculas orgânicas de plantas e animais mortos, tornando-as mais simples, de maneira que possam ser reutilizadas por outras plantas.

A comunidade do solo é difícil de ver a olho nu, mas fascinante e complexa. As bactérias, os fungos, os protozoários, os nematóides, os vermes e os insetos estabelecem sua própria e complexa **rede alimentar**. As bactérias e os fungos são os atores principais da decomposição de organismos mortos. Alguns fungos atacam e matam os nematóides. Muitos protozoários atuam como **parasitas** de outros organismos do solo. Os **nematóides**, também chamados de nematelmintos, desempenham muitos papéis e são encontrados em grande número no solo. As **minhocas** condicionam o solo para o

organização não-governamental (ONG)

desenvolvimento das plantas. Embora muitos **insetos** do solo sejam pragas, a maioria é benéfica, atuando como decompositores e condicionadores do solo.

organismos não-visados Os pesticidas são criados para matar um organismo específico – a praga. Qualquer organismo afetado por um pesticida que não seja a praga visada é chamado de organismo não-visado. Uma vez que a maioria dos pesticidas matam mais organismos não-visados do que as pragas, algumas pessoas preferem usar o termo "biocida" em vez de pesticida, já que isso se refere a matar muitas formas de vida.

Organização das Carreiras Ambientais Originalmente chamada de Fundo CEIP, é uma organização nacional norte-americana que prepara, em cursos que duram de três a nove meses, profissionais para trabalhar no setor ambiental. A remuneração para os internos é em média de 350 dólares por semana. Os estudantes de 1º e 2º graus, graduados, recém-formados e pessoas que querem mudar de carreira podem se candidatar a ocupar uma posição de associado ao CEIP. O programa é financiado por grandes corporações, organizações ambientais e agências governamentais municipais, estaduais e federais. Ela publica o *Guia Completo de Carreiras Ambientais*. Escreva para 286 Congress Street, 3rd floor, Boston, MA 02210.

organizações ambientais A militância ambiental tem procurado novos espaços. Isso pode facilmente ser constatado pelo número de **organizações não-governamentais (ONGs)** existentes, dedicadas ao meio ambiente. Para qualquer informação de que você necessite ou seja qual for o assunto ou tema no qual você deseje se engajar, existe uma organização para entrar em contato e para se associar. Muitos desses grupos possuem verbetes neste livro. Existem publicações disponíveis dedicadas exclusivamente a relacionar essas organizações ambientais: uma dessas publicações é o *Your Resource Guide to Environmental Organizations (Seu manual básico para organizações ambientais)*, editado por Smiling Dolphin, em Irvine, Califórnia. Uma relação mais acessível é o *Conservation Directory* da Federação Nacional da Vida Selvagem, publicado anualmente. (Veja *Programa das Nações Unidas para o Meio Ambiente*)

organizações não-governamentais (ONGs) Incluem qualquer organização que não seja governamental nem tenha fins lucrativos, abarcando uma vasta quantidade de entidades, entre as quais numerosos grupos de defesa ambiental. Algumas são pequenas, grupos populares que trabalham no nível comunitário; outras são regionais, nacionais ou até mesmo internacionais. A maioria é mantida por seus associados e enfatiza o voluntarismo. As Nações Unidas têm trabalhado intimamente com muitas ONGs para ajudar a estabelecer comunicações em escala global. (Veja *Organizações ambientais*)

ozônio

organofosfatos Uma das quatro principais categorias de **inseticidas** sintéticos. Os organofosfatos em conjunto com os carbamatos são considerados "pesticidas leves" porque se decompõem em substâncias químicas inofensivas logo depois de serem aplicados, geralmente entre 1 e 12 semanas. Os organofosfatos matam porque alteram o funcionamento normal das células nervosas. Embora sejam menos persistentes do que os **hidrocarbonos clorados**, eles geralmente são muito mais tóxicos para os humanos, o que significa que são especialmente perigosos para aqueles que os aplicam ou que se encontram nas vizinhanças da aplicação. Uma vez que os organofosfatos representam um significativo risco para a saúde, muitos têm sido substituídos por carbamatos.

Entre os exemplos de organofosfatos estão o malation, freqüentemente usado para controlar mosquitos, e o diazinon, vendido como inseticida de amplo espectro, geralmente usado no controle de pragas de jardins residenciais. A maioria das coleiras contra pulgas e fitas contra pragas também contêm organofosfatos. (Veja *Pesticidas; Fertilizante orgânico*)

ovíparos Animais que põem ovos. Os animais que produzem ovos que se desenvolvem e eclodem fora do organismo materno são ovíparos e incluem pássaros, anfíbios e a maioria dos insetos. (Veja *Ovovivíparos; Vivíparos*)

ovovivíparos Animais que produzem ovos que se desenvolvem dentro do organismo materno, mas que eclodem dentro ou imediatamente após deixar o corpo da mãe. Tubarões, lagartos e alguns insetos e cobras são ovovivíparos. (Veja *Ovíparos; Vivíparos*)

óxido nitroso Produzido a partir da decomposição de fertilizantes e resíduos de gado e a partir da queima de combustíveis fósseis e de outras formas de **biomassa**, tais como madeira. O óxido nitroso é um **gás-estufa** e contribui para o **aquecimento global**. Cerca de 6% do aquecimento global é atri-buído ao aumento das concentrações desse gás na atmosfera. (Veja *Poluição do ar*)

ozônio Está relacionado com dois problemas ambientais distintos. O primeiro envolve o ozônio que é encontrado naturalmente na parte mais alta da atmosfera, onde ele é chamado de ozônio estratosférico ou camada de ozônio. A **depleção de ozônio** dessa camada aparece como um dos problemas ambientais mais urgentes do nosso tempo.

O outro problema envolve atividades humanas que produzem ozônio, geralmente referido como ozônio ao nível básico (ou terrestre). A queima de **combustíveis fósseis** libera poluentes primários do ar, que reagem entre si para criar novas substâncias químicas chamadas de **poluentes secundários do ar**. O ozônio em nível terrestre é um desses poluentes secundários. Ele irrita os olhos e provoca problemas respiratórios. É também um **gás-estufa** e desempenha pequeno papel no **aquecimento global**.

ozônio estratosférico

ozônio de impressoras a laser As impressoras a *laser*, utilizadas em computadores pessoais, podem emitir quantidades excessivas de ozônio se os seus filtros não forem rotineiramente substituídos. O **ozônio** no nível da superfície da Terra pode causar doenças respiratórias, náuseas e dores de cabeça. A poeira entope os filtros e os impede de trabalhar adequadamente. A Hewlett-Packard, que já colocou em uso cerca de 3 milhões de impressoras a *laser*, alerta que os filtros de ozônio devem ser trocados após cada 50.000 páginas de impressão. (Veja *Poluição produzida por computador; Cartuchos de tinta reciclados para copiadoras*)

ozônio estratosférico Forma a camada de **ozônio**, que protege a vida em nosso planeta da danosa luz ultra-violeta (UV) proveniente do Sol. O ozônio é composto de três átomos de oxigênio (O_3), que filtram a luz ultravioleta. À medida que ele absorve a luz do Sol, ele se desintegra em pedaços menores. Esses pedaços geralmente consistem de uma molécula de oxigênio (O_2) e um átomo de oxigênio livre (O). As moléculas de oxigênio e os átomos de oxigênio livres rapidamente se recombinam para reconstituir o ozônio, de maneira que o processo se autoperpetua. (Veja *Depleção de ozônio; CFC*)

padrão de vida Refere-se à qualidade de vida. É difícil quantificar, uma vez que as necessidades e valores diferem entre os vários povos. As Nações Unidas dividiram os países em **países mais desenvolvidos** e **países subdesenvolvidos**. Com poucas exceções, essas duas designações também podem ser usadas para distinguir os países com alto padrão de vida daqueles com baixo padrão de vida.

Determinados indicadores são freqüentemente usados para estabelecer o padrão de vida de um povo. A taxa de mortalidade infantil é um bom indicador do padrão de vida. Em 1990, a média de mortes em cada 1.000 nascimentos nos países mais desenvolvidos era de 16, enquanto nos países subdesenvolvidos essa média era de 81 mortes em cada 1.000 nascimentos. (A taxa dos Estados Unidos era de 10.) A expectativa de vida é outro bom indicador. Em 1990, a média da expectativa de vida dos países mais desenvolvidos era de 74 anos, enquanto nos países subdesenvolvidos ela caía para 61 anos. (A taxa dos Estados Unidos era de 75 anos.) (Veja *Transição demográfica*)

padrão Uniformidade das características de um grupo de árvores, tais como serem todas da mesma espécie, idade ou outra característica comum. (Veja *Florestas de árvores grandes*)

países mais desenvolvidos Definidos pelas Nações Unidas como países com alto índice de industrialização e um produto interno bruto elevado (em comparação com os **países subdesenvolvidos**). Existem 33 países mais desenvolvidos, entre os quais Estados Unidos, Canadá, Japão, Austrália, Nova Zelândia e todos os países da Europa Ocidental. A maioria desses países tem clima favorável e solos férteis.

Cerca de 23% da população do mundo vive em países mais desenvolvidos, mas aproximadamente 80% dos recursos energéticos do mundo são usados por eles. A taxa anual de crescimento da população desses países é de cerca de 0,5%, considerada lenta (em comparação com 2,1% dos países subdesenvolvidos, muito rápida). A média do produto interno bruto *per capita* daqueles que vivem em um país mais desenvolvido é de 15.800 dólares por ano, brutalmente maior se comparada com a daqueles que vivem em um país subdesenvolvido, que é de 700 dólares por ano. (Veja *Padrão de vida*)

países subdesenvolvidos Definidos pelas Nações Unidas como países com baixo ou moderado nível de industrialização e um produto interno bruto

parasita

pequeno ou pouco expressivo. Existem 150 países subdesenvolvidos, a maioria localizada na África, na Ásia e na América Latina, com solos e climas menos favoráveis em comparação com os dos **países mais desenvolvidos**. Cerca de 77% da população mundial vive em países subdesenvolvidos. A taxa anual de crescimento populacional desses países é de 2,1% (compare-se com os 0,5% dos países mais desenvolvidos). As condições de vida em muitos desses países freqüentemente se resumem ao nível de subsistência. Por exemplo, quase metade da população dos países subdesenvolvidos é obrigada a beber água que não recebeu tratamento sanitário (em contraposição a uma percentagem quase inexistente nos países mais desenvolvidos). (Veja *Padrão de vida*)

países verdes Muitas organizações estabelecem uma hierarquia entre os países segundo suas políticas ambientais, cada uma com sua própria seleção de critérios. A revista *Newsweek* selecionou trinta países em 1992, de acordo com três das questões mais importantes: **população, desmatamento e poluição**. Três países alcançaram boas colocações na tabela. Foram eles a Costa Rica (graças ao seu pioneirismo na proteção das florestas e da **biodiversidade**), Israel (por seu pioneirismo na utilização de energia solar e por seus métodos de agricultura no deserto) e França (por sua baixa taxa de natalidade e pela baixa emissão de **gases-estufa**). Os Estados Unidos não foram bem por causa de suas altas emissões de gases-estufa (17,8% do total mundial, o mais alto do mundo) e por causa dos subsídios federais ao desmatamento, através do **Serviço Florestal** norte-americano. (Veja *Cidades verdes*)

Palinologia Estudo do pólen e dos esporos.

Pangéia Nome de um supercontinente que acredita-se ter existido há cerca de 240 milhões de anos e que começou a fragmentar-se nos atuais continentes há cerca de 200 milhões de anos.

panspermia Teoria que propõe que a vida sobre a Terra foi iniciada pela introdução de uma vida proveniente de algum outro lugar do Universo (isto é, de origem extraterrestre).

pântano Área úmida, não-florestal, com uma vegetação densa, composta principalmente de pastagens. (Veja *Margens úmidas*)

parasita Organismo que vive toda a sua vida ou parte dela sobre outro organismo ou no seu interior para conseguir sua nutrição, estabelecendo-se uma relação chamada parasitismo. O organismo que obtém o nutriente é o parasita e o organismo que fornece o mesmo é o "hospedeiro". O parasita obviamente se beneficia desse relacionamento, mas o hospedeiro é geralmente prejudicado em alguma medida embora não morra, já que a morte do hospedeiro elimina o fornecimento de alimento ao parasita.

partículas do solo

Numerosos insetos, tais como piolhos e pulgas, são **ectoparasitas** que usam os seres humanos e outros animais como hospedeiros. As solitárias, alguns protozoários e muitas **bactérias** são **endoparasitas** de seres humanos e outros animais. O visgo é um exemplo de planta florescente que vive como parasita em árvores. (Veja *Relacionamento simbiótico; Comensalismo; Mutualismo; Parasitoidismo; Controle biológico*)

parasitoidismo Relação simbiótica; cruzamento entre o **parasitismo** (com seu relacionamento parasita/hospedeiro) e o **relacionamento predador-presa**. Os parasitóides depositam seus ovos em um hospedeiro. Quando as crias deixam os ovos, elas se alimentam do hospedeiro, interna ou externamente. Uma vez maduro, o parasitóide adulto deixa o corpo do hospedeiro, que geralmente morre devido à invasão. A maioria dos parasitóides são da ordem das Hymenoptera (vespas) ou das Diptera (moscas). Algumas vezes os parasitóides são usados como uma alternativa para os **inseticidas** sintéticos. (Veja *Controle biológico; Manejo integrado de pragas*)

Parque Nacional de Yosemite Tornou-se o terceiro parque nacional norte-americano em 1890 (depois de Yellowstone e Sequóia) e abrange cerca de 300.000 hectares. Ele abriga duas das mais altas quedas-d'água do mundo, possui sequóias gigantes e picos montanhosos que atingem mais de 3.900 metros de altura. A vida selvagem inclui o leão-da-montanha, o urso-negro e cerca de duzentas espécies de pássaros. Possui ainda mais de 1.300 espécies de flores. Noventa e quatro por cento da área do parque é considerada como área selvagem, o que conseqüentemente impede a construção de estradas ou outras estruturas de desenvolvimento econômico. Cerca de 3,5 milhões de pessoas visitam Yosemite anualmente.

partenogênese Criação de um indivíduo a partir de um ovo não-fertilizado, ou seja, uma forma de **reprodução assexuada**. Alguns insetos, tais como os pulgões, podem se reproduzir partenogenicamente.

partes por milhão (ppm) Unidade de medida usada quando se quer determinar quantidades pequenas de um gás existente no ar. Por exemplo, concentrações de 0,25 ppm de **formaldeído** no ar (liberado pelo mobília e pelo carpete de um escritório) não incomodam a maioria dos adultos, mas 0,5 ppm podem provocar ardência dos olhos e irritação respiratória em muitos indivíduos. (Veja *Liberação de gases*)

partículas do solo Dividem-se em três categorias diferentes, de acordo com seu tamanho. Em ordem decrescente, tem-se a areia (2,0 a 0,5 mm), o silte (0,5 a 0,002 mm) e a argila (menos que 0,002 mm). Partículas maiores que 0,05 mm são chamadas de **cascalho**. Os solos que contêm muita areia são *pasto*

mais resistentes quando molhados. Os solos que contêm mais silte são macios como uma farinha fina e aqueles com mais argila tornam-se mais viscosos quando molhados. (Veja *Textura do solo*)

partículas suspensas respiráveis Transportadas pelo ar e suficientemente pequenas para serem inaladas profundamente pelos pulmões, mas suficientemente grandes para permanecerem neles indefinidamente. O nariz, a garganta e os brônquios filtram as partículas maiores que 1,5 micrômetros (1 micrômetro é 1 milionésimo de metro) expelindo-as do organismo. As partículas menores que 0,1 micrômetro em geral ·são exaladas normalmente. Assim, as partículas suspensas respiráveis têm um tamanho que varia entre 0,1 e 1,5 micrômetros. O **amianto** e o **chumbo** são dois exemplos de partículas suspensas respiráveis. As partículas da fumaça do cigarro carregando benzopireno (um componente da combustão incompleta do alcatrão) são partículas suspensas respiráveis e provavelmente contribuem em parte para o aumento do risco de os fumantes contraírem o câncer de pulmão. (Veja *Poluição de interiores; Fumante passivo; Poluição do ar*)

pastagem temperada Um dos vários tipos de **biomas**. As pastagens temperadas são também conhecidas como estepes ou pradarias. Elas recebem apenas de 250 a 750 mm de precipitação por ano. São geralmente meios ambientes ventosos com verões quentes e invernos amenos. As gramíneas são a vegetação **dominante**, representando cerca de 75% de toda a cobertura vegetal, uma vez que ela necessita de menos água do que as árvores. Os animais de pastagem (**herbívoros**) – desde pequenos camundongos e esquilos até bisões, cavalos selvagens, carneiros, gado e gnus – são em geral abundantes. Existem também muitas espécies de insetos, répteis e pássaros. Os solos das pastagens são muito ricos e férteis e por conseguinte estão sendo transformados em fazendas, numa proporção alarmante. Algumas das pastagens mais secas foram transformadas em área de pastagem de animais domésticos. (Veja *Monocultura; Desertificação*)

pastagem tropical Veja *Savana*.

pastagem polar Veja *Tundra*.

pasto Cobertura vegetal (forrageira) que serve de alimento para os **herbívoros**. O alimento pode ser plantas como as gramíneas, em **hábitats** terrestres, ou algas e outros fitoplânctons nos **ecossistemas aquáticos**.

pavimento inferior Camada de vegetação entre o **teto vegetal** e o pavimento térreo de uma floresta; geralmente formado por árvores de altura média, tolerantes à sombra. (Veja *Floresta decídua temperada; Floresta tropical úmida*)

percevejo

pedra-pomes Rocha vulcânica porosa que é minerada por um único motivo – dar ao *jeans* uma aparência de "stonewashed" (lavado com pedras). As regiões onde se encontra a pedra-pomes têm sido mineradas a céu aberto, com todos os seus aspectos destrutivos inerentes, para satisfazer essa necessidade. Os grupos ambientalistas têm pressionado as indústrias de *jeans* para usarem métodos alternativos menos danosos ambientalmente na sua produção. (Veja *Exploração mineral*)

pedregulho Porção de sedimento que tem um diâmetro superior a 256 mm.

percevejo Embora freqüentemente usado para descrever muitos **insetos**, os verdadeiros percevejos pertencem à ordem de insetos chamada de Hemípteros. Incluídos nesse grupo estão muitos insetos que se alimentam de plantas sugando as seivas delas, tais como os percevejos do algodãozinho do campo. A joaninha é na verdade um **besouro**.

percolação Fluxo da água para baixo através do solo ou do resíduo sólido. Por exemplo, as águas da chuva percolam através de um **aterro sanitário**, produzindo o **chorume**.

perda de terras agrícolas A **urbanização** destrói anualmente cerca de 1 milhão de hectares de terras agrícolas nos Estados Unidos. A maior parte dessas terras está em **áreas agrícolas com alto valor de mercado**, o que significa estar entre as terras mais férteis que existem. Alguns estados norte-americanos taxam a terra baseados no seu "valor de uso mais alto". O valor mais alto dessa terra é freqüentemente relacionado ao desenvolvimento econômico. Uma vez que muitos fazendeiros não podem continuar a cultivar a terra quando ela é taxada como se ela já estivesse com a sua produção máxima, os fazendeiros são obrigados a vendê-la para empresas relacionadas com o desenvolvimento econômico. Por isso, muitos estados têm alterado suas leis de impostos para uma taxa única sobre a produção efetiva presente, em um esforço para salvar as terras agrícolas. (Veja *Crescimento urbano desordenado; Urbanização e crescimento urbano; Conservação do solo*)

perfil do solo Seção vertical do solo que revela os **horizontes do solo**.

perigos do ciclo do combustível nuclear Cada etapa do **ciclo do combustível nuclear** envolve perigos. Os mineradores de urânio ficam expostos a radiação de baixo nível proveniente do minério. Acredita-se que a exposição contínua a essa radiação aumenta a probabilidade de os mineradores contraírem doenças tais como o câncer de pulmão. Durante o processo de manufatura o minério é comprimido, deixando **rejeitos**, que podem prejudicar os organismos e vazar radioatividade para as **águas subterrâneas**.

perigos dos pesticidas

Durante os processos de enriquecimento e fabricação, os indivíduos têm de ser protegidos da exposição à radiação de alto nível liberada pelo combustível. Uma vez no reator, os níveis intensos de radiação têm de ser contidos. Os vazamentos de radiação podem ser catastróficos como os constatados no desastre de **Chernobyl**.

O maior problema relacionado com a **energia nuclear** é o descarte das hastes combustíveis inaproveitáveis, mas ainda altamente radioativas. A tecnologia do **descarte de resíduos nucleares** está apenas começando a ser desenvolvida. Além disso, cada etapa desse ciclo envolve o transporte de material radioativo de um lugar para outro, o que representa o risco de um acidente e a liberação de radioatividade.

perigos dos pesticidas Todos os anos, aproximadamente 1,8 bilhões de quilogramas de **pesticidas** são usados em todo o mundo. Existem muitos problemas relacionados com os pesticidas, incluindo o fato de que a maioria não mata apenas a praga à qual se destina. A maior parte é danosa a muitos organismos, inclusive aos seres humanos. Por essa razão, muitas pessoas preferem usar o termo "biocida".

Numerosos estudos mostram que pássaros, mamíferos e peixes são envenenados pelo contato direto ou devido à **amplificação biológica**. Os pesticidas têm reduzido algumas populações e conduzido algumas espécies à extinção. Muitos pesticidas penetram através do solo, contaminando as **águas subterrâneas**, que fornecem 50% da água bebida pelos norte-americanos. Os pesticidas foram encontrados nas águas de 26 estados norte-americanos.

Existem aproximadamente 50.000 casos registrados de envenenamento direto por pesticidas, a cada ano, nos Estados Unidos. Entretanto, os efeitos de longo prazo dos pesticidas nas águas e alimentos são provavelmente os mais sérios. Os estudos têm mostrado que muitas dessas substâncias aumentam o risco de câncer, defeitos genéticos e muitas doenças crônicas. Muitos pesticidas estão se tornando ineficazes uma vez que as pragas freqüentemente se tornam resistentes ao veneno por meio do processo de **seleção natural**. Quanto mais resistentes elas se tornam, mais produtos químicos têm de ser usados e mais danos causam ao meio ambiente e aos seres humanos. Por causa dessa resistência, a quantidade de pesticidas necessária para matar é freqüentemente aumentada por um fator de 100, depois de poucos anos de uso. Nos últimos 40 anos, a quantidade de pesticidas usados aumentou mais de dez vezes, mas a quantidade de lavouras perdidas devido a pragas continuou ainda a crescer de 7% para 13%.

O uso de pesticidas pode transformar não-pragas em pragas. Alguns insetos, normalmente controlados pelos **parasitas** e **predadores** naturais, aumentam dramaticamente de número quando os pesticidas matam seus predadores e parasitas. Quantidades maiores transformam freqüentemente um inseto inofensivo em uma praga.

pesticida

Os pesticidas estão em toda parte: nas águas subterrâneas, rios e córregos, reservatórios, lagos e oceanos, no ar, no solo e em plantas e animais, entre os quais os seres humanos. Alguns pesticidas têm sido encontrados no leite materno. Existem duas alternativas disponíveis. A primeira, em termos individuais, são os alimentos que, produzidos em fazendas orgânicas que evitam o uso de pesticidas, podem ser encontrados em alguns pontos de venda. Numa escala maior, os fazendeiros dispõem de métodos alternativos e comprovados de proteção de suas lavouras sem o uso extensivo de pesticidas, entre os quais o **manejo integrado de pragas** e os **métodos de controle biológico**. (Veja *Fazenda orgânica; Resíduos de pesticidas nos alimentos; DDT; Carson, Rachel; Leite materno e toxinas*)

período interglacial Período quente entre duas **eras do gelo**.

persistência (população) Veja *Estabilidade populacional*

pesca indesejada Alguns métodos de pesca de peixe e camarão resultam na captura de espécies não-desejadas, chamada de pesca indesejada. A pesca indesejada é lançada de volta à água, geralmente morta ou ferida. Centenas de milhões de quilos de pesca indesejada são mortas anualmente. A pesca indesejada inclui golfinhos presos em **redes de arrastão**, tartarugas marinhas presas em redes de barcos de pesca de camarão e várias espécies de peixes e mamíferos presos em **redes de pesca** e **malhas de pesca**. Só em 1990, os barcos de pesca japoneses lançaram de volta ao oceano 39 milhões de peixes, 700.000 tubarões, 270.000 pássaros marinhos e 26.000 mamíferos, a maioria dos quais mortos ou morrendo; todos considerados pesca indesejada. (Veja *Dispositivo para exclusão de tartarugas*)

pesticidas Nome genérico para venenos que matam organismos indesejados. Os pesticidas historicamente salvaram vidas ao protegerem as pessoas das doenças transmitidas por insetos e ao aumentarem o fornecimento de alimento. Durante algum tempo, os pesticidas foram considerados como uma panacéia, mas muitos **perigos dos pesticidas** tornaram-se evidentes com o passar das décadas.

Cerca de 2 milhões de toneladas de pesticidas são usados a cada ano, aproximadamente 0,4 kg por habitante da Terra. Os pesticidas podem ser divididos de acordo com o tipo de praga a que se destinam. Os **inseticidas** matam os insetos, os **herbicidas** matam as ervas daninhas, os fungicidas matam os fungos, os rodenticidas (raticidas) matam os roedores etc. Nos Estados Unidos, cerca de dois terços de todos os pesticidas usados são herbicidas, 23% inseticidas e 11% fungicidas. A maioria dos pesticidas são usados apenas sobre quatro tipos de plantação: milho, algodão, trigo e soja. Vinte por cento de todos os pesticidas nos Estados Unidos não são aplicados sobre as plantações, mas sobre os gramados, jardins, campos de golfe

pesticidas biológicos

e outras terras que não se destinam à agricultura. (Veja *Controle biológico; Pesticidas biológicos; Inseticidas naturais; Manejo integrado de pragas*)

pesticidas biológicos Alternativas aos pesticidas sintéticos, que poluem o meio ambiente, contaminam nossas **águas subterrâneas** e ficam concentrados em nossos alimentos. Além do mais, muitas pragas de insetos têm-se tornado resistentes a esses produtos químicos sintéticos por meio da **seleção natural**. Os pesticidas biológicos incluem o uso de muitos micróbios, tais como bactérias, vírus, protozoários e fungos, que atacam e destroem certas pragas (principalmente insetos). A venda de pesticidas biológicos aumentou 5 vezes nos últimos 5 anos. (Veja *Controle biológico; Pesticidas*)

pesticidas leves Refere-se aos que se decompõem em substâncias químicas inofensivas em poucas horas ou dias. (Veja *Organofosfatos; Carbamatos*)

pesticidas persistentes Atuam por muitos anos, de maneira que não precisam ser aplicados freqüentemente. Os pesticidas persistentes também são chamados de "pesticidas pesados" e representam sérios riscos para a saúde. (Veja *Hidrocarbonos clorados; Bioacumulação; Amplificação biológica; Perigos dos pesticidas*)

pesticidas resistentes Não se decompõem imediatamente em substâncias químicas inofensivas. Os pesticidas resistentes podem permanecer em seu estado original por períodos de 2 a 15 anos. (Veja *Hidrocarbonos clorados; Inseticidas; Perigos dos pesticidas; Bioacumulação*)

PET Acrônimo para polietileno tereptalato, que é o **plástico** usado para produzir embalagens rígidas tais como as garrafas de refrigerante. Ele representa apenas cerca de 7% de todos os plásticos produzidos nos Estados Unidos, mas é um dos poucos plásticos geralmente reciclados. Para fins de **reciclagem de plásticos** esses produtos estão impressos com o número "1" circundado por um triângulo formado por setas. (Veja *Poluição de plásticos*)

petróleo Começou a substituir o carvão no início do século XX, basicamente por causa do automóvel. O petróleo (também chamado de óleo cru) é uma substância líquida, espessa e de cor negra composta principalmente de **hidrocarbonos**, com pequenas quantidades de outras substâncias químicas como o enxofre. Ele é encontrado na crosta profunda da Terra ou sob o chão do oceano. É encontrado ainda nos poros e rachaduras da rocha.

pirâmide de energia

Cerca de 42% dos suprimentos de energia nos Estados Unidos são provenientes do petróleo. Setenta e sete por cento das **reservas de petróleo** do mundo estão localizadas no Oriente Médio, sendo que a maior parte concentrada em apenas cinco países: Arábia Saudita, Kuwait, Irã, Iraque e Emirados Árabes Unidos. Cerca de 67% estão nas mãos dos países da **OPEP**. Os Estados Unidos utilizam 30% de todo o petróleo extraído no mundo anualmente, mas possuem apenas 4% das reservas mundiais. Mantidos os níveis atuais de consumo, espera-se que as reservas mundiais de petróleo durem por mais 50 anos. As projeções otimistas estimam que possam existir cem vezes mais petróleo ainda não detectado no interior da Terra, mas a maior parte não seria economicamente viável de ser extraída com as tecnologias existentes.

O petróleo tem um alto conteúdo calórico e queima de forma relativamente limpa, se usado com dispositivos adequados de controle de poluição. Queimar petróleo, tal como acontece com outros combustíveis fósseis, é a principal forma de contribuição para o aumento dos **gases-estufa** e dos problemas de poluição do ar. O vazamento de navios carregados de petróleo, como no caso do **Exxon Valdez**, tem causado a destruição ambiental localizada. (Veja *Energia fria*)

petroquímicos Substâncias obtidas durante o refinamento do **petróleo**. São usados como matérias-primas na fabricação de produtos como **plásticos**, fibras sintéticas, tintas e **pesticidas**. (Veja *Extração do petróleo*)

pirâmides de energia Ilustram a forma pela qual os organismos obtêm energia e como a soma total de energia disponível muda enquanto flui através de um **ecossistema**. Cada nível da pirâmide, chamado de nível trófico, representa um método diferente de obtenção de energia. O nível básico representa os **produtores** (plantas), que captam a energia do Sol durante a fotossíntese, criando seu próprio alimento (energia química). Cada nível trófico subseqüente representa diferentes tipos de **consumidores**. O segundo nível contém os consumidores primários, que comem os produtores. O próximo nível contém os consumidores secundários, que comem os consumidores primários. Esse é seguido pelos consumidores terciários, o quarto nível no topo da pirâmide.

Os organismos de cada nível trófico usam (queimam) a maior parte da energia disponível para eles. Usam essa energia para respirar, crescer, movimentar-se, reproduzir-se, emitir sons e exercer todas as outras funções e atividades da vida. Cerca de 90% da energia química disponível em cada nível é usada para aquele nível, deixando apenas 10% para o nível imediatamente acima.

Se consideramos que os produtores (nível trófico básico) começam com 100% de toda a energia da pirâmide, então o próximo nível, os consumi-

plâncton

dores primários, têm apenas 10% disponíveis para eles. Os consumidores secundários ficam com apenas 1%, e os consumidores terciários e quaternários com 0,1 e 0,01%, respectivamente.

Com quantidades de energia disponível cada vez menores, os organismos nos níveis mais altos têm menos comida disponível para eles, o que significa que quanto mais alto o nível, menos organismos. Por exemplo, um campo gramado pode conter centenas de ratos do campo, dez cobras e apenas um falcão. As pirâmides de energia ilustram por que é muito mais eficiente alimentar as pessoas com alimentos de origem vegetal que com alimentos de origem animal. Considere que um campo produz 45 kg de grãos. Alimentar as pessoas a partir desse nível trófico significa aproveitar todos os 45 kg de alimento. No entanto, se os mesmos 45 kg forem destinados ao gado, a maior parte da energia seria consumida (pelos grãos e pelo gado), ficando apenas alguns quilogramas de carne para as pessoas comerem. (Veja *Cadeia alimentar; Termodinâmica, segunda lei da*)

piretróide Uma das quatro categorias de inseticidas sintéticos. Os piretróides são versões sinteticamente produzidas de um **inseticida natural** chamado piretrin, encontrado no crisântemo. Eles são considerados "pesticidas leves", já que se desintegram rapidamente em substâncias químicas inofensivas depois de sua aplicação, normalmente dentro de poucos dias ou semanas. Alguns exemplos desses piretrins sintéticos são os permetrin, comercializados com outros nomes, e o tralometrin, vendido com o nome comercial de Scout. (Veja *Pesticidas*)

PIRG, U.S. (**United States Public Interest Research Group – Grupo de Pesquisas de Interesse Público dos Estados Unidos**) Grupo de pressão (*lobby*) em nível nacional que representa os PIRGs estaduais de todo o país. Seu objetivo é realizar pesquisas e pressão junto ao poder legislativo para que sejam aprovadas leis ambientais nacionais e de proteção ao consumidor. A organização se concentra no fortalecimento do **Estatuto da Água Limpa,** no apoio às políticas de **reciclagem** e às novas leis de segurança dos novos produtos, além de alertar consumidores sobre produtos suspeitos. Escreva para 215 Pennsylvania Avenue SE, Washington DC 20003. (Veja *Perigos dos pesticidas; Resíduos de pesticidas nos alimentos; Frutas parafinadas*)

plâncton Organismos microscópicos encontrados, geralmente em grande número, em corpos de água parada ou com movimentos suaves tais como oceanos, estuários, lagos e reservatórios. Os plânctons se dividem em plânctons vegetais, chamados de **fitoplânctons** e que incluem algas verdes flutuantes, *desmids* e algas verde-azuladas, e plânctons animais, chamados de **zooplânctons**, que incluem crustáceos, rotíferos e protozoários, a maioria dos quais podendo mover-se na água.

planície aluvial

As **cadeias alimentares** de muitos **ecossistemas aquáticos** começam com os fitoplânctons, que são os **produtores**. Eles são comidos pelos zooplânctons, que são os consumidores primários e uma fonte de alimentos para organismos maiores tais como os peixes.

planejamento de gestão integrada da água O processo de aproveitamento e também de proteção de uma unidade de recursos hídricos (bacia hidrográfica) é chamado de planejamento de gestão integrada da água. Esse processo requer freqüentemente a integração de muitas agências, organizações, empresas e outros grupos que são usuários do recurso e/ou tenham jurisdição sobre ele. O plano de gestão da água envolve a coleta de dados e a sua análise, a determinação dos problemas e as recomendações para as resoluções. Ele freqüentemente inclui estudos que necessitam de contínuo monitoramento dos recursos por longos períodos. (Veja *Poluição da água*).

planície aluvial Terras baixas ao longo de um rio, passíveis de serem alagadas. Algumas podem ser alagadas anualmente, enquanto outras apenas durante tempestades catastróficas, ou em qualquer outro período. No processo de **crescimento urbano desordenado**, freqüentemente se utilizam as planícies aluviais para o desenvolvimento econômico. (Veja *Hábitats de águas correntes*)

Plano Verde Canadense O Parlamento Canadense aprovou um extenso plano ambiental de longo prazo para reduzir **resíduos sólidos municipais**, eliminar os **resíduos perigosos** e diminuir a produção de **gases-estufa** e produtos químicos que provocam a depleção de **ozônio**. Ele também encoraja técnicas agrícolas, pesqueiras e madeireiras ambientalmente sensíveis, e amplia os recursos para parques e áreas protegidas. O plano inclui ainda verbas para pesquisas e **educação ambiental** e apóia programas de **organizações não-governamentais (ONGs)**.

plantação em alas Método de **conservação do solo** no qual as plantas são plantadas em fileiras (alas) entre outras fileiras de árvore ou arbustos. Isso reduz a **erosão do solo**. As árvores ou arbustos podem ser ceifados junto com as plantações, colhendo-se as frutas ou a madeira. (Veja *Fazendas orgânicas*)

plantação em contorno Desenvolve-se em terras com relevo gradualmente inclinado favorecem a **erosão do solo**. A plantação em contorno é um método de **conservação do solo** no qual as plantações são feitas em ângulo reto com a inclinação, em vez de acompanhá-la. Cada fileira cria uma pequena barreira que segura a água (e o solo) no lugar.

plantações de energia Refere-se às fazendas que cultivam plantas destinadas especificamente ao uso como fonte de combustível para a **energia de biomassa**.

plástico

plantas anuais Vivem sua vida inteira, desde a germinação até a produção de sementes e morte, em 1 ano. (Veja *Sucessão, secundária*)

plantas C3 Plantas de ambientes aquáticos e principalmente terrestres que constroem moléculas de açúcar contendo três átomos de carbono e que por isso são chamadas de plantas C3. (Veja *Plantas C4; Fotossíntese; Respiração*)

plantas C4 Plantas de regiões quentes e áridas que produzem uma molécula de açúcar de carbono-4 em vez da habitual molécula de carbono-3, e por isso são chamadas de plantas C4. (Veja *Plantas C3; Fotossíntese; Respiração*)

plantas emergentes Plantas aquáticas que, embora possuam suas raízes no fundo, projetam-se, através da superfície da água, freqüentemente para florescer. A flor-de-lis aquática, o ametilho e o junco são plantas emergentes. (Veja *Hábitats de água parada; Ecossistema aquático*)

plantas perenes Vivem mais de 3 anos e têm períodos específicos de crescimento a cada ano. A maioria das videiras, arbustos e árvores são perenes. (Veja *Plantas anuais*)

plantas resistentes Uma alternativa aos pesticidas é o uso de plantas geneticamente criadas que resistem às pragas. As características que protegem naturalmente as plantas das pragas são desenvolvidas seletivamente ou "reproduzidas" na planta. Isso pode incluir modificações tais como encurtar o ciclo de desenvolvimento da planta para evitar a temporada das pragas, ou mudanças na constituição genética das plantas para torná-las resistentes a uma praga que normalmente as atacaria. Por exemplo, a ferrugem do trigo deixou de ser um problema preocupante desde que a resistência a esse fungo foi desenvolvida. As plantas resistentes são freqüentemente usadas como parte de um programa de **manejo integrado de pragas**.

plástico Estão em todos lugares e representam cerca de 25% dos **resíduos sólidos municipais** norte-americanos, e ocupando aproximadamente 8% do espaço existente nos **aterros sanitários**. Com poucas exceções, os plásticos levam tanto tempo para se decomporem que são considerados não-biodegradáveis.
Embora mais de 90 milhões de quilogramas de plásticos sejam reciclados anualmente, isso representa menos de 5% do total produzido. As estimativas indicam que esse número pode ser dez vezes maior por volta do ano 2000.
Os tipos mais comuns de plásticos são os seguintes: o **HDPE** (*high density polyethylene*, polietileno de alta densidade) é usado em embalagens rígidas como aquelas que contêm leite ou óleo de motor. O **PET** (polietileno) também é usado em embalagens rígidas como as garrafas de refrigerante. O **PVC** (*polyvinyl chloride*, cloreto de polivinil) é usado em construções e

polinização

encanamentos. O **LDPE** (*low density polyethylene*, polietileno de baixa densidade) é usado em filmes e sacolas. O **PP** (polipropileno) é usado em embalagens de refeições rápidas (*fast-food*) e **fraldas descartáveis**, e em muitos outros produtos. O **PS** (poliestireno) é a espuma plástica usada em embalagens de comida e bebida. Por fim, existem muitas misturas de plásticos usadas com vários objetivos. (Veja *Reciclagem de plásticos*)

pneus, reciclagem   Mais de 240 milhões de pneus são descartados nos Estados Unidos anualmente. Normalmente, cerca de 7% desses pneus são reciclados, 11% são incinerados e usados como uma fonte combustível e cerca de 5% são exportados. Os aproximadamente 80% restantes têm de ser descartados em aterros sanitários ou armazéns de estocagem. Estima-se que cerca de 2 bilhões de pneus velhos se acumulem em montanhas de borracha espalhadas por todo o país. Novas tecnologias estão sendo criadas para viabilizar mercados para a maioria desses pneus e aliviar a carga despejada nos aterros sanitários. Algumas experiências incluem o reprocessamento e a reciclagem da borracha, que é transformada em materiais de pavimentação e construção de pisos.

poço artesiano   Não necessita de uma bomba para extrair água para a superfície. O poço artesiano extrai água de um **aqüífero** confinado, onde ela está sob pressão natural.

podsol   Veja *Tipos de solo*.

polícia de poluição   Quase todos os tribunais estaduais norte-americanos têm uma vara de defesa ambiental. Recentemente alguns estados criaram brigadas especialmente treinadas em crimes ambientais que identificam e investigam crimes ambientais e aplicam as leis ambientais, da mesma maneira como os crimes graves são tratados. Os estados da Califórnia e de New Jersey têm cada um sua própria brigada de polícia ambiental. Em New Jersey, essas brigadas consistem de oficiais da polícia local, xerifes e oficiais de proteção ambiental que enfaticamente aplicam as regulamentações ambientais. (Veja *Lei e meio ambiente*)

polinização   Fertilização de plantas que produzem sementes.

poluentes secundários do ar   Queimar combustíveis fósseis para movimentar os carros e gerar eletricidade produz cinco poluentes primários responsáveis pela **poluição do ar**. Os poluentes secundários do ar são substâncias criadas quando os poluentes primários se combinam entre si ou com outra substância. Essa reação é determinada pela energia proveniente do Sol. Por exemplo, o dióxido de enxofre, um poluente primário, reage com o oxigênio e a umidade para produzir o ácido sulfúrico, um poluente secundário. O **smog fotoquímico** é produzido quando os compostos de nitro-

poluição

gênio (poluente primário) produzem o **ozônio** no nível terrestre (poluente secundário). (Veja *Chuva ácida*)

poluição Refere-se a uma mudança negativa na qualidade de alguma parte da nossa biosfera ou em aspectos da nossa vida. Essas mudanças, se deixadas ao acaso, podem causar aborrecimentos, doenças, morte ou até mesmo a extinção de uma espécie.

A poluição é freqüentemente identificada pela parte do planeta ᵈanificada, ou seja, **poluição do ar, poluição da água** e poluição do **solo**. A poluição pode também ser classificada pela sua fonte, ou seja, **poluição difusa** ou **poluição de fonte pontual**, como por exemplo a **poluição da Guerra do Golfo Pérsico** e a **poluição de navios de cruzeiro**. Finalmente, a poluição pode ser identificada por um produto determinado ou pela causa da poluição, tal como a **poluição de plásticos** e a **poluição sonora**.

Os problemas da poluição foram documentados desde o início do Império Romano, mas a magnitude desses problemas cresceu vertiginosamente, nas últimas décadas, por duas razões fundamentais: o crescimento das populações humanas e a proliferação de produtos manufaturados. O número de pessoas e o número de produtos que manufaturamos, fenômenos que ocorrem em áreas urbanas, têm aumentado e concentrado nossos resíduos – incluindo **água de esgotos, resíduos sólidos municipais**, sub-produtos industriais e emissões de automóveis.

poluição da água Ocorre quando a qualidade natural da água é degradada de alguma maneira. Essa degradação resulta em dano ou destruição do **ecossistema aquático** e/ou torna os recursos hídricos inadequados para o consumo humano.

A poluição da água é causada por produtos químicos e outras substâncias adicionadas na água, como **metais pesados** e ácidos provenientes de **resíduos industriais**, que são despejados nos corpos de água. Nitratos e fosfatos dos **fertilizantes** e compostos tóxicos dos **pesticidas** escoam superficialmente ou flutuam nos corpos de água, contaminando-os. Muitos produtos de origem petrolífera, como gasolina e produtos **plásticos** que se encaminham para os corpos de água, também causam poluição.

A poluição da água também pode ser causada por resíduos orgânicos, entre os quais os alimentos e resíduos humanos encontrados no **esgoto** lançado na água. Esse material abriga e estimula o crescimento de micróbios que causam doenças. Os resíduos orgânicos favorecem drasticamente o crescimento de bactérias que usam todo o oxigênio disponível na água.

Outra causa da poluição da água são os resíduos radioativos. Quando materiais radioativos são produzidos, usados e descartados, eles podem penetrar nos corpos de água, matando os organismos aquáticos ou causando efeitos de longo prazo. A água usada para resfriar processos industriais e usinas de

poluição da água doméstica

energia causa a poluição térmica da água. Ela se torna aquecida e danifica o ecossistema, alterando a temperatura normal e diminuindo os níveis de oxigênio.

Finalmente, os **sedimentos** excessivos, provenientes da **erosão do solo** causada por interferência humana, prejudicam ou destroem os ecossistemas aquáticos e tornam a água menos agradável para o consumo humano.

poluição da água doméstica   Depois que a água doméstica é usada, ela retorna para o meio ambiente. Se for descartada em um fossa séptica, ela pode contaminar as **águas subterrâneas**. Se ela é recolhida por um sistema de **tratamento de esgoto**, mais cedo ou mais tarde atinge as correntes de águas, os rios e os oceanos. A água residual doméstica possui uma grande quantidade de matéria orgânica (resíduos humanos e restos de comida) que atua como alimento para numerosos micróbios. As altas concentrações desses micróbios afetam os **ecossistemas aquáticos** pela depleção do teor de oxigênio na água, destruindo a **cadeia de alimentação aquática**.

As águas residuais domésticas também contêm sabões e detergentes, alguns dos quais têm substâncias químicas que afetam os ecossistemas aquáticos. Por exemplo, muitos detergentes contêm fosfatos, que são um **nutriente**. Quando a água residual penetra em um reservatório ou em um lago, o aumento das concentrações de fosfato produz um crescimento explosivo da população de algas que enlameia a água, provocando uma **eutrofização** e a morte do ecossistema. Por essa razão, muitos estados norte-americanos baniram o uso dos fosfatos em detergentes e têm melhorado seus procedimentos no tratamento da água residual para remover essas substâncias.

poluição da água subterrânea   Recurso vital que está se esgotando e sendo poluído. Elas são poluídas de quatro formas: 1) Produtos agrícolas, especialmente os **pesticidas**, já contaminaram as águas subterrâneas em 34 estados norte-americanos. Setenta e três resíduos de pesticidas foram encontrados em águas subterrâneas. Os fertilizantes e as fezes animais também modificam a química de algumas águas subterrâneas. 2) Os aterros sanitários vazam impurezas (chorume) para o interior do solo, que em seguida são carregadas para as nossas fontes de abastecimento de água. Noventa por cento de todos os aterros sanitários não impedem que as impurezas vazem para esses mananciais de águas subterrâneas. 3) Os **locais de descarte de resíduos perigosos** vazam contaminantes para as águas subterrâneas. Existem 1,4 milhões de "conhecidos" tanques de estocagem de substâncias perigosas e sabe-se que mais de 25% deles têm problemas de vazamento, cujos conteúdos, em grande quantidade, atingem as águas subterrâneas. Existem também aproximadamente 180.000 fossos e lagoas usados para estocar resíduos. São raros os que possuem uma forração e a maioria nunca foi inspecionada para descobrir vazamentos. Acredita-se que muitos estão vazando

poluição das águas subterrâneas

e contaminando as águas subterrâneas. 4) Fossas sépticas e poços artificiais funcionando adequadamente não deveriam causar problemas, mas dos 20 milhões em uso, grande parte não funciona adequadamente, e dessa forma estão contaminando as águas subterrâneas.

poluição de petróleo na Guerra do Golfo Pérsico Ainda que breve, a Guerra do Golfo Pérsico, em 1991, produziu um desastre ambiental. Quase setecentos poços de petróleo foram incendiados no Kuwait durante a retirada das forças iraquianas e outros cem poços produziram um vazamento de bilhões de litros no golfo. A imensa **poluição do ar** nos céus sobre o Kuwait e a Arábia Saudita, causada pelos incêndios, obrigou aproximadamente 10 milhões de pessoas a respirarem o ar poluído durante esse período. Grande parte do petróleo contém enxofre, que, quando inflamado, produz dióxido de enxo-fre, o que contribui para a **chuva ácida**. O petróleo que vazou para o golfo causou danos imediatos matando milhares de pássaros e outras formas de vida selvagem, mas os efeitos de longo prazo sobre o ecossistema inteiro só poderão ser determinados depois de muitos anos. (Veja *Ecoterrorismo; Poluição de petróleo no Golfo Pérsico*)

poluição de aviões Os aviões queimam **combustíveis fósseis** e causam uma **poluição do ar** semelhante à dos automóveis. A EPA (Agência de Proteção Ambiental dos Estados Unidos) e a Organização Internacional de Aviação Civil estabeleceram padrões de emissões para aeronaves que são impostos pela Associação Federal de Aviação (FAA). Assim como os padrões de emissões para automóveis têm se tornado mais rigorosos, o mesmo acontece com os padrões para aviões. O combustível de aviões significa apenas 8% de todo o combustível queimado com o transporte de passageiros, mas na viagem aérea é usada mais energia por pessoa do que em qualquer outro meio de transporte.

poluição de fonte pontual Trata-se da poluição proveniente de uma fonte única e identificável, tal como a tubulação de **efluentes** das indústrias que despejam seus resíduos industriais líquidos em um rio. (Veja *Poluição difusa; Poluição industrial da água*)

poluição de interiores A maioria das pessoas se preocupa com a **poluição do ar** externa, e estão corretas. Entretanto, pouquíssimas pessoas pensam a respeito da qualidade do ar em ambientes fechados, onde elas passam 90% do seu tempo. A **síndrome da doença das construções** e as **doenças relacionadas com as construções** são exemplos de como a poluição de interiores afeta a nossa saúde. As **casas saudáveis** e o estudo da **Baubiologia** são novos campos que tentam identificar e analisar os problemas existentes, ou evitar que eles aconteçam.

Dois fatores desempenham um papel importante no aumento da poluição

poluição de metais pesados

de interiores: o crescente uso de materiais químicos e sintéticos na construção de edifícios e a busca por maior eficiência energética, o que resulta na construção de edifícios herméticos.

Substâncias como o **formaldeído** são liberadas no ar pelos materiais de construção por causa do processo de **liberação de gases**. As partículas de amianto, junto com numerosas outras substâncias prejudiciais, são encontradas em muitos materiais de construção e móveis. Os carpetes novos são responsáveis sozinhos pela emissão das seguintes toxinas: formaldeído, etilbenzeno, tolueno, xileno e outros **compostos orgânicos voláteis**.

O fato de as construções serem em geral hermeticamente fechadas concentra essas e outras substâncias. Os **pesticidas**, os **metais pesados** provenientes da poeira da estrada produzem **rádom** naturalmente, e os micróbios **patogênicos** podem se acumular nos interiores e se desenvolver nos **sistemas de aquecimento, ventilação e ar condicionado**.

O maior problema de ar nos interiores, contudo, é a fumaça de cigarros, inclusive a aspirada por **fumantes passivos**. Estima-se que 350.000 pessoas morrem nos Estados Unidos, a cada ano, por causa de doenças relacionadas com o hábito de fumar.

poluição de metais pesados São elementos naturais tais como o chumbo, o mercúrio, o cádmio e o níquel. Eles são extraídos da Terra e usados em numerosos processos industriais e em inúmeros produtos. Cromo e níquel são usados na galvanização de outros metais para torná-los resistentes à corrosão e ao calor. O mercúrio é usado como fungicida de tintas. O cádmio é utilizado nos plásticos para estabilizar as cores. O chumbo é usado na gasolina para reforçar a octanagem, nas pinturas industriais e marinhas para preservá-las e nas baterias de carro. Trinta e cinco metais pesados representam risco para a saúde humana e para o meio ambiente.

O chumbo, o metal pesado predominante, tem sido retirado da gasolina e foi banido da maioria das tintas, mas ainda está presente na tinta usada na pintura de milhões de casas. O mercúrio é ainda usado na maioria das tintas à base de água e é conhecido por causar sintomas e doenças semelhantes ao **envenenamento por chumbo**.

As indústrias despejam seus resíduos de metais pesados diretamente nos corpos de água ou nos sistemas de esgoto, que se dirigem aos corpos de água naturais. Os crustáceos de muitas regiões estão contaminados com metais pesados. O chumbo, que vaza das baterias de carros para as águas subterrâneas, é uma das razões pelas quais muitos aterros sanitários têm sido fechados.

Quando materiais contendo metais pesados são incinerados, a maioria dos metais são carregados pela fumaça, provocando a **poluição do ar**. Outros, localizados em aterros sanitários, penetram no solo e têm sido detectados nas águas subterrâneas usadas para abastecimentos de água de beber.

poluição de plásticos

Os metais pesados podem penetrar no corpo humano através do ar que respiramos, como **material particulado**, da comida e da água que ingerimos, ou ser absorvidos diretamente através da pele. Eles se acumulam no corpo, principalmente no cérebro, no fígado e nos rins. Se ingeridos, podem causar doenças neurológicas ou hepáticas, ou o câncer de estômago. O contato com esses metais provoca rachaduras ou ulcerações e a inalação continuada pode resultar em problemas respiratórios que variam desde tosse até câncer de pulmão. (Veja *Envenenamento por mercúrio; Baterias*)

poluição de navios de cruzeiro O Centro para a Conservação Marinha norte-americano tem registrado que mais de vinte linhas de cruzeiro não obedecem à norma internacional de 1988 que proíbe o despejo de plásticos no mar. Os pedaços de plásticos provenientes desses navios de cruzeiro são carregados para a costa de 32 estados norte-americanos e para mais doze países, e a maioria desses resíduos são despejados pelas quatro maiores linhas de cruzeiro. (Veja *Poluição de plásticos; Reciclagem de plásticos*)

poluição de petróleo no Golfo Pérsico Os navios-tanques normalmente lavam seus compartimentos e despejam cerca de 2 milhões de barris de petróleo, a cada ano, diretamente no Golfo Pérsico. Esse grande volume de poluição de petróleo é diminuto se comparado com o do período da guerra do Golfo Pérsico, em 1991, que produziu o maior derramamento de petróleo da história, com algo entre 4 e 8 milhões de barris de petróleo derramados diretamente nas águas do Golfo, em poucas semanas. Setecentos poços foram explodidos pelas forças iraquianas em retirada, e a maioria deles ficou queimando por quase 1 ano, enegrecendo os céus.

Quase todo o petróleo permaneceu num raio de 400 km do vazamento, ao longo das costas do Kuwait e da Arábia Saudita, matando a vida selvagem e causando doenças respiratórias naqueles que moravam próximos à costa. Acredita-se que houve a contaminação de alguns mananciais subterrâneos de água potável. A limpeza, incluindo a extinção dos incêndios de todos os poços, ficou em torno de 20 bilhões de dólares. (Veja *Poluição da Guerra do Golfo Pérsico; Vazamentos de petróleo nos Estados Unidos; Exxon Valdez*)

poluição de plásticos Milhares de toneladas de produtos de plástico que não são reciclados ou adequadamente descartados terminam flutuando nos corpos de água ou sujando a terra. Esses plásticos podem ter sido despejados por navios comerciais, mas também podem ser provenientes de transbordamentos de esgotos, do manejo descuidado do lixo e das pessoas que o jogam fora. Uma vez que os plásticos não se decompõem imediatamente, eles permanecem intactos no meio ambiente, atuando como armadilhas para muitos tipos de organismos, principalmente nos oceanos. As tartarugas confundem as sacolas plásticas com águas-vivas, comem-nas e morrem por causa do bloqueio dos intestinos. Os pássaros engolem pedaços de espuma

poluição do ar

plástica e ficam engasgados. Os animais freqüentemente se emaranham em restos de plásticos e afogam-se ou morrem de fome. (Veja *Reciclagem de plásticos; Poluição de navios de cruzeiro*)

poluição difusa Também chamada de poluição não-pontual, não se origina de uma fonte específica, e sim de muitas fontes não-registradas. Essa conglomeração de poluentes geralmente ocorre quando as águas das chuvas "lavam" resíduos de gasolina e óleo de automóvel nas estradas, **fertilizantes** e pesticidas de fazendas e gramados, e resíduos de animais de criação. A água contendo a poluição difusa é coletada e concentrada em valas de drenagem, bueiros e tubos de drenagem e segue diretamente para os corpos de água. Ela pode também se dispersar em corpos de água quando os sistemas de **tratamento de esgotos** municipais transbordam.

As áreas costeiras são as mais afetadas, o que freqüentemente resulta na interdição de praias e na contaminação de águas piscosas e leitos de moluscos. (Veja *Destruição de estuários e margens costeiras úmidas*)

poluição do ar Existem cinco poluentes primários do ar: **monóxido de carbono, hidrocarbonos, compostos nitrogenados, material particulado e dióxido de enxofre**. A maior fonte dos três primeiros poluentes é o automóvel, que é chamado de fonte "móvel" de poluição do ar. A queima de combustíveis fósseis, como o carvão e o petróleo, para gerar eletricidade também contribui para a poluição do ar; são as chamadas fontes "estacionárias". Acrescentem-se os **poluentes secundários do ar**, formados quando os poluentes primários reagem entre si na presença da luz solar. O nível básico de **ozônio** e o chumbo, produzido pelas emissões dos automóveis, também desempenham um papel importante na poluição do ar.

Quando os poluentes são liberados no ar, eles são misturados e diluídos, e circulam em torno do globo terrestre. Áreas densamente populosas produzem grandes quantidades de poluentes do ar em pequenas regiões, tornando difícil sua diluição e mais perigosa a respiração. As condições climáticas locais criam períodos de intensa poluição do ar em áreas urbanas, tais como as **inversões térmicas** e as **cúpulas de poeira**. As correntes de vento globais movem o ar através da superfície terrestre, acumulando poluentes do ar à medida que elas se movimentam. Nos Estados Unidos, os ventos do oeste carregam os poluentes do ar do oeste para o leste, aumentando ainda mais a sua concentração.

Até recentemente, a poluição do ar significava poluição externa do ar. Hoje em dia, as pesquisas mostram que a **poluição de interiores** é um problema sério, com um conjunto específico de fontes e problemas. (Veja *Chuva ácida; Smog fotoquímico; Depleção de ozônio; Baubiologia*)

poluição do cortador de grama Em 1 hora de uso, um cortador de grama movido a gasolina produz a mesma quantidade de **hidrocarbonos**, um com-

poluição dos oceanos

ponente primário da **poluição do ar**, que um carro dirigido durante o mesmo período de tempo. Embora muito menor e com menos potência, o cortador de grama é um projeto menos sofisticado e mais difícil de ser regulado do que o carro. O estado norte-americano da Califórnia está começando a regulamentar os projetos de motores para cortadores de grama e espera-se que outros estados sigam o mesmo caminho. Muitos fabricantes estão realizando modificações, no sentido de atender as regulamentações.

Os cortadores de grama elétricos são uma alternativa viável, exceto pelo inconveniente dos fios que o acompanham. Novas tecnologias estão sendo testadas e incluem um cortador elétrico recarregável capaz de cortar mil metros quadrados antes de precisar ser recarregado. (Veja *Alternativas de combustível para automóveis; Energia alternativa*)

poluição dos oceanos Têm sido o depósito favorito das atividades humanas. Sua vastidão possibilita uma rápida dispersão e diluição. Uma antiga máxima infeliz estabelece: "A solução para a poluição é a diluição". Isso atua ilusoriamente até que o volume da poluição supere o volume da água, o que está acontecendo ao longo das costas, onde metade da população do mundo vive. A fonte da poluição pode ser dividida em duas categorias.

A **poluição de fonte pontual** é aquela que pode ser atribuída a uma única fonte. Isso inclui resíduos industriais, dos quais 5 trilhões de toneladas são despejados nos cursos d'água anualmente; e as tubulações de água de **esgoto**, que despejam outros 3 trilhões de toneladas de efluentes tratados nos cursos d'água. Só a cidade de Nova York despeja todos os dias cerca de 150 milhões de litros de esgoto parcialmente tratado nos rios, que rapidamente seguem em direção ao oceano.

A **poluição difusa**, também chamada de poluição não-pontual, é aquela proveniente de muitas fontes. Ela inclui o escoamento superficial de água contendo **fertilizantes**, **pesticidas**, **petróleo** e solventes que se acumulam ao longo das margens, causando altos níveis de poluição.

Ainda são derramados nos oceanos **resíduos sólidos municipais, lama de esgoto** e **resíduos perigosos**. Seja a poluição de fonte pontual ou difusa, legal ou ilegal, a realidade mundial mostra que o oceano ainda é usado como uma grande privada. Toda essa poluição não pode simplesmente ser diluída. As principais áreas pesqueiras estão freqüentemente contaminadas, as praias são interditadas, os ecossistemas aquáticos são destruídos e muitas espécies acabam se extinguindo. Até meados da década de 80, **descarte de resíduos nucleares** significava despejar nos oceanos e o despejo de resíduos provenientes de barcos de passeio era comum.

A Lei Federal de Controle de Poluição da Água (EUA) de 1956, que foi emendada para incluir o **Estatuto da Água Limpa** de 1977, e a Lei do Despejo no Oceano de 1972 autorizam a EPA a controlar a poluição oceânica. O **Pro-**

poluição industrial da água

grama de Meio Ambiente das Nações Unidas atua em escala internacional no controle da poluição oceânica.

poluição estética É difícil de definir. Como a beleza está nos olhos de quem observa, em geral é o que alguns consideram ambientalmente repugnante. A poluição estética inclui a poluição visual, odorífera e gustativa. Alguns odores podem repugnar quase todo mundo enquanto outros podem ser desagradáveis apenas para alguns. O assunto é complicado pelo fato de que as pessoas que sentem constantemente um certo odor podem tornar-se indiferentes a ele, depois de um certo tempo. Como a poluição estética é definida pela pessoa que está sujeita a ela, o que é feito para resolvê-la depende daqueles que a identificam. (Veja *Poluição sonora*)

poluição industrial da água O uso industrial da água provoca a poluição da água uma vez que seu destino final, assim como o da **água doméstica**, são os córregos, os rios, o oceano ou as águas subterrâneas. Alguns efluentes industriais se misturam com a água residual doméstica, mas a maior parte é manejada separadamente. As instalações industriais modernas tratam seus resíduos de água antes de descartá-los, mas as fábricas mais antigas freqüentemente despejam os resíduos líquidos diretamente em um rio ou córrego.

Os efluentes líquidos industriais podem conter produtos à base de óleo, **metais pesados**, ácidos, sais ou substâncias orgânicas. Em alguns casos essas substâncias são altamente tóxicas e devem ser manejadas como **resíduos tóxicos**. A poluição térmica das águas é outra forma de poluição industrial da água, causada quando ela é usada para refrigeração. A água torna-se quente e tem de ser liberada. Despejar essa água quente em corpos de água naturais altera a temperatura natural da água e provoca um impacto no **ecossistema aquático**.

poluição não-pontual Veja *Poluição difusa.*

poluição por entulho espacial Cerca de 240 artefatos são lançados por ano no espaço e ficam em órbita em torno do nosso planeta. Um recente relatório elaborado pelo Escritório de Avaliação Tecnológica do Congresso norte-americano previu que, no ano 2000, os satélites e outros objetos se tornarão tão abundantes que podem provocar colisões de entulho espacial.

poluição produzida por computador Embora não estejam freqüentemente associados a uma indústria com problemas de poluição, os computadores, devido aos seus números absolutos, se transformaram em foco de interesse ambiental. Muitas indústrias de computadores estiveram recentemente envolvidas com questões ambientais. As placas de silício que reúnem as peças do computador (placa-mãe) ou os dispositivos associados, tais como as impressoras, têm de ser limpas após sua produção com sol-

poluição sonora

ventes que geralmente contêm **CFCs**. A Apple Corporation foi a primeira empresa a eliminar o uso de CFCs nesse processo. As empresas Compaq, DEC, Fujitsu, IBM e Intel anunciaram planos de seguir o mesmo caminho. O padrão das impressoras de computadores pessoais é a impressão a *laser*, que requer um cartucho de tinta descartável. Cerca de 20 milhões de cartuchos são comprados a cada ano e terminam nos aterros sanitários. Desde 1991, a Apple começou um programa de reciclagem de cartuchos de tinta, e outras empresas seguem o mesmo caminho. A Kyocera produziu uma nova tecnologia para impressoras que não necessita desses cartuchos de tinta convencionais. As poucas partes substituíveis que ainda existem são biodegradáveis.

Os computadores velhos não precisam ser sucateados porque a maioria pode ser reformada, melhorada ou pelo menos mantida em ordem para funcionar. O que é ultrapassado em certos lugares pode ser considerado como alta tecnologia em outros. A Fundação para o Desenvolvimento Educacional Leste-Oeste situada em Cambridge, Massachusetts (EUA), aceita doações de sistemas antigos, os quais são vendidos para a Rússia e países do Leste Europeu; ligue para (001)(0617) 542-1234. Muitas instituições de caridade e escolas também aceitam computadores velhos. (Veja *Ozônio de impressoras a* laser*; Cartuchos de tinta reciclados para copiadoras*)

poluição sonora Qualquer barulho que incomode ou prejudique os indivíduos. Em algumas circunstâncias, o barulho pode representar um risco para a saúde. A poluição sonora é medida em decibéis (db). Para saber a altura do som, a dbA é usada, o que indica a escala A.

Os seguintes exemplos indicam quando o barulho torna-se um problema: um sussurro (20 dbA), uma conversação normal (50 dbA), um aspirador de pó (70 dbA); um triturador doméstico de lixo ou um trem próximo pode causar danos à audição (80 dbA); a exposição ao barulho de um caminhão a diesel ou de um liquidificador por longos períodos pode causar danos permanentes à audição (90 dbA); uma serra circular, usada na construção civil ou um trovão podem causar dor (120 dbA); e um jato decolando a menos de 30 metros de distância pode romper um tímpano (150 dbA).

Além do dano imediato ao ouvido, as dores de cabeça e muitas outras doenças têm sido atribuídas à poluição sonora. A Lei de Controle Sonoro de 1972 foi a primeira tentativa federal de controlar a poluição sonora nos Estados Unidos. Os governos municipais e estaduais têm estabelecido suas próprias leis de controle da poluição sonora. (Veja *Poluição estética*)

poluição térmica da água Uma forma de **poluição industrial da água** é chamada de poluição térmica da água. Duzentos e vinte cinco bilhões de litros de água são usados anualmente pelas indústrias, sendo que a maior parte desse total é usada em usinas de energia para gerar eletricidade. Essas

poluição visual

usinas de energia transformam a água no vapor que aciona as turbinas para produzir eletricidade. O vapor é depois esfriado com, mais água, que leva o calor embora. Quando a água é liberada em corpos naturais de água, tais como um rio ou um córrego, os **ecossistemas aquáticos** são afetados, já que todos os organismos têm temperaturas específicas e **faixas de tolerância** ao oxigênio dissolvido nas quais eles podem sobreviver. (A temperatura controla, em parte, a quantidade de oxigênio dissolvido na água.) Mudar a temperatura em apenas alguns graus, o que freqüentemente acontece, pode determinar quais organismos podem sobreviver.

Existem métodos para reduzir a temperatura da água antes de ela ser liberada nos corpos naturais de água, tais como utilizar poços artificiais para dissipar o calor. (Veja *Poluição da água*)

poluição tóxica Qualquer substância introduzida no meio ambiente que causa danos ao funcionamento normal de um organismo. Uma vez que essas substâncias podem ser encontradas no ar, na água e no solo, a poluição tóxica é geralmente um componente da **poluição do ar** e da **poluição da água**. Somente nos Estados Unidos, milhões de toneladas de poluentes tóxicos são produzidos e descartados como **resíduos tóxicos** anualmente. O governo norte-americano aprovou uma legislação em resposta à preocupação do público acerca da poluição tóxica, incluindo a **Lei de Extração e Conservação de Recursos**, a **Lei de Controle de Substâncias Tóxicas** e o **Superfundo**.

Os avanços tecnológicos estão possibilitando que a indústria use menos dessas substâncias sem que isso prejudique seus negócios e sua competitividade. A limpeza dos resíduos tóxicos e dos locais de **descarte dos resíduos tóxicos** já existentes pode ser mais difícil do que evitar os danos futuros.

poluição visual Uma das formas de **poluição estética**, uma forma altamente subjetiva de poluição. Quase todos concordam que um aterro sanitário aberto ou o lixo espalhado em uma praia é uma poluição visual. A maioria diria que um *outdoor* sobre uma bela paisagem é uma poluição visual, ao contrário das pessoas que anunciam seus produtos ou serviços nesses *outdoors*. Os governos locais ou estaduais geralmente regulamentam o que é e o que não é poluição visual com base nos sentimentos daqueles que seriam obrigados a conviver com essas visões.

população Grupo de indivíduos da mesma espécie vivendo em uma área específica. Todas as populações de uma área formam uma **comunidade**. A comunidade de organismos junto com as partes não-viventes do meio ambiente, tais como o solo e a água, e com fatores como o clima formam um **ecossistema**. (Veja *Estrategistas R; Estrategistas K; Dinâmica das populações; Estabilidade populacional; Tempo de duplicação nas populações humanas; Capacidade de suporte; Thomas Malthus*)

portas de geladeiras

portas de geladeiras Conserve energia verificando a vedação da porta de sua geladeira. Feche a porta sobre um pedaço de papel colocado metade dentro, metade fora. Se você pode puxar facilmente o papel para fora, está desperdiçando energia e dinheiro. Você talvez precise substituir a vedação ou ajustar a porta. (Veja *Isolamento térmico, construções; Superisolantes; Banho de banheira* versus *banho de chuveiro; Conservação da água doméstica*)

PP Acrônimo para polipropileno, um **plástico** usado em muitos produtos diferentes, tais como embalagens de refeições rápidas, fraldas descartáveis e invólucros das baterias de carros. Ele representa cerca de 10% de todos os plásticos produzidos nos Estados unidos e raramente é reciclado. Esses produtos são impressos com o número "5" circundado por um triângulo formado por setas. (Veja *Reciclagem de plásticos; Poluição de plásticos*)

pradaria Veja *Pasto.*

praga Qualquer organismo encontrado em um local onde os seres humanos prefeririam que eles não estivessem. Embora o termo possa ser usado tanto para plantas quanto para animais, "erva daninha" é freqüentemente usada para as pragas vegetais. (Veja *Pesticidas*)

predador Veja *Relacionamento predador-presa.*

presa Veja *Relacionamento predador-presa.*

Princípio de Allen Conceito de que os animais de sangue quente que vivem em climas frios possuem as extremidades (como orelhas e caudas) mais curtas do que os que vivem em climas quentes. Menor área de superfície (em extremidades menores) resulta em menor perda de calor. Por exemplo, as espécies de coelhos do norte têm as orelhas mais curtas do que as espécies semelhantes do sul. (Veja *Seleção natural; Especiação*)

Princípios Valdez Conjunto de códigos ambientais elaborados em 1989 pela Aliança para Economias Ambientalmente Responsáveis (CERES – *Coalision for Environmentally Responsible Economies*). Os Princípios Valdez foram estabelecidos depois do desastre com o derramamento de petróleo do **Exxon Valdez**. As companhias que assinam este documento concordam em encontrar maneiras de minimizar os poluentes, usar recursos renováveis e reduzir os riscos para a saúde de indivíduos e comunidades. Os acionistas e membros da diretoria se comprometem a sustentar esses princípios e a se empenhar para que as companhias que representam assinem o documento. Inúmeras companhias têm assinado, mas nenhuma daquelas relacionadas na revista *Fortune 500*. Escreva para 711 Atlantic Avenue, Boston, MA 02111.

problemas dos aterros sanitários

problemas de incineração Um dos métodos de descarte do **resíduo sólido municipal**. A principal vantagem da incineração é que ela reduz o volume do resíduo sólido, mas existem também problemas relacionados com ela. Para onde vai o resíduo incinerado? A maior parte vai para o ar pela chaminé, causando a **poluição do ar**. As emissões provenientes dos incineradores são chamadas de cinzas flutuantes e, freqüentemente, contêm substâncias perigosas tais como **dioxina, metais pesados** e gases ácidos. Os aparelhos de controle da poluição, tais como depuradores e precipitadores eletrostáticos, reduzem mas não eliminam esses poluentes antes de eles deixarem a chaminé.

A matéria sólida que permanece depois do processo de incineração, chamada de cinza residual, ainda tem de ser despejada em aterros sanitários e pode conter substâncias tóxicas concentradas que não saíram pela chaminé. A cinza residual proveniente de alguns incineradores tem de ser manejada como um **resíduo perigoso** e não pode simplesmente ser despejada nos aterros sanitários.

A oposição às novas instalações de incineração, em função das razões acima mencionadas, tem interrompido a construção de muitos incineradores projetados, por causa da **síndrome de NIMBY** (abreviação da expressão inglesa *not in my backyard*, que significa "não no meu quintal"). As alternativas para incineradores e aterros sanitários são a **reciclagem** e a **redução de fontes**.

problemas dos aterros sanitários Em 1979, havia 18.500 **aterros sanitários** operando nos Estados Unidos. Em 1988, havia somente 6.500 e as estimativas indicavam que por volta do ano 2000 esse número estaria reduzido à metade. Algumas pessoas acham que o declínio se deve à carência de espaço adequado, mas o espaço não é o problema. Existem duas razões para o declínio mundial no número de aterros sanitários.

Primeiro, descobriu-se que quase todos os aterros sanitários mais antigos e, provavelmente, 25% dos mais novos deixam escapar substâncias contaminantes para os mananciais de **águas subterrâneas**, prejudicando o nosso mais importante recurso, a água.

A segunda razão é a **síndrome de NIMBY** (sigla em inglês para *Not In My Backyard*). Ainda que exista espaço para mais aterros sanitários, eles têm de ficar relativamente próximos da comunidade que produz o lixo, e as pessoas obviamente não querem lixo e água contaminada em sua comunidade. Esses dois problemas, junto com o fato de que a maioria dos aterros sanitários estão atingindo a sua capacidade máxima, indicam que os aterros sanitários não permanecerão como o principal método de descarte dos **resíduos sólidos municipais** no futuro. Os Estados Unidos não estão sozinhos no movimento de abandono dos aterros sanitários; o Japão, a Suécia e a Suíça descartam menos de 15% de seus resíduos em aterros sanitários. A

problemas e segurança dos reatores nucleares

reciclagem e a **incineração** são métodos alternativos de descarte de resíduos sólidos. (Veja *Resíduos perigosos; Resíduos tóxicos; Descarte de resíduos nucleares; Redução das fontes*)

problemas e segurança dos reatores nucleares A liberação acidental da radiação de um reator nuclear pode causar resultados catastróficos. As usinas de geração nuclear utilizam muitos dispositivos de segurança para prevenir acidentes, entre os quais: sistemas que paralisam automaticamente a reação no caso de uma emergência, tal como a falta de refrigeração; paredes de concreto e aço que circundam o coração do reator para evitar a liberação de radiação; paredes de concreto e aço em torno do reator inteiro para conter a radiação, se houver ruptura do coração; sistemas elétricos de emergência para assegurar que o sistema de refrigeração não falhe; e sistemas de refrigeração de emergência no caso de o sistema elétrico falhar. Mesmo com todos esses dispositivos de segurança, além de outros, têm ocorrido acidentes. Os acidentes de **Chernobyl** e **Three Mile Island**, nos quais radiação foi liberada, foram causados por uma série de falhas em equipamentos e/ou erros de operação.
Além do perigo principal da liberação de radiação do reator, existem outros problemas. Cerca de um terço do calor gerado pelas usinas de energia nuclear é usado para gerar eletricidade, enquanto os outros dois terços são jogados fora pelo refrigerante, causando a **poluição térmica da água**. Por fim, após um período de uso, a usina deve passar por um processo de **desativação**, o que significa encerrar sua operação. Isso é difícil e caro uma vez que todas as suas instalações estão contaminadas com radioatividade.

produção primária líquida (NPP – Net Primary Production) Usada para comparar a produtividade de plantas em diferentes ecossistemas. A NPP é a taxa com que as plantas constroem moléculas orgânicas contendo energia aproveitável produzida por elas (**fotossíntese**), menos a quantidade de energia gasta por elas mesmas na **respiração**, em uma determinada área, durante um determinado período. Ela é freqüentemente medida em gramas (peso seco) por metro quadrado, por ano ($g/m^2/ano$). As **margens úmidas** e as **florestas tropicais úmidas** têm os níveis mais altos de NPP, atingindo de 1.000 a 3.500 $g/m^2/ano$, enquanto os níveis mais baixos são encontrados na **tundra** (de 10 a 400) e nos **desertos**, cujas taxas variam entre 0 e 250 $g/m^2/ano$. (Veja *Pirâmides de energia*)

produtores Os organismos podem ser classificados de acordo com a forma pela qual obtêm energia e nutrientes para sobreviver. Os produtores usam a energia luminosa do Sol, durante a **fotossíntese**, para construir complexas moléculas orgânicas (açúcar). Essas moléculas orgânicas contêm a energia captada do sol em forma química, que pode ser usada por todas as formas de vida. A energia química é passada, através da **cadeia alimentar**, para os

Programa das Nações Unidas para o Meio Ambiente

consumidores. Sem os produtores, todas as outras formas de vida na Terra deixariam de existir. Árvores, plantas florescentes, gramas, samambaias, musgos, algas e fitoplânctons são exemplos de produtores. (Veja *Pirâmides de energia*)

produtos verdes Em 1991, 12% de todos os novos produtos industrializados eram anunciados como "bons para o meio ambiente". Provavelmente, apenas uma parcela desses produtos tinha características de produtos verdadeiramente "verdes". Entretanto, os produtos realmente bons para o meio ambiente de fato existem. Há dois tipos de produtos verdes. Os produtos "absolutamente verdes" são basicamente vendidos por empresas que se especializaram neles. A maioria dessas empresas abandonam sua trajetória enquanto tal para fundamentar seus anúncios no **marketing verde**. Esses produtos foram desenvolvidos "a partir do zero" para serem ambientalmente saudáveis. Muitas empresas vendem produtos absolutamente verdes e a maioria anuncia em **eco-revistas** como o **E Magazine** e o **Buzzworm**.
O outro tipo de produto verde é o "atualmente verde", que significa que ele era vendido anteriormente como produto comum e depois foi transformado em produto "verde". Os produtos atualmente verdes são freqüentemente vendidos por grandes empresas. Quando ele se torna um produto verde, o fim justifica os meios e a única coisa importante quando procuramos esses produtos é exigir que a propaganda seja fundamentada. (Veja *Selos de aprovação ambiental; Marketing verde; Logotipos verdes; Radura*)

Programa das Nações Unidas para o Meio Ambiente (UNEP – United Nations Environment Programme) Concebido na Conferência de Estocolmo, em 1972, e considerado a consciência ambiental das Nações Unidas. Sua função primária é aumentar o nível de consciência e ação ambiental em termos mundiais. Esse programa é composto de 1.000 programas e projetos que abrangem todos os aspectos da ecologia do planeta. Ele coordena todas as atividades ambientais das Nações Unidas e monitora a qualidade ambiental global. Publica ensaios, relatórios, livros e materiais educacionais de distribuição mundial. Escreva para UNEP, DC2-0803, United Nations, New York, NY 10017. (Veja *Cúpula da Terra; Sistema de Monitoramento Global do Meio Ambiente*)

Programa de Controle de Animais Danosos (ADC) Em 1931, o Congresso norte-americano criou este programa, que está ligado ao Ministério do Interior. O Serviço de Pesca e Vida Selvagem é o órgão responsável pela implementação do programa. Seu propósito é o de destruir os "animais que prejudiquem a agricultura, a horticultura, a silvicultura, a pecuária, os animais selvagens com caça permitida, os animais de pele valiosa e os pássaros". Os caçadores e os especialistas em armadi-lhas do ADC matam quase 5 milhões de animais, a cada ano, para cumprir esse objetivo. Cerca

Programa Piloto de Isolamento de Resíduos

de meio milhão desses animais são mamíferos, entre os quais ursos, castores, cervos e leões-da-montanha. Muitos ambientalistas acreditam que o ADC é uma tentativa mal dirigida de resolver o conflito entre animais e homens, optando simplesmente pela morte dos animais, sem nenhum propósito ou base científica. O orçamento do ADC é de aproximadamente 20 milhões de dólares por ano, valor muito mais alto do que qualquer dano perpetrado pelos predadores que estão sendo mortos. (Veja *CITES*)

Programa Piloto de Isolamento de Resíduos Carlsbad, no Novo México, foi escolhido pelo Congresso norte-americano para se tornar o primeiro local permanente de **descarte de resíduo nuclear.** O local é uma rede de cavernas escavadas em uma formação geológica salina, situado profundamente abaixo da superfície. Tão logo entre em funcionamento (a sua inauguração está prevista para 1997), ele começará a receber os resíduos nucleares que têm sido empilhados em sítios temporários, espalhados por todo o país. Este sítio foi projetado para aceitar resíduos nucleares "transurânicos", que são materiais sólidos tais como ferramentas, instrumentos e materiais de construção contaminados com radioatividade. A maior parte desses resíduos é proveniente das fábricas de armas nucleares do país. O custo do projeto foi estimado em aproximadamente 1 bilhão de dólares. Os ativistas da **síndrome do NIMBY** pretendem impedir a abertura dessa instalação em um futuro próximo, se possível de forma definitiva. (Veja *Resíduos perigosos; Resíduos militares perigosos; Resíduos tóxicos*)

programas ambientais para computador Existem muitos programas disponíveis para computadores, destinados ao entretenimento, à educação e à informação das pessoas, que abordam temas e assuntos ambientais. A Companhia de Software Salve o Planeta, em Pitkin, Colorado (EUA), (001)(303) 641-5035, tem programas para computador (para DOS e Mac) que fornecem informações detalhadas sobre aspectos ambientais globais como a depleção da camada de ozônio e o aquecimento global. Esses programas usam gráficos, figuras, mapas e textos para apresentar as informações. O Grupo Chariot Software, (001)(619) 298-0202, de San Diego, Califórnia (EUA), possui muitos programas e jogos ambientais para Macintosh. (Veja *Redes ambientais de computador*)

programas de captura e soltura Programas destinados a preservar as populações de certos peixes em áreas específicas, exigindo ou solicitando-se que os pescadores lancem de volta às águas os peixes que ainda não atingiram um determinado tamanho. Por exemplo, os pescadores do leste do Canadá são obrigados a liberar os salmões capturados que meçam mais de 63 cm de comprimento, já que os peixes maiores são geralmente as fêmeas. (As fêmeas maiores também tendem a produzir mais ovos do que as fêmeas menores.) Acredita-se que esse programa obrigatório está aju-

Projeto do Dióxido de Carbono Urbano

dando a manter a população de salmões. Os programas de captura e soltura têm mais sucesso quando os pescadores usam **anzóis sem farpa**.

programas de etiquetas Etiquetar ou marcar animais é um método útil e aceito para monitorar e estudar a vida selvagem. Etiquetar peixes, colocar presilhas nas pernas dos pássaros, prender radiotransmissores em ursos ferozes e usar delicados adesivos em borboletas monarcas são formas utilizadas com sucesso. Esses estudos ajudam os cientistas a acompanhar as taxas de crescimento, as rotas migratórias e os ciclos de reprodução. A extensão territorial do urso polar, os territórios de hibernação da borboleta monarca e as áreas de reprodução de algumas tartarugas marinhas foram descobertos graças ao uso de programas de etiquetas.

Projeto do Dióxido de Carbono Urbano Em 1991, um consórcio internacional de cidades, incluindo as cidades norte-americanas de Denver e Minneapolis, foi criado para ajudar a diminuir as emissões de **gases-estufa** em cerca de 20% do total de cada uma das cidades consorciadas.

Projeto Energético James Bay Objetiva obtenção da energia dos rios que fluem através do nordeste do Quebec (Canadá). A Fase I desse projeto já está encerrada, mas uma intensiva Fase II ainda está em estudos. A água seria acumulada em enormes reservatórios. A Hydro-Quebec, empresa responsável por esse projeto, assegura que diques, centrais elétricas, estradas e linhas de transmissão instaladas nessa região selvagem podem ser concluídos com um mínimo de danos ao meio ambiente. Os proponentes dizem que a energia gerada em James Bay reduziria o número de usinas nucleares e movidas a carvão e petróleo a serem construídas no futuro, que causariam mais danos ao meio ambiente do que o projeto hidrelétrico.
Os hábitats de muitas espécies seriam destruídos pelo projeto, entre os quais de camundongos, veados-caribu e castores, além de numerosos peixes e aves aquáticas. Os locais de procriação de milhões de aves migratórias também seriam danificados. O perigo que o projeto representa para os ecossistemas maiores de toda a região é desconhecido. (Veja *Energia hidrelétrica*)

projetos-lei para garrafas As primeiras tentativas para iniciar a **reciclagem** geralmente têm sido na forma de projetos-lei para garrafas. Essa legislação, estabelecida a nível estadual, obriga os depósitos de garrafas a receberem de volta as garrafas para serem recicladas. O Oregon foi o primeiro estado norte-americano a implementar um projeto-lei para as garrafas em 1972. As estimativas mostraram que as garrafas jogadas no lixo diminuíram pela metade, 2 anos depois de o projeto-lei se transformar em lei. Até agora dez outros estados norte-americanos adotaram seus próprios projetos-lei para

PVC

garrafas. As alternativas para os projetos-lei são as leis que determinam certos tipos de reciclagem. (Veja *Taxa verde; Reciclagem de plásticos*)

propriedade particular Parcelas de terras privadas cercadas por terras públicas. (Veja *Aquisição de terras, áreas selvagens; Conservação da natureza*)

Protocolo de Montreal Originalmente assinado em 1987 por 24 países, entre os quais Estados Unidos, Canadá, Japão e nações européias, e mais tarde atualizado, esse documento firma o compromisso de que seus signatários banirão o uso de todos os **CFCs** até 1999. (Veja *Gases que provocam a depleção de ozônio*)

PS Acrônimo para poliestireno, um **plástico** usado na fabricação de xícaras de papel e espuma e em embalagens de alimentos. Ele representa cerca de 11% do total de plásticos fabricados nos Estados Unidos. Alguns programas de reciclagem de PS encontram-se em andamento. Para fins de reciclagem, esses produtos são impressos com o número "6" circundado por um triângulo formado por setas. (Veja *Styropeanuts; Reciclagem de plásticos; Poluição de plásticos*)

PVC Acrônimo para *polyvinyl chloride* (cloreto de polivinil), um **plástico** usado em construções e tubulações. Ele é o mais rígido dos plásticos comumente usados e geralmente não é reciclado. Representa cerca de 5% de todos os plásticos produzidos nos Estados Unidos. A incineração desse plástico produz gases tóxicos. (Veja *Reciclagem de plásticos; Poluição de plásticos*)

quebra-ventos Quando a **erosão do solo** é provocada pelo vento e não pela água, os quebra-ventos são usados como uma técnica de **conservação do solo**. Os quebra-ventos são grandes fileiras de árvores que impedem a passagem dos ventos. Eles são geralmente usados em terras planas, muito abertas, como as Grandes Planícies norte-americanas, onde o vento freqüentemente provoca erosão. (Veja *Tigela de pó*)

quietude Estágio de repouso temporário (dormência) que geralmente ocorre devido a fatores ambientais desfavoráveis, tais como a falta de umidade para a germinação de sementes ou temperaturas muito frias para **insetos**.

quilowatt (kW) Usado para medir a capacidade de geração de eletricidade de uma usina de energia. Um pequeno moinho de vento pode gerar 2 quilowatts de energia, enquanto uma usina de queima de carvão pode gerar milhares de quilowatts. (Veja *Watt; Quilowatt-hora; BTU; Fontes de energia, histórico*)

quilowatt-hora (kWh) Refere-se à quantidade de quilowatts fornecidos ou consumidos durante o período de 1 hora. Uma família média norte-americana consome entre 500 e 1.000 kWh por mês.

Quimatologia Estudo das ondas.

quimiozoofobia Plantas que se protegem dos predadores pela produção de substâncias nocivas.

radiação Alguns elementos possuem núcleos instáveis e emitem partículas continuamente, liberando a energia que antes mantinha essas partículas unidas. A liberação dessas partículas produz radiação. Existem três tipos de radiação. A radiação alfa é formada por partículas compostas de dois nêutrons e dois prótons. Essas partículas movem-se rapidamente, mas apenas por curtas distâncias, e podem ser estancadas por anteparos materiais delgados como uma folha de papel. Esta é a forma de radiação mais danosa aos organismos.

A radiação beta é formada por elétrons, que também se movem por curtas distâncias e podem ser estancados de maneira relativamente fácil. A radiação gama é uma forma de **radiação eletromagnética**, como os raios X, que viaja por grandes distâncias e pode passar através de espessas paredes de concreto. A radiação eletromagnética é transmitida por ondas, em vez de partículas.

Quando alguma coisa é atingida por radiação, diz-se que ela está irradiada. A **irradiação em alimentos** é um método polêmico mas freqüentemente usado na preservação de alimentos. A utilização de raios X com objetivos de diagnóstico é outra forma do uso controlado da irradiação. A **energia nuclear** e as armas nucleares usam elementos radioativos como o urânio e o plutônio. A radiação emitida por grandes quantidades dessas substâncias – tanto durante seu uso quanto após o seu descarte – representa uma séria ameaça a todas as formas de vida do nosso planeta. (Veja *Descarte de resíduos nucleares; Descarte de resíduos radioativos; Reserva Nuclear de Hanford*)

radiação eletromagnética Qualquer conexão em um circuito elétrico gera tanto um campo elétrico quanto um campo magnético. Alguns pesquisadores sugerem que alguns campos magnéticos podem trazer riscos para a saúde. Os campos magnéticos gerados por circuitos elétricos são similares àqueles criados por magnetos residenciais. O campo magnético de ambos passa através da maioria dos materiais, sem ser sentido pelos seres humanos, e enfraquece à medida que se afasta da fonte. É aí que as similaridades entre o campo magnético residencial e o circuito elétrico cessam.

O magneto produz um campo que tem uma potência constante, mas o circuito elétrico é revertido numa freqüência de 60 vezes por segundo

radiação fotossinteticamente ativa

(60 hertz), que é o padrão dos Estados Unidos e do Canadá. Um campo que oscila nesta freqüência está numa ELF (sigla inglesa de *extremely-low-frequency*, freqüência extremamente baixa), que é o tipo específico de radiação eletromagnética que pode causar problemas de saúde. (Veja *Radiação magnética em freqüência extremamente baixa, Radiação fotossinteticamente ativa*)

radiação fotossinteticamente ativa Comprimentos de onda de luz que são capazes de impulsionar o processo da **fotossíntese**.

radiação magnética em freqüência extremamente baixa (ELF – extremely-low-frequency) As companhias de energia nos Estados Unidos e no Canadá distribuem a eletricidade numa freqüência de 60 hertz. A **radiação eletromagnética** criada pelas correntes nesse nível de freqüência é chamada de radiação eletromagnética em freqüência extremamente baixa (ELF). Os estudos feitos acerca dos efeitos prejudiciais dessa radiação são altamente discutíveis e não-conclusivos. Alguns estudos norte-americanos e suecos indicaram que a exposição contínua a linhas de alta-tensão aumentam os riscos de leucemia e de câncer em crianças, que são de 1 em cada 10.000, para 2 ou 3 em cada 10.000 – dobrando ou triplicando os riscos. Outros estudos não encontraram nenhuma relação entre as doenças e qualquer forma de radiação eletromagnética.

Os seguintes itens são conhecidos como produtores de radiação eletromagnética ELF: linhas de transmissão de energia de alta-tensão, sistemas de fios de eletricidade em prédios, terminais de vídeo (monitores de computador), televisão (próximo à tela), cobertores elétricos, estofamento térmico, muitos aparelhos eletrodomésticos, artefatos de luz fluorescente e equipamentos de escritório que possuam motores elétricos ou transformadores.

Embora a maioria das pesquisas tenham sido realizadas em fios de alta-tensão, poucos estudos têm encontrado possíveis relações entre o uso de aparelhos eletrodomésticos, tais como o secador de cabelos, e a doença. (Veja *Poluição de interiores; Casas saudáveis*)

rádom Gás radioativo que ocorre naturalmente. Ele não tem cheiro nem gosto e é invisível. É liberado durante a decomposição natural do urânio, encontrado em muitos tipos de rochas e solos. Quando liberado no ar, ele se dilui e torna-se inofensivo. Se, no entanto, o gás fica preso em um recinto, tal como um porão, ele se acumula e a concentração pode tornar-se perigosa. A quantidade de rádom que penetra em uma construção é determinada pela quantidade presente na área e pelo tipo de construção.

O problema foi detectado primeiramente na década de 60, quando altas concentrações de rádom foram encontradas em residências construídas com materiais contaminados, provenientes de minas de urânio. Isso despertou uma atenção maior e revelou que muitas casas norte-americanas, por

radura

todo o país, estavam contaminadas devido a causas naturais como infiltrações em rachaduras das fundações.

Acredita-se que a exposição ao rádom aumenta o risco dos indivíduos em desenvolver o câncer de pulmão. Nos Estados Unidos, estima-se que entre 5.000 e 20.000 mortes causadas pelo câncer de pulmão possam ser atribuídas à exposição ao rádom. As pessoas expostas a concentrações de gás rádom dez vezes maiores do que o normal em interiores têm aproximadamente a mesma probabilidade de desenvolver o câncer de pulmão que uma pessoa que fume meio maço de cigarros por dia. Acredita-se que a exposição a baixos níveis de rádom por longos períodos é mais perigosa do que a exposição a altos níveis do gás por um período curto.

Embora apenas uma pequena percentagem das construções apresentem o problema, um teste simples é capaz de determinar se o perigo existe. Cidades e agências locais freqüentemente fornecem um *kit* para teste, ou serviços profissionais podem ser contratados. Geralmente pode-se solucionar o problema das casas contaminadas realizando mudanças estruturais. (Veja *Poluição de interiores; Radiação; Casas saudáveis*)

radura Símbolo, aprovado pelo governo norte-americano, exigido em todos os alimentos que tenham sido irradiados. O símbolo foi originalmente criado nos Países Baixos, na década de 70. Ele tem uma semelhança notável com o logotipo da Agência de Proteção Ambiental norte-americana. Trata-se de um círculo quebrado que contém o desenho altamente estilizado de uma planta. (Veja *Irradiação em alimentos; Radiação; Descarte de resíduos radioativos*)

reator de regeneração rápida do metal líquido Veja *Reator gerador.*

reator nuclear de alta temperatura refrigerado a gás A maior parte da energia nuclear é gerada por **reatores nucleares de água leve**, mas há também **reatores nucleares de água pesada** e reatores nucleares refrigerados a gás. A principal diferença entre esses três é a substância usada como refrigerante. O projeto do reator nuclear refrigerado a gás usa o gás hélio, em oposição ao que usa água comum (leve) e ao que usa uma forma mais pesada (isótopo) de água.

reator gerador Tanto os reatores geradores experimentais quanto os reatores nucleares convencionais geram **energia nuclear** por meio da **fissão nuclear**. Os reatores geradores, contudo, têm uma vantagem sobre os reatores convencionais. Durante a fissão nuclear em um reator convencional, a haste que contém o combustível tem de ser substituída depois de usada. Isso também ocorre nos reatores geradores, mas novo combustível radioativo vai sendo criado constantemente. Nesse processo, uma forma de urânio que não pode ser usada como combustível (não-físsil) torna-se uti-

reator nuclear

lizável (físsil) enquanto o reator está em operação. Em geral, esse processo leva aproximadamente 10 anos para se completar. Isso produz um fornecimento contínuo de combustível nuclear para energia nuclear.

Atualmente existem poucos reatores geradores experimentais em funcionamento e a pesquisa continua em muitos países. Nos Estados Unidos, o único reator gerador, no Tennessee, nunca foi concluído e nenhum outro está programado para ser construído.

A **energia nuclear** gerada em reatores geradores tem as mesmas desvantagens que os **reatores nucleares** convencionais. Os reatores geradores são, no entanto, considerados mais perigosos já que a reação em cadeia é mais difícil de controlar e existe um potencial maior de explosões em comparação com os reatores convencionais.

reator nuclear Controla a fissão nuclear e utiliza a energia liberada por ela para gerar eletricidade. Os reatores nucleares permitem que ocorram reações em cadeia de fissão nuclear, na qual um átomo é desintegrado e as partículas liberadas são usadas para desintegrar outros átomos, e assim por diante.

Um suprimento de elemento radioativo tal como o urânio-235 é colocado no reator em forma de hastes combustíveis. Um nêutron mais lento de outro elemento bombardeia o urânio, iniciando uma reação em cadeia. A energia liberada por essa reação em cadeia superaquece a água, na qual estão imersas as hastes, que em seguida é removida do reator e usada para mover as turbinas e gerar eletricidade. (A água também atua como um refrigerante do sistema, evitando sua fusão devido ao superaquecimento das hastes combustíveis.) A velocidade da reação em cadeia é controlada pelas hastes de controle que contêm cádmio e boro, que absorvem os núcleos.

Existem três diferentes tipos de reatores nucleares: **reator nuclear de água leve**, **reator nuclear de água pesada** e **reatores nucleares refrigerados a gás, de alta temperatura.**

reator nuclear de água leve Quase todas as usinas de **energia nuclear** existentes foram projetadas com reatores nucleares de água leve. (Água leve é a água de torneira comum.) Esses reatores usam cerca de 40.000 hastes combustíveis radioativas, que são circundadas por água. A água atua como refrigerante e ajuda a controlar a reação. Uma reação de **fissão nuclear** em cadeia tem início e a energia liberada converte a água em vapor, que aciona as turbinas, para gerar eletricidade.

Depois de 3 ou 4 anos, as hastes combustíveis, que contêm urânio, não são mais capazes de suportar a fissão nuclear e têm de ser removidas do reator e descartadas. Essas hastes permanecem altamente radioativas e mortais para todas as formas de vida, de maneira que têm de ser transportadas e armazenadas em uma instalação de **descarte de resíduos radioativos** até se

reciclagem

tornarem inofensivas. Isso leva cerca de 240.000 anos, mas levaria apenas 10.000 se elas antes fossem processadas para o descarte. Um método alternativo de descartar o combustível radioativo é remetê-lo para as usinas de processamento, que reciclam o combustível. Uma vez que reprocessar o combustível é muito caro, existem poucas dessas usinas, nenhuma delas nos Estados Unidos. (Veja *Reator nuclear de água pesada*)

reator nuclear de água pesada A maioria das usinas nucleares atualmente funciona com **reatores nucleares de água leve**, que usam água comum (água leve). Alguns reatores, contudo, foram projetados para usar água pesada. A água pesada contém uma forma (isótopo) diferente do hidrogênio chamado deutério, duas vezes mais pesado do que o hidrogênio encontrado na água leve. Uma vez que a água pesada funciona melhor do que a água leve no controle da **fissão nuclear**, os custos operacionais de um reator de água pesada são mais baixos do que os de um de água leve. Os projetos básicos de ambos os reatores são semelhantes, assim como os problemas relacionados com eles. (Veja *Energia nuclear*)

reciclagem Reutilização de materiais que foram retirados do **fluxo de resíduos**. Isso pode ser tão simples quanto deixar a grama cortada sobre o terreno em vez de ensacá-la (um processo chamado de **ciclo da grama**) ou tão complexo quanto reciclar alguns plásticos, como as embalagens de amendoins (**styrpeanuts**) em novos produtos tais como **cestas de lixo**. A reciclagem reduz o volume dos **resíduos sólidos municipais**, o que significa menos lixo para colocar nos **aterros sanitários** ou usinas de **incineração**.

Além de reduzir o que tem de ser descartado, a reciclagem também diminui a necessidade de **exploração mineral** e a exaustão de todos os nossos **recursos naturais**. Numerosas estatísticas estão disponíveis, mas poucos exemplos podem ilustrar o quadro. Os Estados Unidos importam quase todo o alumínio que usam nas fábricas, mas a cada ano jogam fora cerca de 400 milhões de dólares em alumínio usado, cuja maior parte poderia ser reciclada em outras latas de alumínio em seis semanas. Uma edição de domingo do jornal *New York Times* utiliza entre 60.000 e 70.000 árvores, mas os Estados Unidos reciclam menos de 20% de todos os seus resíduos de papel.

Existem muitos aspectos envolvendo o êxito de um programa de reciclagem. A logística requer o estabelecimento de métodos de coleta, separação e transporte. Precisa haver tecnologia disponível para processar os materiais usados, prepará-los para a reutilização e depois transformá-los em novos produtos. Os mercados para os novos produtos têm de estar identificados e disponíveis. A coleta e o processamento não significam nada se não há colocação para essas novas matérias-primas. Por fim, incentivos, leis e políticas educacionais têm de ser implementados para completar o processo.

reciclagem de automóveis

Os programas de reciclagem têm sido iniciados com todas as coisas, desde aparelhos até cartuchos de impressoras de computador. Alguns exemplos são os seguintes: caixas de papelão corrugado são recicladas em caixas de cereais e sapatos. O jornal desta semana é reciclado no jornal do próximo mês. O papel usado na impressora de computador é reciclado em toalha de papel. As embalagens de vidro de alimentos e bebidas são recicladas em novas garrafas ou lãs de vidro (isolamento térmico) e refletores de rodovias. As embalagens metálicas que contêm alimentos se transformam em novas latas e componentes de aparelhos domésticos. Plásticos **PET** são transformados em fibras para jaquetas, carpetes e plásticos novos. Plásticos **HDPE** podem se transformar em pára-choques de automóveis e tubulações de drenagem, e metais usados podem se tornar partes de carros novos e geladeiras.

Os programas de reciclagem, têm sido implementados obrigatoriamente em muitas cidades e estados norte-americanos. Mesmo com esses programas e uma nova consciência pública, apenas 11% dos resíduos sólidos dos Estados Unidos são reciclados, pouco quando comparado a países como o Japão, que recicla quase metade dos seus resíduos sólidos. (Veja *Reciclagem de plásticos; Reciclagem de aparelhos; Cartuchos de tinta reciclados para copiadoras; Pneus, reciclagem*)

reciclagem de aparelhos Existem muitas empresas de reciclagem de aparelhos nos Estados Unidos e Canadá. Elas desmontam velhos refrigeradores e reciclam vários de seus componentes e substâncias. Os líquidos usados para refrigerar são extraídos e estocados, e os metais e vidros são separados e vendidos para centros de reciclagem. As substâncias tóxicas são enviadas para centros especiais de incineração.

A maioria dessas empresas são de propriedade privada e contratadas pelas companhias de serviço público que desejam reduzir o número de refrigeradores antigos ainda em funcionamento, cujo projeto é obsoleto. Elas são também estimuladas pela boa vontade de seus clientes. Entre em contato com uma companhia de serviço público ou com agências de proteção ambiental para saber se um centro de reciclagem de aparelhos opera na sua região. (Veja *Reciclagem; Reciclagem de plásticos; Reciclagem de automóveis; Reciclagem de óleo do motor; Pneus, reciclagem*)

reciclagem de automóveis A cada ano, aproximadamente 9 milhões de carros são colocados fora de uso nos Estados Unidos. O governo federal norte-americano e as montadoras estão procurando desenvolver formas de reciclar as partes dos automóveis. Executivos das grandes montadoras acreditam que isso seja só uma questão de tempo, antes que as pessoas queiram comprar carros com mais eficiência ambiental ou os denominados carros "verdes", o que significa que eles levem em consideração o quanto de um

reciclagem de papel

carro pode ser reciclado, assim como o seu melhor desempenho com a gasolina e outros aspectos afins.

A maior parte do carro é constituída de metal (cerca de 75%) que pode ser extraído com retalhadores, ímãs e outros dispositivos. Cerca de 43% desse metal pode ser atualmente reciclado e usado por fabricantes de aço para fazer novos produtos, inclusive novos carros. Uma indústria relativamente nova, composta pelas chamadas minifábricas, remove os metais de automóveis (e de aparelhos grandes) preparando-os para as indústrias de aço.

O restante do carro é chamado de "refugo", e se constitui de diversos tipos de plásticos, vidros e outros materiais. A padronização dos plásticos usados nos automóveis facilitará a reciclagem desses materiais. A Nissan, por exemplo, está reciclando os pára-choques de borracha e utilizando-os em dutos de ar, suportes para os pés e novas peças de carro. Algumas indústrias alemãs e japonesas têm construído "desmontadoras de automóveis" para separar e reciclar os componentes do carro. (Veja *Reciclagem; Reciclagem de aparelhos; Pneus, reciclagem*)

reciclagem de óleo do motor Fazer você mesmo a troca de óleo do automóvel produz mais de 750 milhões de litros de óleo usado a cada ano nos Estados Unidos, e a maior parte desse total é jogada fora ilegalmente sem ser reciclada. Cerca de 3,7 litros de óleo de motor drenados podem ser reciclados para produzir a mesma quantidade de óleo limpo e fresco que 160 litros de óleo cru extraído de um poço. A maioria das cidades e conglomerados urbanos têm seus próprios locais de coleta de óleo de motor, instalações de reciclagem ou regulamentações. (Veja *Reciclagem; Reciclagem de automóveis; Pneus, reciclagem*)

reciclagem de papel Os aterros sanitários são muito menos preenchidos com fraldas descartáveis ou plásticos do que com papel. A reciclagem de produtos de papel ajuda a reduzir o dilema dos **resíduos sólidos municipais**, mas existe uma grande confusão acerca do que é e o que não é papel reciclado. Dizer que um produto de papel é reciclado significa apenas uma parte da história. O mais importante é a percentagem do produto que é reciclada do resíduo já usado. Em outras palavras, quanto do produto já foi usado em outro produto de consumo e, conseqüentemente, foi realmente reciclado?

O termo resíduo "pós-industrial" significa que o material nunca esteve nas mãos dos consumidores, mas foi reciclado de algum processo industrial. Por exemplo, aparas de madeira ou serragem coletadas de uma serraria podem ser chamados de resíduo pós-industrial reciclado. Isso é melhor do que simplesmente descartar o material, mas não verdadeiramente uma reciclagem.

Sempre que você comprar produtos de papel reciclado de qualquer tipo, observe as quantidades de resíduos pós-consumo, pós-industrial e mate-

recifes de corais

riais virgens incluídos. Por exemplo, algumas empresas ambientalmente conscientes estão produzindo produtos de papel que indicam a reciclagem de 80% de resíduos pós-consumo, 10% de resíduos pós-industriais e 10% de materiais virgens. Se isso não estiver claramente indicado, espere o pior. (Veja *Reciclagem; Marketing verde; Selos de aprovação ambiental*)

reciclagem de plásticos A grande ênfase colocada recentemente na "biodegradabilidade" tem causado confusão acerca dos **plásticos**. A maioria dos plásticos não foi projetada para se decompor. Os resíduos plásticos em **aterros sanitários** podem nunca se decompor e os plásticos que são jogados fora na água e na terra levarão centenas de anos – ou mais – para se decomporem. A maior parte dos programas de manejo de resíduos recomendam que os plásticos sejam coletados e reciclados, algo a que diversos plásticos se prestam muito bem. Em muitas partes dos Estados Unidos coletam-se plásticos para serem reciclados em novos produtos, e novos locais de coleta e reciclagem estão sendo criados o tempo todo.
O **HDPE** e o **PET** são geralmente reciclados. Cientistas, ambientalistas e profissionais da indústria de plásticos estão atualmente buscando formas de reciclagem dos produtos de **PS** tais como as embalagens de amendoins (**styropeanuts**).
Os produtos de plásticos que provavelmente não serão coletados, tais como os equipamentos de pesca feitos de material plástico, ou que representam um risco especial – tais como as alças para embalagens com 6 garrafas (*six-pack bottle holder rings*), que deixam os animais marinhos engasgados –, podem usar as formas especiais de plásticos degradáveis que estão sendo atualmente testadas. Supõe-se que esses produtos se decomponham pela fotodegradação, na qual a luz solar e os micróbios deterioram o produto.
A reciclagem de plásticos reduz o volume de plásticos que vão para os aterros sanitários e incineradores, a quantidade de petróleo necessário para sua fabricação e a **poluição de plásticos**. (Veja *Redução das fontes*)

recifes de corais Os **ecossistemas marinhos** ao longo da costa (**zona nerítica**) contêm muitos hábitats únicos, tais como os recifes de corais. Os recifes de corais são encontrados em regiões tropicais e subtropicais. São construídos basicamente por minúsculos celenterados, que têm a forma cilíndrica, uma boca em forma de bolsa cercada de tentáculos e capturam a presa colocando-a na boca. (Anêmonas do mar e medusas são outros tipos de celenterados.)
Esses organismos aderem ao fundo das águas costeiras. Eles secretam o cálcio, que funciona como um substrato para outros indivíduos. À medida que esses depósitos aumentam, são formados os recifes de corais. Os organismos vivos de corais encontram-se somente na parte superficial dos recifes. O restante é apenas o remanescente dos depósitos de cálcio.

recursos naturais

Alguns corais possuem um **relacionamento simbiótico** com algas que vivem no interior das células dos corais. O coral captura seu alimento durante a noite, mas durante o dia ele se nutre diretamente através do processo de fotossíntese das algas que vivem no interior dos seus corpos.

Os recifes de corais, junto com outros hábitats da zona costeira, encontram-se entre os mais produtivos na Terra. Eles são tão produtivos (**rede de produção primária**) quanto as **florestas tropicais úmidas**. Milhares de espécies de peixes e outros organismos, tais como o ouriço do mar, se alimentam de algas, bactérias e outros microrganismos que abundam nos **ecossistemas** de recifes de corais.

recreação ao ar livre   As três atividades mais populares de recreação ao ar livre nos Estados Unidos são o **ciclismo**, a pesca e o *camping*, cada uma com mais de 20 milhões de praticantes todos os anos. Outras atividades ao ar livre populares incluem o *jogging*, a caça, o golfe, as caminhadas, o tênis e o esqui, todas com um número anual de praticantes entre 7 e 15 milhões. (Veja *Recreação ao ar livre, veículos motorizados; Ciclismo, melhores cidades para*)

recreação ao ar livre, veículos motorizados   Para algumas pessoas, **recreação ao ar livre** significa veículos motorizados tais como veículos terrestres (*motocross*) e veículos de neve (esqui). A recreação ao ar livre sem veículos provoca alguns danos ao meio ambiente, mas os veículos motorizados são muito mais danosos. Por exemplo, os veículos de *motocross* matam a vegetação ao longo das trilhas e geralmente causam a erosão e danos substanciais ao ecossistema da área. Uma vez que as terras públicas são propriedades pagas por todas as pessoas, existe uma grande controvérsia com relação a esse tipo de uso da terra.

recursos de combustíveis fósseis   Quantidades projetadas de combustíveis fósseis que existem no interior da Terra. O estoque total pode não estar disponível para o uso, uma vez que a extração pode não ser economicamente viável, ou ainda não existe a tecnologia adequada para extraí-lo. (Veja *Reservas de combustíveis fósseis; Formação do carvão; Fontes de energia, histórico*)

recursos naturais   Substâncias, estruturas e processos freqüentemente utilizados pelas pessoas, mas que não podem ser criados por elas. Por exemplo, o sol, a terra e os oceanos são recursos naturais e seus usos são óbvios. O minério de ferro é um recurso natural, uma vez que o utilizamos para fazer o aço, e o **Grand Canyon** é um recurso natural porque é uma maravilha natural e uma atração turística popular.

Os recursos naturais podem ser renováveis ou não-renováveis. Os renováveis incluem o sol, o solo, as plantas e a vida animal, uma vez que todos

redes alimentares

eles se perpetuam naturalmente. Alguns desses recursos renováveis, tais como o sol, são usados como fontes de **energia renovável**. Os recursos não-renováveis são aqueles que não se perpetuam. Se forem continuamente utilizados pelos seres humanos, irão se esgotar algum dia. Por exemplo, o fornecimento de minerais tais como o minério de ferro é finito e irá se esgotar um dia. A maioria das necessidades energéticas do mundo são atendidas pelos combustíveis fósseis, que são fontes de **energia não-renováveis** e se esgotarão no futuro.

Usar recursos naturais freqüentemente representa um ônus ao nosso planeta porque causa alguma forma de poluição ou dano. Extrair carvão destrói a terra e queimá-lo para gerar eletricidade libera toneladas de poluentes no ar. A utilização de nossos recursos naturais deveria ser feita de maneira equilibrada, contrabalançando nossas necessidades com o impacto sobre nosso meio ambiente. (Veja *Exploração mineral*)

redemoinho Movimento espiral das correntes oceânicas. Por exemplo, o redemoinho do Atlântico Sul é o principal movimento circular anti-horário das águas superficiais do oceano Atlântico do Sul. (Veja *Upwelling*)

redes alimentares As **cadeias alimentares** estão ligadas a outras cadeias alimentares. Essas cadeias entrelaçadas criam uma complexa rede alimentar que mostra todas as relações de alimentação que existem em um **ecossistema**. Por exemplo, um único tipo de planta pode ser comido por cinco tipos de insetos, cada um pertencendo à sua própria cadeia alimentar, ou um rato pode ser comido por uma raposa ou por um gavião, que também pertencem a cadeias alimentares próprias.

Existem dois tipos básicos de redes alimentares: redes de pastagem e redes de decomposição (também chamada de detrito). Os exemplos mencionados acima são redes de pastagem, nas quais a energia aproveitada pelas plantas verdes é usada como alimento para sustentar organismos maiores e mais complexos. Nas redes de alimentos de decomposição, entretanto, os organismos mortos são destruídos e decompostos por insetos, bactérias e fungos. Por exemplo, um rato morto pode ser comido primeiro por insetos. Uma vez que ele está substancialmente decomposto, pode ser atacado por bactérias e outros micróbios que completam a decomposição, trazendo de volta os nutrientes para o solo ou para a água. (Veja *Relacionamento predador-presa; Relacionamento simbiótico; Decompositores*)

redes ambientais de computador As redes computadorizadas permitem aos usuários de computadores de todo o mundo a troca de informações. Algumas dessas redes são especialmente projetadas para compartilhar e veicular informações sobre assuntos ambientais. (Veja *EcoNet; MNS Online*)

redes de arrastão Equipamentos de pesca usados para a captura de um grande número de atuns. Além da captura intencional, as redes são uma

redes de pesca

armadilha para grandes quantidades de peixes e outras formas de vida marinha não-cobiçadas. Essa captura não-intencional, chamada de **pesca indesejada**, é atirada de volta ao mar, mas nesse momento a maioria dos animais já estão mortos ou morrendo.

Durante a década de 50, os pescadores de atum descobriram que o atum de barbatana amarela era freqüentemente encontrado sob os cardumes de golfinhos. (Acredita-se que o atum segue o golfinho por causa de sua maior habilidade em localizar alimentos.) Os barcos de atum usam rotineiramente a técnica de envolver o cardume de golfinhos com as redes de arrastão, mantendo o atum capturado por baixo. Os golfinhos geralmente morrem antes de serem libertados. Estima-se que mais de 100.000 golfinhos morrem nessas redes anualmente.

A pressão do público nos Estados Unidos fez com que muitos vendedores de atum enlatado usassem o "Atum que Salva os Golfinhos", assegurando aos consumidores que o atum não foi capturado em **redes de pesca** ou em redes de arrastão. (Veja *Selo Flipper de Aprovação; Malhas de pesca; Dispositivo para exclusão de tartarugas*)

redes de pesca Equipamentos sofisticados para a pesca de grandes volumes de peixes como atum, salmão e lulas, num período de tempo relativamente curto. Além de realizarem sua função de pesca de espécies específicas, as redes recolhem também grandes quantidades de outros tipos de peixes e espécies da vida marinha. Esses peixes capturados involuntariamente são chamados de **pesca indesejada**.

As redes de pesca são malhas de náilon minuciosamente tecidas com mais de 80 km de comprimento que, ao serem mergulhadas na água, podem atingir uma profundidade de 12 metros. À medida que os peixes inadvertidamente nadam no interior dessas enormes superfícies de malha, ficam emaranhados e morrem rapidamente. Estima-se que, a cada noite, cerca de 2.500 embarcações lancem nas águas mais de 80.000 km de redes de pesca e de **malha de pesca**, um equipamento equivalente para águas costeiras. A cada ano, centenas de quilômetros dessas redes ficam embaraçadas ou se perdem no mar, onde continuam a embrulhar incontáveis peixes e mamíferos marinhos.

Essas redes não apenas dizimam populações inteiras dos peixes específicos, mas também removem dezenas de milhares de espécies indesejadas, dentre as quais golfinhos, tubarões, baleias, tartarugas marinhas e pássaros marinhos. A matança em larga escala dessas espécies não-desejadas prejudica seriamente muitos **ecossistemas marinhos**.

O Estatuto de Proteção aos Mamíferos Marinhos dos Estados Unidos protege baleias, golfinhos e alguns outros tipos de vida marinha, mas exclui a captura "acidental" da pesca indesejada apanhada pelas redes de pesca. O

reflorestamento

Estatuto pela Gestão e Conservação da Pesca também não menciona essas redes de pesca. A pressão popular nos Estados Unidos teve como resultado a venda do "atum que salva os golfinhos", ou seja, aquele atum que segundo os fabricantes de alimentos em lata não foi capturado com redes de pesca, ou com **redes de arrastão**. Internacionalmente, Japão, Taiwan e Coréia do Sul possuem os maiores e mais velozes barcos com redes de pesca e têm resistido a qualquer tentativa de restrição a essas práticas. (Veja *Dispositivo para exclusão de tartarugas*)

redução das fontes Método para reduzir a quantidade de **resíduos sólidos municipais** que geralmente terminam sendo despejados em **aterros sanitários** ou se destinam a usinas de **incineração**. Muitas pessoas consideram os aterros sanitários e a incineração como medidas "curativas" para um problema muito maior – a excessiva produção de produtos descartáveis.
Redução das fontes significa minimizar o uso de um material que deverá ser descartado, mais cedo ou mais tarde. A redução das fontes dos excessivos materiais de embalagens é uma área importante. As garrafas plásticas retornáveis e as latinhas de alumínio tiveram seu volume reduzido entre 20 e 35%, desde que foram introduzidas. Os CDs, que usavam excessivas embalagens para que pudessem ser vistos nos aparelhos mais antigos, estão sendo voluntariamente reduzidos pelas indústrias de entretenimento. Os detergentes concentrados estão sendo apresentados por muitas empresas como uma alternativa para as grandes garrafas que contêm soluções diluídas. O volume de matéria orgânica, tal como grama cortada, folhas e restos de comida, que de outra forma iria para um aterro sanitário, pode ser reduzido ao ser separado e usado para produzir **composto**. (Veja *Minimização de resíduos*)

reflorestamento Replantio contínuo de árvores em áreas que foram desmatadas. O tempo requerido entre os cortes dessas árvores é chamado de ciclo da derrubada. Atualmente, a maioria dos ciclos de derrubada é de 60 anos, mas eles podem atingir até 150 anos. O reflorestamento assegura uma fonte ininterrupta de madeiras.
As **florestas virgens**, que contêm árvores centenárias ou mesmo milenares, nunca podem ser substituídas, é claro. Acredita-se também que, uma vez derrubada, a **biodiversidade** de uma floresta nunca retorna à sua riqueza original. (Veja *Desmatamento; Serviço Florestal, passado e presente*)

Refúgio Nacional Ártico de Vida Selvagem Refúgio de cerca de 7,6 milhões de hectares situado no nordeste do Alasca que contém uma grande variedade de vida selvagem, incluindo mais de duzentas espécies animais. A cada ano, milhões de pássaros migram e se reproduzem nesse refúgio. Também anualmente, ele é visitado por um bando de mais de 180.000 caribus (renas selvagens) que o usam como área de procriação. O Congresso

refugo

norte-americano tem consi-derado a possibilidade de abertura dessa área preservada para a exploração de petróleo e o desenvolvimento econômico. (Veja *Sistema Nacional de Preservação de Parques e Regiões Selvagens*)

refugo Partes não-metálicas de um carro. (Veja *Reciclagem de automóveis*)

refugo de correspondência Material de *marketing*, não-solicitado e distri-buído em massa, que é enviado pelo correio. É considerado por muitos ambientalistas como um enorme desperdício de recursos naturais, já que milhões de árvores são derrubadas anualmente para a produção desse ma-terial. Uma família de quatro pessoas recebe quase 1.000 prospectos de refugo de correspondência por ano. As estimativas apontam que cerca de 34 milhões de árvores são utilizadas anualmente apenas para criar o refugo de correspondência, produzindo aproximadamente 2 milhões de toneladas de lixo que têm de ser despejados em **aterros sanitários** ou levados para usi-nas de **incineração**. Nos Estados Unidos, para parar de receber prospectos e catálogos não-solicitados, escreva para Direct Marketing Association, Mail Preference Service, P.O. Box 9008, Farmingdale, NY 11735, e indique quais catálogos você não quer mais receber. (Veja *Reciclagem de papel*)

regeneração de sulcos A **erosão do solo** ocorre rapidamente em um terreno em declive que não possua uma suficiente cobertura vegetal. O escoamento superficial das águas de chuva forma sulcos que "lavam" a camada do solo. A regeneração dos sulcos recupera esse terreno para a produção agrícola. Os sulcos são plantados com plantas de crescimento rápido tais como aveia e trigo. Se o movimento das águas é muito grande, minibarragens são erguidas para permitir retenção de sedimentos, que depois são utilizados como área de cultivo. Arbustos de crescimento rápido, plantas trepadeiras e árvores tam-bém podem ser usados para estabilizar o solo. (Veja *Conservação do solo*)

região limnética A região limnética de um lago, embora receba a luz do Sol, é muito profunda para que a vegetação desenvolva raízes. Essa região fre-qüentemente contém grande quantidade de **plâncton**. (Veja *Hábitats de água parada*)

região profunda Refere-se ao nível de profundidade de um lago no qual a luz do Sol não penetra. (Veja *Ecossistemas aquáticos; Hábitats de água parada*)

regulamentações para pesticidas A ameaça representada pelos pesticidas foi primeiramente trazida a público por **Rachel Carson** em sua obra clás-sica, de 1962, *Silent Spring* (*Primavera silenciosa*). Os perigos então apon-tados existem ainda hoje. A Academia Nacional de Ciências dos Estados Unidos, a Receita Federal norte-americana e a maioria dos **ambientalistas** acreditam que a lei criada para proteger os cidadãos dos Estados Unidos

reino

dos perigos dos pesticidas é mal aplicada e representa uma ameaça para o público norte-americano. A lei à qual eles se referem é a **Lei Federal de Inseticidas, Fungicidas e Rodenticidas de 1972**, chamada abreviadamente de FIFRA (*Federal Inseticide, Fungicide, and Rodenticide Act of 1972*). A **Agência de Proteção Ambiental (EPA – Environmental Protection Agency)** norte-americana é responsável pela aplicação dessa lei.

A FIFRA atribui à EPA a responsabilidade de analisar os perigos potenciais de aproximadamente setecentos ingredientes ativos dos pesticidas usados hoje, mas registrados antes de 1972, quando os procedimentos de registros foram aperfeiçoados. A lei estabelece que o teste dessas substâncias teria de ser completado até 1975. Em 1989, menos de duzentos tinham sido estudados. A EPA teve seu prazo estendido para 1997, mas já prevê que os trabalhos não estarão completos antes do ano 2000.

Os atuais procedimentos permitem que a EPA deixe no mercado as substâncias químicas que nunca foram testadas adequadamente (e que podem representar uma ameaça para a saúde pública), até que elas sejam analisadas. As emendas à lei, feitas em 1988, tornaram mais fácil para a EPA banir uma substância se necessário, mas isso raramente tem sido feito.

reino A mais alta categoria num sistema usado para classificar a vida sobre a Terra. Alguns sistemas de classificação adotam apenas dois reinos, enquanto outros consideram cinco. A classificação mais aceita atualmente divide os organismos em cinco reinos: 1) Animal (animais); 2) Vegetal (a maioria das algas e todas as plantas); 3) **Fungos** (todos os fungos verdadeiros); 4) Protista (protozoários e os bolores de lodo); e 5) Monera (**bactérias** e algas verde-azuladas).

Os reinos dividem-se em sub-reinos, que por sua vez se dividem em classes. Por exemplo, os seres humanos pertencem ao reino Animal, sub-reino Cordata e classe dos Mamíferos, enquanto os insetos pertencem ao reino Animal, sub-reino dos Artrópodes e classe dos Insetos. (Veja *Espécie*; *Seleção natural*)

rejeitos, mineração de urânio Depois que o minério de urânio é extraído para ser usado em **reatores nucleares**, ele tem de ser prensado para ser processado. Os montes remanescentes de rocha prensada são chamados de rejeitos. Eles liberam **radiação** de baixo nível e representam riscos para a saúde. A poeira radioativa pode ser espalhada pelo vento, da pilha de rejeitos original, e contaminar áreas distantes. As partículas radioativas podem também penetrar no solo e se misturar às águas subterrâneas ou simplesmente serem arrastadas por rios e córregos, contaminando-os.

Os rejeitos da mineração (de minerais radioativos e não-radioativos) geralmente impedem o crescimento de plantas, provocando a erosão do solo. (Veja *Exploração mineral*)

relacionamento simbiótico

relacionamento predador-presa Quando um animal mata e come outro, o matador é chamado de predador e o animal morto é chamado de presa. A interação entre os dois é um relacionamento predador-presa. Um pássaro que come uma minhoca, um gato que come um rato e um leão que come uma zebra são exemplos de relacionamentos predador-presa. Esse tipo de interação é um importante aspecto das redes alimentares. (Veja *Relacionamento simbiótico; Pirâmides de energia*)

relacionamento simbiótico Quando dois organismos de diferentes espécies vivem juntos por longos períodos de tempo em contato físico íntimo, com um ou ambos se beneficiando de alguma maneira, chama-se a isso de relacionamento simbiótico. Os relacionamentos simbióticos podem ser divididos em quatro categorias: parasitismo, **comensalismo**, **mutualismo** e **parasitoidismo**. (Veja *Parasita, Relacionamento predador-presa; Redes alimentares*)

Relatório Verde Veja *Marketing verde.*

REM – Roentgen Equivalent in Man (Roentgen Equivalente no Homem) A exposição à **radiação** é medida em unidades chamadas REMs. Um típico exame de raios X dos intestinos libera 1 REM. Acredita-se que a exposição a níveis baixos de radiação (menos de 10 REMs/ano) é inofensiva, mas isso é discutível.

Acredita-se que níveis moderados de radiação (entre 10 e 1.000 REMs/ano) aumentam a probabilidade de doenças, como alguns tipos de câncer. Altas dosagens (acima de 1.000 REMs/ano) causarão doenças e provavelmente a morte. (Veja *Problemas e segurança dos reatores nucleares; Irradiação em alimentos*)

remediação de resíduos perigosos Refere-se ao processo e ao setor comercial de limpeza de locais onde existam **resíduos perigosos**. A remediação pode ser tão simples quanto enxugar uma área manualmente com um esfregão ou envolver equipamentos de alta tecnologia e sofisticados processos químicos. Os novos métodos de remediação incluem o uso de micróbios que comem os resíduos perigosos, chamado de **biorremediação**. A **fitorremediação** utiliza plantas para absorver resíduos perigosos tais como **metais pesados** ou **radiação**. Relatórios indicam que a remediação de resíduos perigosos é um dos setores que está se expandindo mais rapidamente na economia dos Estados Unidos. (Veja *Hiperacumuladores*)

reprodução assexuada Reprodução que envolve apenas uma matriz, e não células sexuais, em oposição à **reprodução sexuada**. A reprodução assexuada pode acontecer pela divisão simples, chamada de fissão, que ocorre com a **bactéria**. Os fungos se reproduzem assexuadamente pela produção de esporos (uma célula reprodutora capaz de dar origem a outro organismo).

reprodução sexuada Quando novos indivíduos são criados pela união de duas células, chamadas gametas, isto é chamado de reprodução sexuada. Na maioria de plantas e animais, as duas células são provenientes de duas fontes diferentes, mas em alguns casos elas são provenientes do mesmo indivíduo. Os gametas podem se unir pela fertilização interna, caso dos humanos, ou entram em contato externamente. A fertilização externa pode ocorrer na água (como no caso de muitos peixes) ou no vento (caso da grama). A maioria das plantas de floração precisa contar com os insetos para transportar essas células para elas (polinização). (Veja *Reprodução assexuada; Partenogênese*)

Reserva Nuclear de Hanford As forças armadas norte-americanas têm produzido grandes quantidades de resíduos nucleares como subproduto da fabricação de bombas. Cerca de dois terços desse material (245 milhões de litros) estão estocados na Reserva Nuclear de Hanford, próximo a Richland, no estado de Washington. A maior parte está em grandes tanques e tambores, mas grandes quantidades foram simplesmente despejadas em poços e lagoas até o final da década de 1970. Níveis perigosos de **radiação** foram encontrados ao longo do rio Colúmbia, a caminho do oceano Pacífico, a 320 km da costa. Estudos recentes revelaram que o iodo radioativo, usado para reprocessar as hastes combustíveis gastas de **reatores nucleares**, foi liberado pela usina, no final da década de 40.
O resíduo nuclear que não foi despejado no solo e nas águas subterrâneas está esperando por um lugar permanente de **descarte de resíduos nucleares**, que provavelmente será nas partes mais profundas da crosta terrestre. O Ministério de Energia norte-americano deu início a um trabalho de limpeza, que, numa estimativa moderada, custará 30 bilhões de dólares de impostos aos contribuintes. Hanford é um dos quinze locais relacionados pelo Ministério de Energia como parte do Complexo de Armas Nucleares. Todos esses locais contêm resíduos nucleares e necessitam de limpeza. (Veja *Vitrificação*)

reservas de combustíveis fósseis Quantidades identificadas de combustíveis fósseis disponíveis para a extração imediata. São aquela porção da quantidade total que se supõe exista no interior da Terra e cuja extração é economicamente viável. Por exemplo, a China tem mais de 50% das reservas remanescentes de **carvão** do mundo e o correspondente à extinta União Soviética possui cerca de 40% das reservas de **gás natural**. (Veja *Reservas de combustíveis fósseis; Formação do petróleo; Fontes de energia, histórico*)

reservatórios solares Usinas de energia únicas que usam a energia solar para aquecer a água. Eles consistem de recipientes plásticos de cor negra cheios de água, expostos à luz do sol, em uma área de pelo menos 4 mil metros quadrados. Os recipientes podem ficar apoiados em uma estrutura

resíduo sólido municipal

semelhante a um contêiner ou em uma cavidade escavada na terra. À medida que o calor é captado pela água, ele é usado para produzir vapor que, por sua vez, move as turbinas para produzir eletricidade. Atualmente Israel está gerando energia com reservatórios solares situados nas proximidades do mar Morto e planeja construir usinas adicionais na mesma região. Alguns analistas acreditam que os reservatórios solares podem suprir quantidades significativas de energia limpa no futuro. (Veja *Energia hidrelétrica; Energia solar; Energia lunar; Energia das ondas; Usinas de energia termo-solar*)

resíduo sólido municipal Simplificadamente, significa lixo. Refere-se especificamente ao lixo municipal, geralmente recolhido por empresas governamentais ou privadas e entregue ou despejado em locais de coleta. Nos Estados Unidos, aproximadamente 160 milhões de toneladas de resíduos sólidos são produzidos anualmente, isto é, cerca de 1,3 kg de lixo por pessoa diariamente, volume que está crescendo ao longo dos anos.

A maior parte dos resíduos sólidos norte-americanos é composta de produtos de papel, que representam 40%. Resíduos de quintal (grama cortada e similares) representam 17%; borracha, têxteis e produtos de madeira somam aproximadamente 12%; metal, vidro, plástico e resíduos alimentares vêm em seguida com 8% cada. O **descarte de resíduos sólidos municipais** é um dos maiores desafios de nosso tempo.

Historicamente, os governos locais têm sido responsáveis pelo manejo dos resíduos sólidos municipais, mas desde 1965 o governo federal norte-americano passou a participar do problema com a aprovação da Lei do Descarte de Resíduo Sólido. A legislação mais recente inclui a Lei 1976 de Conservação e Recuperação dos Recursos e emendas a ela que criaram um programa para eliminar os depósitos de lixo abertos, promoveram programas de manejo de resíduos sólidos, estabeleceram padrões para os **aterros sanitários** e emissões para o ar, além de criar financiamentos para comunidades rurais e regulamentações para os **resíduos perigosos**. (Veja *Fluxo de resíduos; Usinas de energia de resíduos; Minimização de resíduos; Redução das fontes; Reciclagem; Ciclo da grama; Reciclagem de plásticos*)

resíduos de pesticidas nos alimentos A FDA – (Food and Drug Administration – Administração de Alimentos e Remédios) norte-americana é responsável pela realização de testes de resíduos de pesticidas em produtos alimentares. Todos concordam que os resíduos de pesticidas existem na maioria dos alimentos, incluindo frutas, verduras e grãos, mas a questão é: "Quão seguros eles são?". A FDA acredita que os níveis e tipos de pesticidas encontrados nos alimentos são seguros; a Academia Nacional de Ciências dos Estados Unidos não está certa disso e muitos grupos ambientalistas estão convencidos de que eles não são seguros. Alguns estudos recentes descobriram que 67 dos trezentos pesticidas comumente usados nos produtos alimentares podem causar câncer em animais de laboratório.

resíduos perigosos

A FDA testa apenas 1% dos produtos alimentares para saber se os resíduos de pesticidas excedem os níveis aprovados. Mais da metade dos alimentos testados possuem resíduos de pesticidas. Contanto que a quantidade encontrada não exceda os níveis de tolerância aceitáveis, esses resíduos são considerados legais.

Os pesticidas proibidos nos Estados Unidos são ainda exportados para outros países. Muitos desses pesticidas proibidos são usados em outros países em plantações cujos produtos são depois exportados de volta para os Estados Unidos. Por conseguinte, os pesticidas proibidos nos Estados Unidos fazem o caminho de volta para as mesas norte-americanas na forma de alimentos importados. Isso tem sido chamado de **círculo do veneno**. Os testes da FDA demonstram cabalmente níveis mais altos de resíduos de pesticidas nas frutas e verduras importadas quando comparados com aquelas produzidas internamente.

As regulamentações norte-americanas também permitem que os pesticidas contenham grandes quantidades de impurezas. Essas impurezas podem até incluir ingredientes ativos de pesticidas "proibidos". Alguns pesticidas vendidos atualmente contêm até 15% de **DDT**, um pesticida proibido há décadas. (Veja *Frutas parafinadas, Irradiação em alimentos*)

resíduos militares perigosos As forças armadas norte-americanas produzem mais **resíduos perigosos** anualmente do que as cinco maiores empresas químicas juntas. Isso inclui 500.000 toneladas de substâncias tóxicas e milhões de toneladas de águas contaminadas por resíduos. Noventa e sete propriedades militares foram colocadas na Lista Nacional de Prioridades do **Superfundo** dos locais mais contaminados e 2.000 instalações militares não cumprem as leis ambientais federais. Muitas organizações civis e a rede de televisão Tóxicos Militares, em Seattle, Washington, estão desempenhando um papel importante na tentativa de que o governo limpe esses locais e evite que tais fatos continuem a ocorrer. (Veja *Reserva Nuclear de Hanford*)

resíduos perigosos São todas as substâncias que representam um perigo imediato ou a longo prazo para a saúde ou o bem-estar dos seres humanos ou para o meio ambiente, durante seu transporte ou estocagem. Esses perigos são classificados pela **EPA** em quatro categorias: 1) "Inflamáveis", os que podem facilmente pegar fogo. 2) "Corrosivos", os que necessitam de proteção especial uma vez que corroem os materiais normais. 3) "Reativos", os que podem explodir com facilidade. 4) "Tóxicos", os que podem causar danos fisiológicos aos seres humanos e outros organismos. Essa última categoria é freqüentemente separada das outras e chamada de **resíduo tóxico**.

Os resíduos perigosos têm muitas origens. O perigo pode ser o produto em si, ou um subproduto do processo de fabricação. Alguns dos resíduos perigosos mais comuns são: compostos organoclorados de **plásticos** e **pesticidas**; **metais**

resíduos tóxicos

pesados e vários solventes de remédios, tintas, metais, couro e têxteis; e sais, ácidos e outras substâncias corrosivas derivadas do **petróleo** e da gasolina.

O manejo inadequado de resíduos perigosos está se tornando um dilema ambiental. Existem cerca de 250.000 locais de **descarte de resíduos perigosos** nos Estados Unidos, todos representando uma ameaça para nossos **aqüíferos**, nossa saúde e o meio ambiente em geral.

resíduos tóxicos Tipo de **resíduo perigoso**. Os resíduos tóxicos são substâncias que afetam negativamente os organismos. Algumas substâncias tóxicas são danosas ou letais se um indivíduo ficar exposto a uma única grande dose. Isso se chama **toxicidade aguda**. A substância liberada pela usina de **Bhopal** era agudamente tóxica. Outras substâncias tóxicas são danosas em pequenas doses, ao longo de extensos períodos de tempo, tais como o mercúrio e o chumbo. Chama-se a isso de **toxicidade crônica**. Essas substâncias podem causar dano porque são cancerígenas (provocam câncer), teratogênicas (provocam má-formação congênita) ou mutagênicas (causam defeitos genéticos imediatos). (Veja *Poluição tóxica*)

resiliência populacional Veja *Estabilidade populacional*.

resistência Capacidade de um organismo em suportar temperaturas muito baixas.

resistente ao frio Capacidade que um organismo tem de sobreviver em temperaturas glaciais. Alguns **insetos** produzem um anticongelante que lhes permite sobreviver no inverno.

respiração As plantas verdes realizam a **fotossíntese** para construir açúcar. Essas moléculas de açúcar atuam como combustível tanto para plantas como para animais. A respiração é o processo pelo qual as moléculas de açúcar são queimadas (decompostas) para liberar a energia estocada nelas. Essa energia química é utilizada pelos organismos para sobreviver (crescer, movimentar-se, reproduzir-se etc.). A respiração ocorre quando a molécula de açúcar (glucose) combina-se com o oxigênio, resultando na formação de dióxido de carbono e água e na liberação de energia. (Veja *Ciclo do carbono; Cadeia alimentar*)

riscos, realidade versus suposição O público freqüentemente encontra grande dificuldade em descobrir os riscos reais de um novo projeto ambiental, produto ou tecnologia quando é bombardeado com informações – algumas factuais, outras não. Essas informações são provenientes da indústria, do governo ou dos grupos ambientais. Um público informado é a melhor forma de assegurar que o **manejo de risco** esteja baseado nos interesses dos cidadãos. A dificuldade envolvida na diferenciação entre risco real e risco suposto é enfatizada ao se comparar o que a EPA e o público consideram como um risco ambiental.

rocha original

Por exemplo, a EPA acredita que a **poluição do ar** em interiores, **água de beber** suspeita e a exposição de trabalhadores a substâncias químicas representam riscos "muito altos" para a saúde, mas o público considera todos esses três exemplos como riscos "baixos". Entretanto, o público considera que as fábricas de produtos químicos representam um risco "muito alto", enquanto a EPA considera que essa atividade representa apenas um risco de "nível médio". Ambos concordam, no entanto, sobre os perigos da **poluição do ar** externa (alto) e dos **vazamentos de petróleo** (médio).

RIYBY Acrônimo para *Recycling In Your Backyard* (Reciclagem no seu quintal), que significa um novo movimento para tornar a **reciclagem** um pequeno e lucrativo negócio em vez de deixá-lo apenas para as grandes empresas privadas e governamentais. Existem muitos livros e revistas sobre as oportunidades de pequenos negócios relacionados com a reciclagem. (Veja *In Business; Lixo*)

rocha ígnea Rocha formada do magma liquefeito esfriado e solidificado.

rocha original O **solo** se forma quando a rocha sólida se decompõe em partículas pequenas. O tipo de rocha sólida (em conjunto com o clima e a vida animal que existem na região) determina o tipo de solo que irá se formar. A rocha da qual o solo é formado é chamada de rocha original, ou material original. A rocha original se decompõe por vários tipos de desgaste. O desgaste físico envolve o efeito das mudanças de temperatura (congelamento e descongelamento); o desgaste mecânico é causado pelo atrito de uma rocha contra outra, quando pressão é exercida pelas raízes das plantas, ou por um movimento glacial sobre elas. O desgaste químico é causado pelo contato químico da exposição ao ar, à água ou a produtos de plantas e animais. O solo continua a se formar enquanto as partículas tornam-se menores e os processos biológicos atuam. (Veja *Partículas do solo; Horizontes do solo*)

rodenticida Pesticida que mata roedores tais como camundongos e ratos. O rodenticida mais comum é o warfarin, que, quando comido pelos animais, causa hemorragia interna e morte. O warfarin não é seletivo, o que significa que pode matar (ou provocar doenças sérias em) outros animais além daqueles a que se destina. (Veja *Organismos não-visados*)

rotação de culturas Prática de cultivo que previne a depleção dos nutrientes do solo. Algumas plantações exaurem rapidamente os nutrientes do solo, enquanto outras os fornecem. A rotação de culturas implica a alternância desses cultivos de forma que o nível de nutrientes do solo permaneça estável. Milho, tabaco e algodão exaurem os nutrientes (especialmente o nitrogênio), mas cereais como aveia, cevada e centeio adicionam nitrogênio, através de um processo de **fixação de nitrogênio**. A rotação de culturas também reduz as chances de propagação de pragas e doenças de

rótulo orgânico

plantas, pois a população da praga não consegue se estabelecer por muitos anos. (Veja *Fazendas orgânicas; Conservação do solo*)

rotas migratórias As rotas de **migração** de pássaros são chamadas de rotas migratórias. Na América do Norte existem quatro principais rotas migratórias: Atlântico, Mississipi, Central e Pacífico. As aves migratórias, tais como patos, gansos, cisnes e galinhas-d'água, podem voar milhares de quilômetros entre o local onde nascem, em geral no Canadá, e o local onde passam o inverno, geralmente no México. (Veja *Programas de etiquetas*)

rótulo orgânico Os alimentos desenvolvidos nas fazendas orgânicas estão se tornando cada vez mais populares, o que tem provocado um alvoroço nas áreas de *marketing* e publicidade. Alguns grupos, tais como o *Organic Crop Improvement Association* (OCI), que é internacional, e o *Natural Organic Farmers Association* (NOFA), que é regional, estabeleceram programas de certificados de confiança para assegurar que o produto foi realmente desenvolvido organicamente. Existem muitos padrões, mas o mais importante é assegurar que a terra onde se desenvolveu o produto não utilize **pesticidas** químicos. O governo federal norte-americano também se envolveu na questão e desde 1990 a Taxa de Cultivo estabeleceu seus próprios padrões. A NOFA situa-se em Barre, Massachusetts, e a OCI localiza-se em Belle Fontaine, Ohio. (Veja *Fazenda orgânica*)

Rótulo X da Lei do Serviço de Saúde Pública Esse é o único programa com verbas federais dos Estados Unidos destinado ao planejamento familiar. Seu orçamento foi drasticamente cortado entre 1980 e 1992. (Veja *Tempo de duplicação nas populações humanas*)

RTC – Resolution Trust Corporation (Corporação de Decisões de Monopólio) Responsável pela venda depreciada de 45.000 propriedades de instituições imobiliárias e de crédito insolventes. Estima-se que de 3 a 5% dessas propriedades sejam de terras selvagens habitadas por **espécies ameaçadas** ou **hábitats** naturais raros que precisam ser conservados. As **organizações ambientais** estão tentando identificar essas propriedades e, em muitos casos, adquirem-nas para transformá-las em áreas de proteção ou lazer. Por exemplo, o grupo conservacionista *Trust for Public Land* (TLT, cuja tradução pode ser Cartel das Terras Públicas) comprou da RTC 40 hectares de propriedades nas montanhas e devolveu-as à cidade de Tucson (EUA) para transformá-las em um parque público.

salinidade Concentração de sais dissolvidos na água, geralmente medida em partes por mil. (Veja *Ecossistemas aquáticos*)

salinização do solo Efeito colateral danoso da **irrigação**. Quando a água da irrigação lava a superfície do solo, ela dissolve e reúne os sais da terra, tornando a água salgada. Quando o excesso de água evapora, ela deixa para trás concentrações maiores desses sais no solo. Esse processo é chamado de salinização do solo.

Nas regiões áridas (onde a irrigação é mais utilizada), a evaporação ocorre rapidamente e a salinização do solo progride velozmente, prejudicando o crescimento das plantas e eventualmente tornando a terra improdutiva. Acredita-se que cerca de um quarto das lavouras do mundo estão crescendo em níveis reduzidos por causa da salinização do solo.

Os métodos de renovação do solo salinizado incluem inundar a região com grandes quantidades de água para remover os sais, mas isso freqüentemente provoca excessivas concentrações de sais em **aqüíferos** e em **camadas encharcadas** de solo.

saltadores Organismos que se movimentam por meio de impulsos, pulos ou pequenos saltos. Por exemplo, os gafanhotos são saltadores.

saprófita Planta que obtém nutrientes de matéria orgânica morta e em decomposição, tal como muitos **fungos** (cogumelos). (Veja *Redes alimentares*)

savana Um dos vários tipos de **biomas**. Os fatores primários que diferenciam os biomas são a temperatura e a precipitação. As savanas (também chamadas de pastagens tropicais) são semelhantes às **pastagens** em alguns aspectos, mas recebem mais precipitação – entre 750 e 1500 mm por ano em um padrão sazonal.

O meio ambiente é semelhante ao das pastagens, mas contém algumas árvores. Uma vez que os incêndios destroem freqüentemente essas regiões, a maioria dessas árvores são resistentes ao fogo. Algumas dessas árvores são capazes de realizar a **fixação do nitrogênio**. Elas fornecem ainda um hábitat para animais que, de outra forma, não poderiam sobreviver na região. A maioria dos animais são mamíferos de **pasto** ou roedores, pássaros, répteis e insetos. Os animais maiores variam de acordo com a localização

seleção natural

da savana. A da Austrália tem cangurus, a da África tem antílopes e a da América do Sul tem lhamas.

sedimento Refere-se a **partículas do solo** que foram transportadas, geralmente pela água.

seixo Fragmento de pedra arredondado com um diâmetro que varia de 64 a 256 mm; maior do que um cristal de rocha e menor do que um **pedregulho**. (Veja *Tipos de solo*)

seleção natural De acordo com estudo originalmente proposto por Charles Darwin em sua obra clássica, *A origem das espécies*, refere-se ao processo pelo qual uma espécie gradualmente se adapta ao seu meio ambiente. A seleção natural ocorre quando os indivíduos de uma espécie com "genes" mais bem adaptados ao seu meio ambiente sobrevivem, enquanto aqueles com genes menos adaptados morrem. Como as gerações se sucedem, aqueles com melhor formação genética são naturalmente selecionados para sobreviver, carregando esses genes para as gerações futuras. Ao longo de grandes períodos de tempo, espécies inteiramente novas podem surgir, perfeitamente adaptadas ao seu meio ambiente.

É difícil compreender processos que normalmente levam milhares de anos para ocorrer, mas existem exemplos de curto prazo de seleção natural, tal como o clássico estudo sobre as mariposas da pimenteira. Estas repousam durante o dia sobre troncos de árvores e outras superfícies. Se um pássaro vê a mariposa, ela provavelmente será comida. Antes de meados do século XX, as mariposas tinham uma coloração que se confundia com a coloração clara dos troncos de árvore. Isso é chamado de coloração mimética.

Em meados do século XX, nas regiões industriais da Inglaterra, os troncos de árvores tornaram-se escuros devido à poluição causada pelas usinas de energia de queima de carvão. As mariposas com cores claras começaram a se destacar sobre os troncos das árvores e tornaram-se um alvo fácil para os pássaros. Aquelas mariposas com uma coloração mais escura começaram a ser naturalmente selecionadas para sobreviver, uma vez que eram menos visíveis. Nessas áreas poluídas, a variedade escura da espécie tornou-se a norma e a variedade clara, uma raridade. (Veja *Especiação*)

Selo Flipper de Aprovação A *Earthtrust* (organização cuja tradução aproximada seria "Cartel da Terra") criou o Selo Flipper de Aprovação, que mostra um golfinho parecido com o famoso Flipper. Seu objetivo é informar aos consumidores quais atuns não foram capturados com **malhas de arrastão**, que capturam golfinhos por engano. Apenas aqueles enlatados contendo atuns capturados de acordo com as regras estabelecidas pelo **Instituto Ilha da Terra** podem usar o Selo Flipper de Aprovação. A sede da *Earthtrust* é no Havaí. (Veja *Selo de Aprovação Ambiental; Marketing verde; Produtos verdes; Redes de pesca*)

Selo Verde   Veja *Selos de aprovação ambiental.*

selos de aprovação ambiental   O interesse público por assuntos ambientais tem resultado em muitas propagandas sobre como os produtos são inofensivos ao meio ambiente, tanto no momento de sua produção quanto no momento de serem descartados. A maioria dessas propagandas de **marketing verde** são recursos publicitários baseados em pesquisas de *marketing* e não em pesquisas científicas.

Muitas organizações e empresas estão tentando formalizar e estabelecer selos de aprovação confiáveis para dar assistência ao consumidor. Nos Estados Unidos, duas novas organizações surgiram: a Cruz Verde e o Selo Verde. A Cruz Verde usa uma grossa cruz verde sobre um dos cantos de um globo azul, e o Selo Verde usa uma longa tarja verde onde está escrito "conferido" cruzando uma esfera azul. As duas companhias possuem seus próprios conjuntos de padrões ambientais e, para dar sua aprovoção, examinam as fábricas, testam os produtos da empresa e, se houver aprovação, permitem a afixação de seu selo nos produtos.

O governo federal norte-americano também procura participar com a Lei da Publicidade Ambiental que delega à EPA a determinação das linhas de conduta do *marketing* verde e estabelecer quando as empresas podem e não podem usar palavras como "reciclado" e "biodegradável".

Outros países também participam da padronização de publicidade ambiental. A Alemanha tem o selo Anjo Azul, o Canadá tem o selo Escolha Ambiental e o Japão tem o selo EcoMark. (Veja *Selo Flipper de Aprovação; Produtos verdes*)

selva   Refere-se aos **hábitats** caracterizados pela grande precipitação pluvial, geralmente encontrados nas regiões tropicais. (Veja *Floresta tropical úmida; Bioma*)

sempre-verde   Árvores e arbustos que possuem folhas durante o ano inteiro, tais como pinheiros e espruces. (Veja *Floresta decídua temperada; Taiga*)

sequóia-sempre-verde   Espécie de árvore mais alta do mundo e uma das mais antigas. Uma árvore madura média atinge 67 metros de altura, mas algumas chegam a medir 110 metros, com um tronco que pode medir de 3 a 4,5 metros. Essas árvores podem viver por mais de 2.000 anos! Elas são encontradas apenas em uma estreita faixa ao longo do oceano Pacífico, do extremo sul do estado do Oregon ao centro do estado da Califórnia, nos Estados Unidos. A **Liga de Salvação das Sequóias-Sempre-Verdes** tem ajudado a preservação dessas árvores desde 1918.

Serviço Florestal, passado e presente

Serviço de Notícias do Meio Ambiente Agência internacional dedicada a reunir e divulgar notícias ambientais do mundo todo. A notícia é enviada por redes de computadores e fax, revistas, jornais e organizações. Esse serviço está rotineiramente em contato com milhares de especialistas em meio ambiente que ajudam a encontrar, decifrar e explicar as notícias. Para maiores informações ligue para Environment News Service (001)(604) 732-4000, no Canadá. (Veja *MNS On-line*, *EcoNet*)

Serviço Florestal, passado e presente Em 1891, as Reservas Florestais dos Estados Unidos foram criadas e passaram a ser manejadas pelo Ministério do Interior. Em 1892, Gifford Pinchot achou que as florestas não estavam sendo manejadas adequadamente e convenceu o Congresso norte-americano a passar essas reservas para o controle da Secretaria de Florestas, que ele dirigia, no Ministério da Agricultura. Pinchot, depois, trocou o nome da Secretaria de Florestas para Serviço Florestal.

Durante uma boa parte dos 100 anos de história do Serviço Florestal, foi travada uma batalha para definir sua função primordial: preservação ou venda de madeiras. Inúmeras leis foram aprovadas para reformar o Serviço Florestal. Algumas tinham como interesse fundamental a preservação da terra, enquanto outras davam aos administradores florestais controle completo sobre a venda de madeiras, com uma visão estreita em relação à preservação. A batalha continua, mas as florestas estão se perdendo e a indústria madeireira está levando vantagem.

O Serviço Florestal atualmente está em processo de conclusão dos planos de manejo de 50 anos para cada uma das florestas norte-americanas, que foram determinados pela Lei de Manejo das Florestas Nacionais de 1976. Todas as indicações revelam que o serviço planeja favorecer o corte de madeiras e a construção de estradas em áreas protegidas. Isso está conduzindo à destruição dos recursos mais valiosos do país. A construção de estradas e a **abertura de clareiras** destroem os hábitats e a vida selvagem, além de provocarem a **erosão do solo** e a poluição dos cursos de água.

Durante os últimos 5 anos, mais da metade das florestas norte-americanas perderam dinheiro com a venda de madeiras. Ainda assim, os administradores do Serviço Florestal recebem recompensas financeiras pela venda de madeiras, mesmo quando fazem maus negócios. O Serviço Florestal tem um prejuízo anual de mais de 600 milhões de dólares com a administração de seus programas de venda de madeiras. Os contribuintes norte-americanos estão financiando a destruição de suas próprias florestas nacionais.

Segundo os ambientalistas, a maior parte das florestas nacionais encontram-se em locais remotos e não produzem madeira de alta qualidade suficiente para justificar o custo do corte dessas árvores. Os norte-americanos não apenas estão perdendo dinheiro como também destruindo os hábitats flo-

silvicultura

restais. Muitas organizações ambientais estão tentando alertar o Congresso e o público para essa situação e propondo uma reformulação nos objetivos do Serviço Florestal. Alguns desses objetivos são adotar uma moratória para a construção de estradas pelo Serviço Florestal, estabelecer um processo de eliminação da venda de madeira a baixo custo, abolir o sistema de preço que permite o lucro ao vendedor de madeira mas ignora os custos do contribuinte, e cobrar taxas para a caça e a pesca para dar aos administradores incentivos para a proteção da vida selvagem e da beleza natural das florestas. (Veja *Associação dos Empregados do Serviço Florestal para a Ética Ambiental, Manejo integrado de florestas*)

Sierra Club Fundado por **John Muir** e recentemente comemorou seu centenário (em 1992). Seu primeiro objetivo era ajudar a preservar a beleza da cadeia de montanhas de Sierra Nevada. Desde aquela época, o Sierra Club aumentou seus associados para 650.000 membros e de-sempenhou um importante papel na formação do **Sistema Nacional de Preservação de Parques e Regiões Selvagens**, protegendo mais de 53 milhões de hectares de terras públicas. Seus esforços de preservação concentram-se na limpeza da água e do ar, na segurança do descarte de resíduos tóxicos e nas questões de energia e população. O Clube abre processos e pressiona as agências para atingir seus objetivos. Ele ajudou a aprovar mais de cem dispositivos legislativos nos últimos 10 anos e a legislação do **Superfundo** para a limpeza de **resíduos tóxicos**. Possui numerosas publicações e é considerado o maior editor de publicações conservacionistas do mundo. Escreva para 730 Polk Street, San Francisco, CA 94109.

silvicultura Prática de cultivar e preservar florestas.

síndrome da doença das construções Conjunto de sintomas que as pessoas apresentam enquanto vivem em prédios fechados, mal ventilados devido aos **sistemas de aquecimento, ventilação e de ar-condicionado** ineficientes. Esses sintomas não podem ser atribuídos a uma única causa, como no caso das **doenças relacionadas com as construções**, e sim ao meio ambiente global da construção. Os sintomas são geralmente semelhantes ao resfriado e à gripe, incluindo a secura ou a queimação das cavidades nasais, além de olhos lacrimejantes e coriza. Freqüentemente grande número de pessoas são afetadas com os mesmos sintomas, ao mesmo tempo, no interior da construção. Os sintomas são provavelmente causados pelos baixos níveis de uma variedade de contaminantes na construção. O número de ocorrências da síndrome da doença das construções tem aumentado muito nos últimos anos. (Veja *Baubiologia; Poluição de interiores*)

síndrome de NIMBY NIMBY é um acrônimo para a expressão inglesa *Not In My Backyard* (não no meu quintal). Ela se refere à oposição a instalação de

sinecologia

novos **aterros sanitários**, usinas de **incineração** e **locais de descarte de resíduos perigosos**, entre outros. Quando as pessoas falam de expulsar os locais de resíduos, tais como aterros sanitários, o que elas realmente querem é combater os locais onde as pessoas permitirão que eles sejam construídos. Agora que as pessoas sabem dos perigos inerentes a essas instalações, elas procuram evitá-las. (Veja *NOPE*; *Síndrome de NIMEY*)

síndrome de NIMEY NIMEY é um acrônimo para *Not In My Election Year* (não em meu ano eleitoral), que é a contraparte dos políticos para a *síndrome de NIMBY* do eleitorado.

síndrome de NIOC NIOC é um acrônimo para *Not In Our Country* (não em nosso país). Alguns países subdesenvolvidos aceitam **resíduos perigosos** e **resíduos tóxicos** de outros países, como forma de gerar receitas. À medida que esses países tornaram-se mais conscientes dos riscos para a saúde relacionados com esses resíduos, algumas pessoas professam agora a síndrome de NIOC e recusam a idéia de seu país se tornar um local de despejo de resíduos perigosos. (Veja *Síndrome de NIMBY*; *Síndrome de NIMEY*; *NOPE*; *YIMBY–FAP*)

Sinecologia Também chamada de **Ecologia da comunidade**, estuda como os grupos de **populações**, chamados de **comunidade**, coexistem no mesmo meio ambiente, ao mesmo tempo. Ela estuda por que o número e a mistura de diferentes espécies em uma determinada área muda com o passar do tempo, o que controla a dispersão de uma população em uma área e por que essas mudanças ocorrem. (Veja *Migração*; *Competição*)

singás Combustível sintético gasoso criado a partir do **carvão** ou da **biomassa** por meio de um processo de gaseificação. O nome é uma abreviação de gás natural sintético, substância que é semelhante ao gás natural, mas não tem nem um quarto da mesma quantidade da energia disponível que o gás natural. (Veja *Biocombustíveis*)

Sistema de Monitoramento Global do Meio Ambiente (GEMS – Global Environment Monitoring System) Trata-se de uma tentativa mundial de monitoramento do meio ambiente global e que faz cobranças regulares acerca da saúde de nosso planeta. Cento e quarenta e dois países participam da coleta global de informações e das cobranças. A organização foi fundada em 1972 como um braço para o monitoramento e cobrança mundial do **Programa de Meio Ambiente das Nações Unidas**.

Sistema Holdridge de Zonas de Vida Veja *Zonas de vida*.

sistemas ativos de aquecimento solar

Sistema Nacional de Preservação de Parques e Regiões Selvagens

Criado em 1964, quando o presidente norte-americano Johnson assinou uma lei (*The Wilderness Act*), estabelendo que cerca de 3,6 milhões de hectares estavam protegidos pelo governo federal. Atualmente existem mais de 36 milhões de hectares de regiões selvagens protegidas divididas em 546 áreas, das quais a maioria encontra-se no Alasca (22,8 milhões de hectares). Essas áreas que são designadas como selvagens não possuem rodovias e são protegidas pela lei para permanecerem intocadas. Incluem florestas nacionais (13,6 milhões de hectares) manejadas pelo **Serviço Florestal** norte-americano, parques nacionais (15,8 milhões de hectares) manejados pelo Serviço de Parques norte-americano, refúgios de vida selvagem (8,4 milhões de hectares) manejados principalmente pela Serviço de Pesca e Vida Selvagem norte-americano e outras áreas manejadas pela Secretaria de Manejo de Terras (648.000 milhões de hectares). As áreas selvagens representam apenas uma pequena parcela dos 256 milhões de hectares de terras públicas. (Veja *Grand Canyon; Floresta Nacional de Tongass; Refúgio Nacional Ártico de Vida Selvagem; Aquisição de terras, áreas selvagens*)

sistemas ativos de aquecimento solar

Utilizam painéis solares montados sobre os telhados. Os painéis coletam e concentram a energia solar numa série de tubos que contêm uma solução anticongelante ou ar comprimido. À medida que a solução anticongelante ou o ar se aquece, ele é bombeado para um reservatório isolado. Os ventiladores, controlados por termostato, distribuem o calor estocado através dos dutos convencionais de ventilação para o interior da residência.

Em pelo menos 60% do ano, a maioria das áreas nos Estados Unidos recebe luz solar suficiente para aquecer as casas dessa maneira. Em áreas que não recebem luz solar suficiente, os sistemas convencionais de aquecimento são necessários.

A água para uso doméstico também pode ser aquecida com "sistemas ativos de aquecimento solar". Cerca de 1 milhão de residências nos Estados Unidos obtêm água aquecida por meio desse método. Sessenta e cinco por cento de toda a água doméstica em Israel possui sistema de aquecimento solar, cuja instalação custa o equivalente a 500 dólares por casa. (Veja *Energia solar; Energia alternativa*)

sistemas de aquecimento, ventilação e de ar-condicionado

No começo da década de 70, muitas construções foram erguidas com janelas que não abriam, para economizar energia. O meio ambiente interior dessas construções é controlado pelos sistemas HVAC (*heating, ventilation and air-conditioning*). O ar fresco é introduzido no sistema, mas a maior parte simplesmente circula no interior da construção. Quando esses sistemas não funcionam adequadamente, os poluentes e os contaminantes do equipa-

sistemas passivos de aquecimento solar

mento, dos materiais de construção, da mobília, do carpete e da fumaça ficam retidos no interior da construção. Dois tipos de problemas de saúde têm sido relacionados com esse tipo de construção: **doenças relacionadas com as construções e a síndrome da doença das construções.** (Veja *Liberação de gases; Baubiologia; Poluição de interiores; Febre de umidificadores; Formaldeído*)

sistemas de rodovias inteligentes A cada ano, milhões de dólares são gastos nos Estados Unidos na pesquisa de maneiras de criar "rodovias inteligentes". De modo otimista, essas tecnologias esperam reduzir em 50% a média de viagens diárias ao trabalho em áreas populosas. Alguns dos aspectos mais simples dessa tecnologia já estão em operação em algumas áreas. Por exemplo, algumas estradas monitoram o fluxo de veículos com a introdução de aros detectores de indução magnética a cada 800 metros. Os dados do tráfego são coletados por aparelhos ao lado da estrada, passando as informações para um computador. O computador controla os sinais de tráfego e as placas rodoviárias em um esforço para minimizar os congestionamentos.

Os planos mais avançados para sistemas de rodovias inteligentes incluem enviar conselhos diretamente aos motoristas através de aparelhos de recepção nos carros e, algum dia, até controlar a velocidade do carro, freá-lo, e possivelmente dirigi-lo. (Veja *Transporte de massa; Ecocidades; Alternativas de combustível para automóveis*)

sistemas passivos de aquecimento solar Absorvem a energia do Sol na forma de calor para uso imediato. As janelas isolantes, por exemplo, permitem que a energia dos raios solares penetre, mas não deixam que o calor resultante saia. Paredes especialmente projetadas e feitas de concreto, adobe, tijolo ou pedra absorvem a energia solar e gradualmente liberam calor depois que o Sol se põe.

As residências e outras construções projetadas para usar o calor solar reduziram drasticamente as necessidades de outras fontes de energia. Nos Estados Unidos, existem cerca de 300.000 residências e 17.000 instalações comerciais usando sistemas passivos de aquecimento solar com **superisolantes** (para manter o calor). Essas construções obtêm cerca de 35% de suas necessidades energéticas diretamente do Sol, mas necessitam repassá-las para os sistemas convencionais de aquecimento. Entretanto, existe tecnologia para fornecer aproximadamente 80% das necessidades de calor das novas construções com instalações solares passivas. O calor solar pode também fornecer água quente para uma residência com o uso de sistemas passivos solares de aquecimento de água, que passam a água através de tubulações aquecidas pelo sol.

Acredita-se que um bom sistema passivo de aquecimento solar em uma residência **superisolada** seja a forma mais barata de aquecer uma casa em regiões onde haja luz solar suficiente. Embora aumente o custo de construção de uma nova casa em 5 a 10%, ele reduz os custos de operação total da casa em 30 a 40%. (Veja *Energia solar; Usinas de energia termo-solar*)

SLAPP Acrônimo em inglês para *Strategic Lawsuit Against Public Participation* (Ação Judicial Estratégica Contra a Participação Pública). O Primeiro Artigo da Constituição dos Estados Unidos garante o direito do indivíduo de participar de qualquer ação legal para influenciar seu governo. Isso inclui ações tais como assinar petições, escrever cartas, denunciar violações da lei, realizar manifestações públicas, audiências públicas, boicotes e outros tipos de manifestações semelhantes. A SLAPP é uma ação judicial movida por alguém com uma visão oposta, cujo único objetivo é reprimir essas atividades – em outras palavras, tornar muito desconfortável e caro manifestar-se contra (ou a favor de) alguma questão.
Centenas dessas ações foram movidas como um esforço para impedir que os ambientalistas expressem suas opiniões acerca de questões ambientais. As pessoas que protestam contra empreendimentos econômicos e empresas públicas e privadas têm sido combatidas com SLAPPs. Mais recentemente, as SLAPPs foram usadas contra organizações ambientais tais como a Conservação da Natureza e o Sierra Club. (Veja *CONTRA-SLAPP*)

smog Originalmente, refere-se à combinação de fumaça (das chaminés) e nevoeiro. Entretanto, hoje em dia refere-se a qualquer acumulação visível de substâncias que causam a **poluição do ar**. Os poluentes emitidos diretamente no ar são chamados de poluentes primários e os outros, produzidos pelas reações químicas provocadas pela influência do sol, são chamados de **poluentes secundários do ar**. (Veja *Smog fotoquímico; Smog industrial; Cúpula de poeira; Efeito ilha de calor urbana*)

smog cinza Sinônimo de **smog industrial**. (Veja *Poluição do ar*)

smog fotoquímico A queima de **combustíveis fósseis** libera cinco poluentes primários do ar. Muitos desses poluentes primários reagem entre si na presença da luz solar, criando os **poluentes secundários do ar**. A poluição causada por esses poluentes secundários é chamada de *smog* fotoquímico.
O **ozônio** é o principal componente do *smog* fotoquímico. Os compostos de nitrogênio (um poluente primário) reagem na presença da luz solar para criar o ozônio no nível terrestre (um poluente secundário). O ozônio danifica a clorofila das plantas e os tecidos pulmonares dos animais. Depois que o ozônio no nível terrestre se forma, ele se combina com outros poluentes primários (tais como os hidrocarbonos) para formar novas substâncias chamadas de nitratos peroxiacil, que causam sérias irritações nos olhos.

solo

O *smog* fotoquímico é intensificado por certos fatores climáticos e geográficos, um processo chamado de **inversão térmica**.

sobrecarga Refere-se ao material que, encontrado sobre um veio de carvão, (Veja *Mineração a céu aberto*)

Sociedade Costeira Legalizada em 1975, atua como um fórum para os profissionais dos recursos costeiros e outros interessados em promover uma melhor compreensão dos recursos costeiros e seu uso sustentado. Seus objetivos são: encorajar a cooperação e a comunicação, promover a conservação e o uso sensato dos recursos costeiros, ajudar o governo e a indústria a equilibrar desenvolvimento e preservação ao longo das linhas costeiras do mundo, além de ampliar a compreensão e a valorização dos recursos costeiros. Escreva para The Coastal Society, P.O. Box 2081, Gloucester, MA 01930-2081.

Sociedade das Áreas Selvagens Seu objetivo tem permanecido o mesmo desde que foi fundada pelo famoso conservacionista e escritor **Aldo Leopold**, que pregou a crença de que a terra não é uma mercadoria, e sim um recurso valioso. Fundada em 1935, possui 400.000 membros e concentra seus esforços no trabalho junto ao Congresso norte-americano para que as terras públicas federais sejam preservadas e manejadas. Eles também estão engajados na educação conservacionista. A taxa anual paga por seus membros é de 30 dólares. Escreva para 900 17th Street NW, Washington DC 20006.

Sociedade Nacional Audubon Fundada em 1905, trabalha no sentido de proteger a vida selvagem e seus hábitats principalmente através da educação, pesquisas e ações políticas. A sociedade tem mais de 500.000 membros, distribuídos em quinhentas sedes por toda a nação norte-americana, e que atuam em questões de conservação locais. A sua revista *Audubon* é reconhecida mundialmente por suas fotografias da natureza. A taxa anual dos membros é de 30 dólares. Escreva para 700 Broadway, New York, NY 10003-9501.

Sociedade Xerces Dedica-se a evitar a extinção dos invertebrados causada pela intervenção humana, entre os quais muitos **insetos**. A Sociedade Xerces tem três programas: ciência da conservação, educação e políticas públicas. Escreva para 10 Southwest Ash Street, Portland, OR 97204. (Veja *Insetos*)

Sociobiologia Estudo da Biologia do comportamento social.

solo Mistura de minerais (matéria inorgânica) e organismos mortos em decomposição (matéria orgânica) que forma uma fina camada sobre a superfície terrestre. O solo também contém ar, umidade e inúmeros **organismos do solo**. O solo nutre e sustenta o desenvolvimento das plantas. Ele é compos-

sucessão

to de uma mistura de diferentes tipos de **partículas do solo**. Cerca de 14.000 **tipos de solo** foram classificados nos Estados Unidos.

solo arável Camadas de solo que contêm grandes quantidades de matéria orgânica. (Veja *Horizontes do solo; Organismos do solo*)

styropeanuts A popular embalagem "peanuts" que freqüentemente é encontrada em máquinas automáticas é chamada de *styropeanuts*. Tal como os copos de café, elas são feitas de **poliestireno (PS)**, que representa cerca de 11% de todos os plásticos. Uma vez que eles são naturalmente volumosos, ocupam um grande espaço nos **aterros sanitários** e, como a maioria dos produtos **plásticos**, não são biodegradáveis. Para resolver os problemas de descarte causados pelos *styropeanuts*, algumas opções estão sendo estudadas. Os projetos de reciclagem foram iniciados recentemente. Alguns projetos de pequena escala reutilizam os *styropeanuts* na sua forma original. Um grupo de empresas químicas planeja abrir cinco usinas de reciclagem de poliestireno, que limparão e transformarão em pelotas esses produtos, de maneira que possam ser usados na fabricação de artefatos tais como bandejas e cestas de lixo. Eles esperam que 25% do poliestireno esteja sendo reciclado a partir de 1995.

Estão surgindo também alternativas aos *styropeanuts*, entre as quais o uso de pipoca que é, logicamente, biodegradável. Uma nova geração dessas embalagens "peanuts" é atualmente produzida a partir de fécula vegetal. Essa espuma semelhante aos "peanuts" não é tóxica e se degrada em contato com a água. (Veja *Reciclagem de plásticos*)

sucessão Enquanto os organismos vivem em seu meio ambiente, eles mudam esse meio ambiente, tornando-o menos adequado para si próprios e mais adequado para outros tipos de organismos. Esse processo resulta em uma área habitada por coleções de diferentes organismos em estágios previsíveis, apresentando formas mais simples no início e formas mais complexas posteriormente. Essa série de mudanças na comunidade é chamada de sucessão.

O primeiro estágio é chamado de comunidade pioneira e o estágio final, que permanece estável com poucas mudanças, é chamado de comunidade clímax. Todos os estágios juntos formam uma sere. Os diferentes tipos de comunidades clímax são chamados de **biomas**.

Existem dois tipos principais de sucessão: primária e secundária. A sucessão primária ocorre em uma área que nunca foi colonizada por organismos, tal como a rocha estéril criada a partir do fluxo de lava. Isso é chamado de sucessão primária terrestre. Quando o meio ambiente é um hábitat aquático, ela é chamada de sucessão primária aquática.

A **sucessão secundária**, que é a mais comum, ocorre quando uma comu-

sucessão secundária

nidade existente foi totalmente destruída por eventos tais como incêndios florestais, enchentes ou a abertura de clareiras na floresta. A sucessão secundária difere da primária, uma vez que a terra não foi reduzida a uma rocha nua. (Veja *Sucessão terrestre primária; Sucessão aquática primária*)

sucessão aquática primária Todos os poços e lagos estão destinados a se tornarem parte da terra. Essa progressão natural é chamada de sucessão aquática primária. Isso supõe que o processo foi iniciado desde o momento em que o corpo de água foi criado e continuará até que o corpo de água seja completamente preenchido. O processo inteiro pode levar milhares de anos.

Os processos básicos são semelhantes em todos os tipos de **sucessão**, mas com os meios ambientes aquáticos existe um fluxo contínuo de solo e matéria orgânica das terras circundantes para a água. Quando as matérias ricas em nutrientes penetram na água, mais organismos podem se estabelecer. Quando eles morrem, contribuem para o aumento de sedimentos e matéria orgânica no fundo. Quando a água torna-se mais rasa, estabelecem-se novas espécies de plantas que emergem para fora da água.

Quando os sedimentos tornam o corpo raso, de forma a permitir que as plantas cresçam próximo à superfície, a água começa a secar, criando uma planície úmida. Quando o corpo fica seco, os organismos terrestres penetram nele e o processo continua até que a comunidade clímax se estabeleça. (Veja *Sucessão terrestre primária; Ecossistemas aquáticos*)

sucessão secundária Semelhante à sucessão primária, exceto pelas condições iniciais do meio ambiente. Na sucessão primária, a terra é estéril e não havia sido colonizada anteriormente. A sucessão secundária começa quando uma área é devastada por eventos naturais ou produzidos pelo homem. Os exemplos de ocorrência natural incluem incêndios florestais e enchentes, enquanto os eventos artificialmente produzidos incluem a **abertura de clareiras**, a intensa **poluição da água**, a **exploração mineral** ou a derrubada de áreas de florestas para a agricultura (que são posteriormente abandonadas).

Uma vez que o solo, os sedimentos e a matéria orgânica ainda existem nesses ambientes, a velocidade com que a sucessão ocorre é mais rápida do que a ocorrida com a sucessão primária, levando uma ou duas centenas de anos. Um exemplo de sucessão secundária numa fazenda abandonada no sudeste norte-americano atravessa os seguintes estágios, começando com um campo arado. O estágio pioneiro consiste no estabelecimento de relva de ciclo anual tal como capim-das-hortas. Isso ocorre durante os primeiros 2 anos, quando germinam as sementes adormecidas que ficaram no solo. Durante as próximas décadas, a grama ou outras pequenas **plantas perenes** se desenvolvem em conjunto com alguns poucos arbustos. As ciperáceas

sucessão terrestre primária

são as espécies **dominantes** durante os primeiros estágios. Elas estabilizam o solo para que novas plantas de pinheiro ou espruces criem raízes. Durante os 10 ou 20 anos seguintes as árvores de pinheiros crescem com altura suficiente para sombrear o terreno, eliminando as ciperáceas. A sucessão entra agora nos seus estágios intermediários.

A competição por umidade e pela luz solar evita que novas plantas de pinheiros sobrevivam entre o **padrão** de árvores existente. Árvores de madeira de lei tais como o carvalho começam a crescer expulsando os pinheiros. Finalmente árvores frondosas e sombreiras tais como o corniso preenchem a **camada de médio porte**(?) no estágio clímax, resultando numa comunidade relativamente estável. (Veja *Bioma; Sucessão*)

sucessão terrestre primária Uma região terrestre estéril tornar-se-á habitada primeiro por organismos simples e depois, gradualmente, irá se transformando em abrigo de organismos mais avançados, até que uma comunidade clímax estável se desenvolva. O processo de mudança gradual na formação de uma comunidade é chamado de sucessão e geralmente leva muitas centenas de anos para se completar. Quando o processo começa com a rocha estéril, ele é chamado de sucessão terrestre primária. (Se começou em um hábitat de água parada, é chamado de sucessão aquática primária.)

No passado, imensas porções da Terra estavam estéreis quando as geleiras retrocederam, no final da última **era do gelo**. Atualmente, as áreas estéreis são ocasionalmente produzidas devido à ação vulcânica que cria novas formações de lava, aos deslizamentos de lama em larga escala, à criação de novos bancos de areia ou outros eventos catastróficos. As regiões estéreis também são criadas pelos processos humanos tais como a mineração a céu aberto, que desnuda a superfície terrestre.

Os estágios progressivos da sucessão primária, começando com a rocha nua, são os seguintes: a **comunidade pioneira** inclui liquens que ajudam a estabelecer a camada superficial do solo, decompondo a rocha (junto com a erosão) e formando **húmus**, quando morrem e se decompõem. O **solo** passa a abrigar musgos, algumas **plantas anuais**, vermes pequenos e **insetos** que se estabelecem nele. Quando o solo torna-se mais rico devido à decomposição dos organismos, ocorrem os estágios intermediários da sucessão. Isso inclui o estabelecimento de grama, arbustos e freqüentemente algumas árvores que não se desenvolvem à sombra, além de animais maiores.

A comunidade clímax final começa a se estabelecer; ela pode incluir árvores que se desenvolvem à sombra e um grande número de animais. A comunidade clímax é determinada por muitos fatores, incluindo a temperatura e a quantidade de água da área. A sucessão pode começar em algumas áreas de areia e não de rocha. (Veja *Bioma*)

sumidouro

sudd Enorme massa de plantas flutuantes que pode obstruir córregos, rios e barragens.

sumidouro Quando as **águas subterrâneas** estão substancialmente reduzidas devido à exploração de água ou à seca, as terras que eram anteriormente saturadas podem entrar em colapso, formando uma grande depressão na superfície terrestre chamada de sumidouro. Isso geralmente ocorre em regiões onde os **terrenos cársticos** são comuns. Alguns sumidouros podem ser grandes o suficiente para destruir casas inteiras. (Veja *Aqüíferos*)

Superfundo Em um esforço para limpar os numerosos locais de **descarte de resíduos perigosos** espalhados pelos Estados Unidos, o Congresso norte-americano criou o Estatuto de Amplo Compromisso, Responsabilidade e Compensação Ambiental (*CERLCA – Comprehensive Environmental Response, Liability, and Compensation Act*), que estabelece um grande fundo, comumente chamado de Superfundo, a ser administrado pela **EPA**. Esse fundo é usado para limpar aqueles locais considerados mais perigosos e que foram colocados na Lista de Prioridade Nacional. O estatuto foi também projetado para estabelecer um plano de limpeza compromissada e fazer com que os responsáveis pela poluição paguem a maior parte do custo necessário para limpá-la. Esse estatuto foi atualizado e os fundos aumentaram, mas é ainda considerado por muitos ambientalistas como uma iniciativa passageira. Dos mais de 1.200 locais colocados na lista, menos de sessenta foram limpos até a presente data.
Uma das razões para esse número insignificante é o fato de os infratores acharem mais econômico lutar contra a EPA na justiça do que limpar os resíduos tóxicos. Quase 5 bilhões de dólares dos recursos do Superfundo foram gastos com despesas legais em vez de serem utilizados na limpeza.

superisolante Isolante usado em construções junto com uma variedade de avançadas tecnologias de isolamento, que incluem aspectos tais como, dupla ou tripla camada de verniz, vedação de gás, janelas de baixa emissividade e tijolos de fibra de vidro isolantes com **valor R** de 35 a 40. Os superisolantes reduzem muito os custos com energia. (Veja *Isolamento térmico, construções*)

supermercados de alimentos orgânicos A produção organicamente desenvolvida e o gado orgânico são vendidos em cerca de 6.000 pequenos mercados especializados, mas recentemente tem surgido um grande número de supermercados de alimentos orgânicos. Existem cerca de cinqüenta deles nos Estados Unidos, além dos 30.000 supermercados comuns existentes. Algumas pessoas, preocupadas com sua saúde e com o meio ambiente, preferem comer produtos que não tenham se desenvolvido à base de **fertilizantes** e **pesticidas** sintéticos, e carnes que não contenham

superpopulação

hormônios sintéticos nem antibióticos. Bread & Circus, Whole Foods Market e Alfafa's são algumas das cadeias de supermercados de alimentos orgânicos existentes nos Estados Unidos. (Veja *Pesticidas biológicos; Inseticidas naturais; Controle biológico; Fertilizante orgânico*)

superpastoreio Taxa de alimentação de animais de pastagem que supera a capacidade de renovação da vegetação, o que provoca danos ao ecossistema. (Veja *Erosão do solo; Desertificação*)

superpopulação Significa que existem mais indivíduos em uma população do que recursos para sustentá-la. A existência de muitos coelhos sem comida, água e abrigos suficientes resulta em superpopulação, morte e declínio da população de coelhos. Mais especificamente, o termo superpopulação é usado quando a **capacidade de suporte** de uma área é excedida e a sobrevivência dos indivíduos de uma população fica ameaçada. A isso segue-se um declínio da população causado por forças naturais tais como fome ou doenças.

Quando falamos de populações humanas, incluímos não apenas a "sobrevivência", mas também a saúde e o bem-estar dos indivíduos para determinar a existência de uma superpopulação. (Veja *População; Tempo de duplicação nas populações humanas; Faixa de tolerância; Fator limitante*)

taiga Um dos vários tipos de **biomas**. Os fatores básicos que diferenciam os biomas são a temperatura e a precipitação. A taiga também é chamada de floresta conífera do norte ou floresta boreal. A precipitação fica entre 250 e 1000 mm por ano. Essas regiões têm invernos rigorosos e longos e verões curtos e frios.
As plantas **dominantes** são as árvores coníferas, incluindo o espruce, o abeto e o lariço com folhas finas e agulhadas que minimizam a perda de água. (A água é preciosa já que ela fica presa na neve e no gelo ao longo dos invernos.) A maioria dos pássaros é migratória e a maioria dos insetos torna-se inativa no inverno. Muitos mamíferos pequenos habitam a taiga e os animais maiores incluem o cervo, o alce americano e os lobos.

tarn Pequeno lago ou poço localizado no alto de uma região montanhosa.

Taxa Nacional de Energia Essa taxa, aprovada em 1992 pelo Congresso norte-americano, foi criada para tornar mais eficiente o sistema elétrico e de **gás natural** encanado e para incentivar a pesquisa e o uso de **energia renovável**. Entretanto, a taxa fornece subsídios para a indústria petrolífera, mas nenhum subsídio para a redução de nossa dependência do petróleo. Ela também realça o papel do uso de **energia nuclear** no futuro e reduz muitas das salvaguardas existentes para a concessão de licenças dessas usinas. (Veja *Uso da energia*)

taxa verde Refere-se às taxas impostas aos produtos ou atividades que poluem, esgotam ou degradam o meio ambiente. Essas taxas atuam como um incentivo para reduzir a abundância desses produtos ou atividades, exigindo que alternativas sejam encontradas, e também ajudam a pagar a recuperação dos danos já causados. Uma das taxas propostas se baseia na quantidade de carbono usado em **combustíveis fósseis**, chamada de taxa de carbono. Outras propostas de taxas incluem aquelas sobre a produção de **resíduos perigosos**, sobre a venda de **pesticidas**, sobre o uso de papel virgem e sobre o esgotamento das águas dos **aqüíferos**.
Uma das poucas taxas já em vigor é a taxa sobre os **CFCs**, usados como refrigerantes e principal causa da **depleção de ozônio**. A taxa foi instituída para obrigar a indústria a encontrar substitutos para o CFC e também para gerar 5 bilhões de dólares para a receita federal norte-americana em 5 anos.

taxol

Na Europa, as taxas verdes têm sido adotadas com pleno êxito há muitos anos. (Veja *Taxas de descarte; Projetos-lei para garrafas*)

taxas de descarte (despesas) Ajudam a pagar os custos de descarte de certos produtos. Elas geralmente são impostas ao consumidor, mas podem também ser impostas ao produtor (que provavelmente irá repassar a despesa de novo ao consumidor). Essas taxas podem ser do tipo "no preço final", incluídas no momento da compra, ou do tipo "descarte final", que são cobradas no momento em que o produto é descartado.

As taxas do tipo descarte final incluem as taxas de despejo ou de acesso a **aterros sanitários** ou às instalações de **incineração**. As taxas do tipo preço final incluem taxas ou vales sobre produtos tais como baterias de carros e pneus, ou garrafas de refrigerantes.

Nos Estados Unidos, por exemplo, os estados de Connecticut e Washington cobram um depósito de 5 dólares em cada compra de bateria de carro, e o estado de Maine cobra uma taxa de 5 dólares sobre a compra de aparelhos maiores. (Veja *Projetos-lei para garrafas; Taxa verde; Reciclagem de aparelhos; Reciclagem*)

taxol Substância natural encontrada na casca de árvores taxáceas que crescem espalhadas através das florestas virgens do noroeste do Pacífico. Estudos têm demonstrado que o taxol é um tratamento efetivo para algumas formas avançadas de câncer. Muito pouco taxol pode ser extraído dessas árvores. Seis árvores centenárias produzem uma quantidade suficiente para tratar apenas um paciente. Estão sendo feitas tentativas para extrair a droga dos nós das árvores, que pode crescer novamente, em vez de retirar toda a casca da árvore, o que a mata e ao mesmo tempo elimina a possibilidade de extrair mais dessa substância. Além disso, os cientistas estão tentando sintetizar a droga, para que possa ser manufaturada em labo-ratório. (Veja *Desmatamento*)

Taxonomia Estudo da descrição, nomeação e classificação dos organismos.

tecnologias primitivas Instrumentos e técnicas de povos primitivos que demonstram como os seres humanos sobreviveram sem o uso dos modernos equipamentos de alta tecnologia. Esses instrumentos incluem armas tais como atlatls, bastões de apanhar coelhos, bolas e estilingues. As técnicas e ferramentas mais domésticas incluem o uso primitivo das mãos para escavar, produzir fogo esfregando pedras e o preparo de alimentos e de remédios. Essas e outras tecnologias primitivas são ensinadas na Boulder Outdoor Survival School (Escola de Sobrevivência ao Ar Livre de Boulder), em Flagstaff, no estado norte-americano do Arizona.

tempo de decomposição Período que um artigo leva para se decompor (biodegradar) em materiais orgânicos que as futuras gerações de plantas

tempo de duplicação nas populações humanas

podem usar. Quanto menor o tempo de decomposição, mais biodegradável é o artigo. O tempo de decomposição de um artigo é muito variável e depende da maneira como ele foi acondicionado em um **aterro sanitário**, onde a água e o ar são escassos, e o artigo pode ter pouco contato com esses elementos.

Por exemplo, a maioria dos produtos de papel decompõe-se rapidamente sob condições normais, mas leva décadas para se decompor em um aterro sanitário. A maioria dos resíduos orgânicos de jardim, tais como grama cortada, em poucos dias torna-se um **fertilizante orgânico** útil, se deixado sobre a relva, mas tem um tempo de decomposição que dura anos em um aterro sanitário. A maioria dos plásticos tem um tempo de decomposição que dura centenas ou milhares de anos, conforme esteja ou não em um aterro sanitário. (Veja *Ciclo da grama; Reciclagem de papel; Reciclagem de plásticos*)

tempo de duplicação nas populações humanas A população humana está crescendo a uma taxa de 1,8% ao ano, que parece ilusoriamente pequena. Ao longo do tempo, entretanto, essa taxa significa realmente um crescimento rápido. Por exemplo, se você tomar 100% de uma população e aumentá-la em 10% no primeiro ano, você terá uma nova população de 110% do tamanho original. Um novo aumento de 10% no ano seguinte significa 10% sobre 110, o que resulta em uma nova população de 12% do tamanho da população original. A ilusão torna-se clara depois de alguns poucos anos de crescimento.

Um dos métodos mais fáceis de entender a magnitude desse crescimento é verificar quanto tempo leva para uma população existente dobrar de tamanho. Os países que têm taxas de crescimento de 4,0% ou mais, tais como Quênia e Arábia Saudita, dobram sua população a cada 17 anos ou menos. As taxas de crescimento de 3 a 3,99%, tais como as que ocorrem na Nicarágua, na Argélia e no Irã, dobram a população desses países a cada período entre 18 e 23 anos. Taxas de crescimento entre 2 e 2,99%, como as da Índia e do México, significam que a população desses países dobra a cada período entre 24 e 34 anos. Taxas de crescimento entre 1 e 1,99% fazem com que a população de países como a China, a Austrália e a Argentina dobre a cada período entre 35 e 70 anos. Taxas de crescimento entre 0 e 0,99%, como as dos Estados Unidos, Canadá, Rússia e a maior parte da Europa, fazem com que suas populações dupliquem a cada 71 anos ou mais, ao passo que alguns países como Suécia e Alemanha apresentam um declínio populacional. (Veja *Capacidade de suporte, Superpopulação*)

teratogênico Substâncias que provocam a má-formação congênita. (Veja *Resíduos tóxicos*)

Termodinâmica, Segunda Lei da Estabelece que quando a energia é convertida de uma forma para outra, parte da energia útil é perdida, geralmente

textura do solo

na forma de calor. Quando o carvão (energia química) é queimado para gerar eletricidade (outra forma de energia) nas usinas, grandes quantidades de energia se perdem na forma de calor e tornam-se inúteis. Essa mesma perda ocorre na passagem de um nível trófico para outro, conforme explicado no verbete **pirâmides de energia**.

terraceamento As plantações que se desenvolvem em terrenos inclinados estão sujeitas à excessiva **erosão do solo**. O terraceamento é uma técnica de **conservação do solo** na qual o terreno inclinado é cortado para formar uma série de terraços horizontais onde as plantas são cultivadas. A água flui gradualmente de um terraço para outro em cascata.

terra firme Condição do solo em que grandes quantidades de argila se acumulam e criam uma camada impermeável à passagem de água. A terra firme é comum em solos de florestas. (Veja *Textura do solo; Tipos de solo*)

terra inativa Terra deixada sem cultivo para recuperar sua produtividade. (Veja *Conservação do solo*)

terra preta (marga) Tipo de solo que consiste de 40% de areia, 40% de silte e 20% de argila. A terra preta é considerada o **tipo de solo** ideal para a maioria das plantações, uma vez que possui excelentes características de aeração e drenagem. (Veja *Organismos do solo*)

terras áridas Localizam-se em uma região **árida** tal como um deserto, com pouca vegetação e acentuada **erosão** na superfície.

terreno cárstico Quando a água percorre seu caminho pelo solo, algumas vezes ela passa através de regiões contendo calcário ou gesso. A água mistura-se com ácidos no solo, que dissolvem, quebram e decompõem a rocha. O substrato deteriorado é chamado de terreno cárstico e provoca muitas cavernas subterrâneas e sumidouros superficiais. (Veja *Águas subterrâneas; Aqüíferos*)

teto vegetal Camadas contínuas de folhagem em uma floresta formadas pelas copas das árvores. Nas **florestas tropicais úmidas**, podem existir duas ou três camadas de teto vegetal. Cada camada de teto vegetal é um **hábitat** para os organismos.

textura do solo Determinada por diferentes misturas dos três tipos de partículas do solo: areia, silte e argila. Por exemplo, um solo com 40% de partículas de areia, 40% de partículas de silte e 20% de partículas de argila é chamado de "marga". Para um solo ser chamado de "arenoso", ele deve conter pelo menos 85% de partículas de areia e a porção remanescente, uma mistura de silte e argila. Para um solo ser chamado de "argiloso", ele deve conter pelo menos 40% de partículas de argila e o restante, uma mistura de areia e silte.

tipos de solo

THM Acrônimo para tri-halometanos. Essas são substâncias produzidas quando a água é clorada, como parte do processo municipal de tratamento da água de beber. O gás do cloro entra em contato com a matéria orgânica que flutua na água, tal como folhas, gramas ou partículas de comida, e produz THMs. O clorofórmio é um THM bastante conhecido. Muitos THMs têm causado câncer nos animais de laboratório e podem contribuir para má-formação congênita. Por essa razão, a EPA estabeleceu um limite tolerável de 100 partes de THM por 1 bilhão de partes de água de beber. Uma vez que muitas usinas de tratamento têm dificuldade em atingir esse padrão, estão começando a usar alternativas que não produzem THMs. (Veja *Cloração*)

Three Mile Island, acidente de O pior acidente em uma usina de energia nuclear dos Estados Unidos ocorreu no dia 29 de março de 1979, na usina de energia nuclear de Three Mile Island, no estado da Pennsylvania. Uma série de falhas de equipamentos e erros humanos fez com que o reator perdesse seu refrigerante e sofresse uma **fusão** parcial, o que resultou na perda de uma grande quantidade de radiação. Um conselho de evacuação foi criado. Os custos para fechar o reator ultrapassaram 1 bilhão de dólares. (Veja *Chernobyl; Energia nuclear*)

tigela de pó Entre os anos de 1933 e 1939, cerca de 400.000 km^2 de terras cultiváveis das Grandes Planícies dos Estados Unidos foram despojados de sua camada de solo superficial. Enormes tempestades de poeira transformavam o dia em noite. A terra tinha sofrido um processo intenso e contínuo de aragem e plantio durante décadas, o que transformou o antigo solo fértil em pó. Acredita-se que, no dia 11 de maio de 1934, uma tempestade tenha levantado cerca de 300 milhões de toneladas de solo superficial. Em muitos dos estados afetados, 60% da população foi forçada a se mudar para outros locais que lhes dessem meios de sobrevivência.
As causas da **erosão do solo** durante a "Grande Tigela de Pó" foram compreendidas e podem ser eficientemente controladas com métodos de conservação do solo que incluem o **cultivo conservacionista**, a **plantação em contorno**, a **plantação em terraços**, a **plantação alternada em faixas** e o **quebra-vento**, entre outras. As práticas agrícolas ineficientes, no entanto, ainda persistem nos Estados Unidos e principalmente em muitos países subdesenvolvidos, o que provoca perdas devastadoras da camada superficial do solo em termos globais.

tipos de solo Existem milhares de tipos de solo, mas os solos mais importantes podem ser agrupados em duas categorias principais: solos para pastagem, chamados de **chernozém**, e solos florestais, chamados de **podsol**. Os solos de pastagem se formam em áreas com limitadas quantidades de chuva. Isso mantém os nutrientes no **horizonte do solo** superficial (horizonte "A"), evitando a lixiviação para o horizonte "B". Uma vez que os nu-

toxicidade crônica

trientes permanecem próximos à superfície, o sistema radicular é raso. Os solos florestais, entretanto, ocorrem em áreas com mais pluviosidade, o que resulta na lixiviação dos nutrientes, produzindo um horizonte "B" mais profundo, que dá suporte a um sistema radicular mais amplo.

torta amarela O minério de urânio de baixo grau é minerado para produzir combustível para os **reatores nucleares**. O minério passa por um processo de trituração, o que significa esmagá-lo e tratá-lo com solventes para concentrar o urânio. A mistura resultante é chamada de torta amarela, que é em seguida submetida a um processo de enriquecimento. (Veja *Ciclo do combustível nuclear; Rejeitos, Mineração de urânio*)

toxicidade aguda Refere-se ao efeito nocivo que uma substância produz sobre um organismo imediatamente após sua exposição a essa substância. O efeito nocivo pode ser uma doença, queimaduras ou morte. (Veja *Toxicidade crônica; Resíduos tóxicos; LD50; Radiação; Partes por milhão*)

toxicidade crônica Refere-se aos efeitos danosos, doença ou morte depois de uma exposição prolongada a baixas dosagens de uma substância. (Veja *Toxicidade aguda; Resíduos tóxicos; LD50*)

Toxicologia Estudo dos venenos e de seus efeitos sobre os organismos.

tragédia dos bens públicos Uso em excesso de um recurso público, o que resulta na degradação ou no esgotamento daquele recurso. Por exemplo, os peixes que são freqüentemente pescados até que as áreas pesqueiras tornem-se vazias, ou a terra que é irrigada até que as águas subterrâneas se esgotem. A tragédia é definida pela crença de que se "Eu não usar, alguém o fará". A expressão foi cunhada a partir do ensaio do biólogo Garret Hardin, *The Tragedy of the Commons* (*A tragédia dos bens públicos*). No ensaio, os recursos públicos eram as terras de pastagem; entretanto, hoje, eles podem ser estendidos à biosfera inteira. (Veja *Recursos naturais; Exploração mineral*)

tranqueira Árvores antigas e mortas que permanecem de pé em uma floresta. (Veja *Manejo de florestas integrado; Serviço Florestal*)

Transformação de Vias em Ciclovias Organização norte-americana que converte trajetos de ferrovias abandonadas em vias para *bicicletas* e pedestres. Muitas dessas vias (também chamadas de *vias verdes*) ligam áreas urbanas com comunidades rurais e parques locais. Algumas funcionam também como alternativas para aquelas pessoas que enfrentam rodovias congestionadas para chegar ao trabalho.

Com mais de 4.800 km de ferrovias abandonadas a cada ano, elas se transformam em alternativas viáveis de transporte para o trabalho, diferentes do uso diário de automóveis. A Transformação de Vias em Ciclovias está coti-

transição demográfica

dianamente trabalhando com 350 prefeituras para adquirir e transformar essas vias. Existem já 5.127 km dessas vias em funcionamento nos Estados Unidos. Escreva para 1400 Sixteenth St. NW, Suite 300, Washington DC 20036.

transição demográfica Os demógrafos que estudaram as populações humanas nos países da Europa ocidental, durante o século XIX, descobriram o que parece ser um vínculo entre o padrão de vida e o crescimento populacional. Propuseram a teoria da transição demográfica. Essa transição se refere aos estágios já ultrapassados por esses países e que outros países deverão atravessar, à medida que se desenvolverem no futuro.

No primeiro estágio (pré-industrial) existem altas taxas de mortalidade devido às severas condições de vida, compensadas por altas taxas de natalidade e, por conseguinte, gerando uma população numericamente estável. À medida que o país se torna mais industrializado (o estágio de transição), a taxa de mortalidade é mais baixa devido a uma pequena melhora nas condições de desenvolvimento, mas a taxa de natalidade permanece alta, o que resulta num aumento populacional. A maioria dos países subdesenvolvidos está atualmente nesse estágio.

No próximo estágio (industrial), os avanços tecnológicos resultam em baixas taxas de natalidade devido a razões como o desejo individual de progredir com a sociedade e a crença de que as crianças irão atrapalhá-las na realização desse objetivo. A taxa de natalidade se aproxima da taxa de mortalidade. A maioria dos países mais desenvolvidos está nesse estágio.

No último estágio (pós-industrial), a taxa de natalidade alcança o mesmo nível da taxa de mortalidade, o que resulta em um **crescimento populacional nulo** e finalmente em uma redução da população. Isso já está ocorrendo em alguns países, como a Alemanha.

Muitas pessoas não acreditam que o que aconteceu, no passado, em alguns países acontecerá da mesma forma, no futuro, em outros países. Um crescimento econômico rápido e a longo prazo é necessário no caso de os países subdesenvolvidos desejarem fazer a transição demográfica. (Veja *Distribuição etária nas populações humanas; Tempo de duplicação nas populações humanas; Superpopulação)*

transpiração Perda de água nas plantas. (Veja *Ciclo da água)*

transporte de massa Um dos maiores dilemas da urbanização é o de transportar um grande número de pessoas para o trabalho e trazê-las de volta para casa, além de possibilitar a sua circulação pela cidade. Os automóveis, em muitos países, obstruem suas principais cidades duas vezes por dia e provocam a **poluição do ar**. O transporte de massa é uma alternativa aos automóveis. Ele inclui o **veículo leve sobre trilhos** e os ônibus. Essas formas de transporte levam as pessoas para onde precisam ir, porém conservam energia, poupam a terra (que seria usada para a construção de estradas) e

tratamento de esgoto

reduzem a poluição do ar. Infelizmente, a implementação e a manutenção de transportes de massa têm um custo muito alto, o que freqüentemente dificulta sua adoção. (Veja *Bicicleta; Sistemas de rodovias inteligentes*)

Tratado sobre a Biodiversidade Biológica Assinado durante a Cúpula da Terra (Rio 92), solicita que os países participantes façam inventários de espécies de plantas e animais, além de continuar a proteger as espécies em perigo. Ele também solicita que os países participantes compartilhem as pesquisas, benefícios e tecnologias resultantes com os países cujos recursos são utilizados nas pesquisas. Os Estados Unidos foram o único país presente ao encontro que não assinou esse tratado.

tratamento da água Processo que torna a água agradável para o consumo humano. Diversos métodos são usados, tais como a sedimentação (quando os sólidos se depositam), a coagulação (quando as massas chamadas de flocos se acumulam e são retiradas mais facilmente), a filtragem (quando os contaminantes são filtrados, passando-se a água através da areia ou de outro material similar) ou a desinfecção (quando uma substância química tal como o cloro é usada para matar **patogênicos**). (Veja *Cloração, Tratamento de esgoto*)

tratamento de esgoto Tratamento de todas as formas de águas residuais que foram coletadas como **água de esgoto**. O tratamento torna as águas residuais menos danosas antes de serem liberadas no meio ambiente. (Algumas águas de esgoto são liberadas diretamente no meio ambiente sem nunca terem sido tratadas.)

O tratamento de esgoto geralmente se divide em três estágios: tratamento de esgoto primário, secundário e terciário. A água tratada nos Estados Unidos tem de utilizar os processos primário e secundário de tratamento de esgoto. Uma vez que os tratamentos primário e secundário não removem grandes quantidades de algumas substâncias tais como fosfatos, nitratos, **metais pesados** ou **pesticidas resistentes**, algumas prefeituras também utilizam o processo terciário de tratamento de esgoto.

O tratamento primário filtra e retira as partículas sólidas, incluindo desde gravetos até areia, mas deixa a matéria orgânica na água. As bactérias e outros micróbios começam a se multiplicar e a decompor a matéria orgânica. O tratamento secundário retém a água tratada até que os micróbios possam completar seu trabalho de decomposição da matéria orgânica. O tratamento secundário ajuda no desenvolvimento dos micróbios por meio de areação, já que esses micróbios necessitam de oxigênio. Os micróbios usam a matéria orgânica como alimento e incorporam-na em seus próprios corpos. Uma vez que os micróbios são maiores do que a matéria orgânica, eles se depositam e são então removidos. Essa massa de micróbios (tanto os vivos

tundra

quanto os mortos) e qualquer resíduo remanescente constituem a **lama de esgoto**.

Se a água será liberada após o tratamento secundário, ela antes é desinfetada para reduzir o número de micróbios que ainda permanecem nela. Isso geralmente é feito com **cloração**. O tratamento terciário da água pode ser adotado em algumas prefeituras e indústrias para reduzir os poluentes e contaminantes remanescentes. Algumas indústrias têm de usar o método terciário para remover os contaminantes específicos relacionados com seus processos industriais. (Veja *Poluição industrial da água; Usinas de energia de resíduos; Compostagem em larga escala*)

três R A versão ambiental do padrão dos três Rs para Reduzir, Reutilizar e Reciclar. (Veja *Educação ambiental; Informações básicas sobre o meio ambiente; Redução das fontes; Reciclagem*)

trópicos Região da Terra situada entre o trópico de Câncer e o trópico de Capricórnio, que são seus limites respectivamente ao norte e ao sul, onde o sol incide diretamente acima da cabeça ao meio-dia. Está relacionada com os climas quentes.

tundra Tipo de **bioma**. Também chamada de planícies árticas, recebe praticamente a mesma quantidade de precipitação que os desertos (250 mm ou menos), mas suas condições são muito diferentes. A tundra se caracteriza por uma camada de solo permanentemente gelada chamada gelo permanente. Essas regiões se localizam nas latitudes do extremo norte do planeta, ao norte da **taiga**, e nas altas altitudes onde existem condições semelhantes, onde é chamada de tundra alpina.

Durante o verão, existem meses nos quais apenas a cobertura do solo degela e alguns tipos pequenos de plantas se desenvolvem. Uma vez que a região está permanentemente gelada, a água permanece na superfície, criando muitos corpos rasos de água. As aves migratórias retornam para ela durante um breve período. Os insetos também tornam-se predominantes durante o curto verão. Alguns mamíferos grandes podem sobreviver nesse meio ambiente, entre os quais bois de trenó, veados-caribus e a lebre ártica.

tundra alpina Veja *Tundra*.

turfa Solo rico e fértil composto de pelo menos 50% de **matéria orgânica**. Contém mais matéria orgânica do que o **esterco**. (Veja *Tipos de solo; Húmus; Composto; Limo*)

ubac Lado norte, sombrio, de uma montanha, que contém menos árvores e que tem uma linha de neve mais baixa.

último pavimento Camada mais alta de uma comunidade florestal, formada pelas árvores mais altas. O **teto vegetal** mais alto forma o último pavimento. (Veja *Floresta tropical úmida*)

União dos Cientistas Interessados Fundada em 1969 por cientistas norte-americanos para participar das decisões importantes relacionadas com o impacto tecnológico sobre a sociedade. Existem dois programas: energia e armas. O programa de energia trabalha com **aquecimento global**, política nacional de energia, transportes e segurança da **energia nuclear**. O programa de armas se concentra em armas nucleares, controle de armas e proliferação nuclear. Os dois programas produzem livros, relatórios, folhetos, vídeos e uma publicação quadrimestral premiada chamada *Nucleus*. Escreva para 26 Church Street, Cambridge, MA 02238.

upwelling Longe das costas ocidentais de muitos continentes, os ventos alísios sopram constantemente em direção contrária às margens. Isso empurra a água da superfície, que dessa forma é substituída por águas mais profundas que sobem para ocupar o vazio. Esse processo é chamado de *upwelling*. O fundo da maioria das regiões costeiras do oceano (**zona nerítica**) recebe luz solar e, conseqüentemente, está cheio de vida e nutrientes. Quando as águas frias mais profundas sobem, trazem com elas esses nutrientes. Eles ajudam a estabelecer complexas cadeias alimentares por meio da alimentação de plânctons, peixes e aves marinhas predadoras.
O *upwelling* ocorre em apenas 0,1% do ambiente marinho total, mas contribui significativamente para toda a produtividade do oceano. Essas áreas são também importantes para os humanos, uma vez que muitas das empresas pesqueiras se localizam nelas. Dentre elas encontram-se as empresas de pesca de atum na costa oeste dos Estados Unidos, as empresas de pesca de anchovas no Peru e as de sardinhas em Portugal. (Veja *Oceanos*)

urbanização e crescimento urbano Aumento na percentagem de indivíduos que vivem em áreas urbanas. (Áreas urbanas são vilas, povoados ou cidades com uma população maior que 2.500 pessoas.) O crescimento ur-

usinas de energia de resíduos

bano refere-se simplesmente a um aumento no tamanho da população. As áreas urbanas têm crescido, em termos mundiais, de apenas 14% do total da população, em 1900, para 43%, em 1985. As pessoas transferem-se para os centros urbanos por muitas razões, entre as quais a transformação de uma sociedade rural em sociedade industrial, o que significa que os empregos estão nas cidades.

Em todo o mundo, a urbanização é acompanhada de uma redução no padrão de vida de muitos indivíduos, principalmente nos **países subdesen-volvidos**. O aumento na densidade populacional aumenta a dificuldade de fornecer comida, abrigo, serviços e empregos para todos. O aumento da densidade e a industrialização são ainda geralmente acompanhados pelo aumento dos níveis de poluição do ar e da água, além da freqüente diminuição da qualidade ambiental. (Veja *Crescimento urbano desordenado; Crescimento desordenado em faixa; Transporte de massa; Alternativas de combustível para automóveis*)

usina de energia termo-solar Usam enormes espelhos para refletir a luz solar para o equipamento coletor de calor central, composto de vários tubos contendo água ou óleo. O calor capturado pelo líquido é usado para gerar eletricidade. Essas usinas, tais como a do deserto de Mojave (Califórnia, EUA), utilizam uma área de 405 hectares com esses espelhos e geram 80 **mega-watts** de energia, o suficiente para atender às necessidades de uma pequena cidade. O custo dessa eletricidade é equivalente ao da gerada por **combustíveis fósseis** e menor do que o custo da **energia nuclear**.

Essas usinas não causam poluição do ar ou da água e sua construçãc é relativamente rápida e barata.

usinas de energia de resíduos As usinas de energia que queimam produtos residuais, tais como **resíduo sólido municipal** ou resíduo animal de proveniência alimentar para gerar eletricidade, são chamadas de usinas de energia de resíduos. A utilização de resíduos sólidos ajuda a reduzir a necessidade de espaço em **aterros sanitários** e converte a energia disponível no resíduo em eletricidade. O projeto básico prevê que instalações de **inci-neração** de energia de resíduo utilizam o calor intenso para queimar o resíduo e possuem sofisticados dispositivos para minimizar os contaminantes liberados nas emissões. Essas usinas consomem atualmente cerca de 8% dos resíduos sólidos norte-americanos. O Japão construiu mais de trezentas usinas de resíduos que consomem cerca de 40% do seu resíduo sólido. (Veja *Energia de biomassa; Energia renovável*)

uso da energia Pode ser dividido em quatro principais categorias: 1) residencial e comercial; 2) industrial; 3) transportes; e 4) serviços públicos elétricos. Em geral, os países subdesenvolvidos usam uma percentagem

uso industrial da água

maior de energia para fins residenciais enquanto os países mais desenvolvidos usam uma percentagem maior nas indústrias e nos transportes.

O uso de energia *per capita* em um país pode ser calculado medindo a quantidade de energia usada por pessoa em cada uma das categorias mencionadas acima. Por exemplo, a quantidade de energia usada por pessoa para transporte é de 100 gigajoules nos Estados Unidos, 40 na Dinamarca, 25 no Japão, 12 no México e 2 no Zimbábue. (Veja *Fontes de energia, histórico; Consumo de energia histórico; Joule; Negawatts*)

uso de água corrente Refere-se a usar o fluxo da água para atividades humanas e inclui a **energia hidrelétrica**, a navegação e as atividades recreativas como natação, pescaria e passeio de barco. O lazer aquático necessita de águas limpas e não-poluídas. Para isso, o público que usufrui da água tem de ser alertado no sentido de mantê-la limpa.

As vias navegáveis freqüentemente necessitam de dragagem e alargamentos, que normalmente causam danos ambientais ao **ecossistema aquático**. Atualmente, a maioria dos projetos referentes às vias navegáveis exigem estudos de impacto ambiental para se analisarem os danos potenciais. (Veja *Usos da água para consumo humano*)

uso doméstico da água Mais de 95 bilhões de litros de água são consumidos diariamente para uso doméstico nos Estados Unidos. A maior parte da água doméstica é proveniente de **aqüíferos** subterrâneos. Uma família típica de quatro pessoas nos Estados Unidos usa mais de 370 litros de água a cada dia para as necessidades sanitárias e outros 370 para molhar o jardim. Cerca de 280 litros são usados cotidianamente para o banho e 113 para a lavagem de roupas. Outros 68 litros são usados diariamente para lavar a louça e cerca de 22 para beber e cozinhar. (Veja *Água potável; Poluição da água doméstica; Conservação da água doméstica*)

uso industrial da água A maior parte da água industrial é usada para refrigeração. A maioria das usinas de geração de energia elétrica (termoelétricas) usam a água como refrigerante. As fábricas de papel e muitos processos industriais necessitam de grandes quantidades de água. A reciclagem de água é feita em algumas indústrias e reduz drasticamente o volume de água necessário. A água usada durante os processos industriais freqüentemente fica contaminada, provocando a **poluição industrial da água**. (Veja *Poluição térmica da água; Usos da água para consumo humano*)

usos da água para consumo humano A água é usada para consumo humano de quatro diferentes maneiras: 1) uso de **água doméstica**; 2) **irrigação na agricultura**; 3) **uso industrial da água**; e 4) uso de **águas correntes**. Cerca de 70% da água usada em todo o mundo (excluindo-se o uso de águas correntes) são empregados na irrigação. Os Estados Unidos usam mais água do que qualquer outro país, seguidos da China e da Índia.

\valeira Pequeno vale arborizado.

valor R Veja Isolamento térmico, construções

válvula de PCV Válvula de ventilação positiva do cárter (PCV – *positive crankcase ventilation*); exigida nos automóveis vendidos nos Estados Unidos. Ela reduz as emissões de **hidrocarbonos**, um componente importante da **poluição do ar**.

várzea Refere-se a um vale grande, amplo e aberto.

vazamentos de petróleo nos Estados Unidos Todos os dias, cerca de cinqüenta navios-petroleiros, cada um carregando aproximadamente 1,7 bilhões de litros de petróleo, dão entrada nos portos norte-americanos. Entre 1978 e 1991, havia uma média de 6,3 vazamentos de petróleo por ano, derramando 12,8 milhões de litros na água. O ano de 1991 teve a mais baixa média desde 1978, com o vazamento de apenas 208.000 litros. Os especialistas acreditam que essa redução pode continuar e eles associam esse número menor com a aprovação da Lei da Poluição de Petróleo de 1990, que aumentou a responsabilidade dos proprietários de navios petroleiros e exigiu deles medidas de segurança mais eficazes. (Veja *Poluição de petróleo no Golfo Pérsico*)

vegetariano Herbívoro humano; uma pessoa que não come carne. (Veja *Cadeia alimentar*)

veículo leve sobre trilhos (VLT) Transportes de massa sobre trilhos, bondes e ônibus elétricos utilizados como uma alternativa aos automóveis. (Veja *Ecocidade; Alternativas de combustível para automóveis; Bicicletas; Crescimento urbano desordenado*)

verdes Em geral, refere-se a qualquer partido político que transforma o meio ambiente em seu tema principal. Existem, contudo, mais de cinqüenta partidos espalhados pelo mundo chamados de Verdes. O partido originou-se na antiga Alemanha Ocidental e deu ênfase às questões e preocupações ambientais. Os Verdes norte-americanos organizaram-se em meados da década de 1980 e usam a Carteira de Compensação dos Verdes em Kansas City, Missouri, para disseminar informações sobre os partidos verdes locais.

vetor

Telefone para (001) (816) 931-9366. (Veja *Ambientalista; Ecoconservacionista; Liga dos Eleitores Conservacionistas*)

vetor Organismo, tal como um mosquito, que carrega ou transmite um agente patogênico para outro organismo (causando doença).

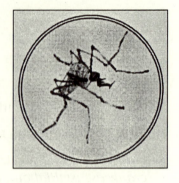

vias verdes Parques lineares, geralmente contendo uma pista para bicicletas ou pedestres. Essas vias estreitas são freqüentemente construídas ao longo de outras rodovias ou rios, ou são antigas linhas de trem convertidas. Além de proporcionar lazer, algumas são usadas como via de acesso aos locais de trabalho. (Veja *Transformação de Vias em Ciclovias; Espaço urbano aberto*)

vida-padrão Quantidade de matéria viva em um ecossistema, em um determinado tempo. (Veja *Biomassa; Produção primária líquida*)

vida selvagem Toda vegetação não-cultivada e aos animais selvagens de uma área.

vidro fundido Vidro moído usado para a **reciclagem**.

viroses Infestações por **parasitas** que vivem dentro de uma célula de outro organismo. Eles se reproduzem forçando a célula onde vivem (o hospedeiro) a produzir réplicas do vírus original. Muitas viroses causam doenças nos organismos, inclusive nos humanos.

vitrificação Tecnologia que transforma em vidro, por meio de calor e fusão, os resíduos radioativos. Quando for inaugurada em 1999, a Usina de Vitrificação de Resíduos Handford se destinará a descartar uma grande quantidade dos materiais residuais nucleares situados na **Reserva Nuclear Handford**. (Veja *Descarte de resíduos nucleares; Descarte de resíduos radioativos*)

viveiro Local de procriação ou refúgio de animais, geralmente pássaros.

vivíparos Animais que produzem filhotes a partir do corpo de seu progenitor materno. Os seres humanos são vivíparos. (Veja *Ovíparos; Ovovivíparos*)

watt Unidade de medida da energia elétrica. Um watt é igual a 1 joule por segundo. A capacidade total gerada em uma usina de energia é medida em quilowatts (1 kW é igual a 1.000 watts), e em megawatts (1 MW é igual a 1 milhão de watts). Por exemplo, a barragem de Grand Coule, que produz eletricidade por meio da **energia hidrelétrica**, gera mais de 6.100 MW de energia, enquanto uma usina de energia menor que queima madeira (**energia de biomassa**) produz cerca de 250 MW de energia.

A quantidade contínua de eletricidade produzida é medida em quilowatt-hora (kWh) e é geralmente utilizada para comparar os custos dos vários métodos de produção de energia elétrica. Por exemplo, as usinas de **energia nuclear** produzem eletricidade a um custo de 12,5 centavos de dólar por kWh; as usinas que queimam madeira, a um custo de 6 centavos de dólar por kWh, e as **células fotovoltaicas** a mais de 28 centavos por kWh.

xenobiótico Substância orgânica estranha, tal como um pesticida orgânico encontrado na **água de beber**.

xerófita Planta adaptada à vida em um **deserto**.

YIMBY– FAP Acrônimo para *Yes, In My Backyard – For a Price* (Sim, em meu quintal – Por um preço). As empresas de descarte de resíduos descobriram que podem freqüentemente superar a **síndrome de NIMBY** oferecendo grandes incentivos financeiros às cidades, que passam então a concordar com a instalação de grandes **aterros sanitários** ou usinas de **incineração**.

zona batial Refere-se ao nível, no interior de oceanos abertos, muito profundo para que a fotossíntese ocorra, mas próximo o suficiente para a penetração de alguma luz. Essa região entre a zona eufótica (onde ocorre a fotossíntese) e a zona abissal (onde a luz não penetra de forma alguma) é freqüentemente chamada de zona de penumbra. Ela atinge de 200 a 1.500 metros de profundidade. (Veja *Ecossistemas marinhos*)

zona costeira Veja *Zona nerítica; Oceanos.*

zona de saturação Porção da crosta terrestre que está saturada com água, chamada de **água subterrânea**. A zona de saturação no interior da Terra contém cerca de quarenta vezes a quantidade de toda a **água superficial** (poços, lagos, correntes e rios). (Veja *Água; Aqüíferos*)

zona eufótica Porção do corpo de água que recebe a luz solar. (Veja *Ecossistemas aquáticos; Ecossistemas marinhos; Sucessão secundária*)

zona litorânea Linha litorânea entre as marcas de marés alta e baixa e a área imediatamente afetada pelas marés. (Veja *Zona nerítica*)

zona nerítica (zona costeira) Os **ecossistemas marinhos** podem ser divididos entre os encontrados no oceano aberto (**zona oceânica**) e aqueles encontrados ao longo da costa, chamados de zona nerítica. A zona nerítica inclui todas as águas acima da plataforma continental, começando na margem e, em algumas áreas, estendendo-se por vários quilômetros mar a dentro. A área imediatamente próxima à costa é continuamente afetada pelas marés e contém alguns dos mais produtivos meios ambientes da Terra.

Essas águas costeiras são o hábitat de muitos peixes, mexilhões, mariscos, ostras, caranguejos, esponjas, anêmonas, águas-vivas, entre outros. Na maioria dessas águas, a luz do Sol penetra até o fundo, permitindo que as plantas se enraízem e forneçam abrigo para muitos outros organismos. Existe uma grande variedade de tipos de ecossistemas nessas áreas, uma vez que existem muitos tipos de margens costeiras. As margens rochosas têm ecossistemas muito diferentes em comparação com as margens de areia. A zona costeira tem muitos hábitats únicos, altamente produtivos, entre os quais os **estuários**, as **margens úmidas costeiras** e os **recifes de corais**. Algumas áreas nessa zona apresentam trocas de águas superficiais e pro-

zoneamento do uso da terra

fundas (*upwelling*), o que possibilita a existência de interessantes ecossistemas. (Veja *Zona litorânea; Ecossistemas aquáticos*)

zonas de vida (1) Classificar as zonas de vida é um dos muitos métodos de divisão da vida sobre a Terra em regiões geograficamente maiores. O método foi proposto na virada deste século e consiste de cinturões transcontinentais dispostos de leste para oeste, baseados na temperatura. Uma variação de zonas de vida mais recente é o Sistema Holdridge de Zonas de Vida, mais complexo e que leva em conta muitas outras variáveis além da temperatura. (Veja *Zonas de vida*)

zonas de vida (2) Remontando à virada do século, cientistas têm tentado caracterizar a vida existente nas diferentes regiões do planeta, usando uma grande variedade de métodos. Diferentes nomes têm sido dados a esses vários métodos de zoneamento.

"Formações" se refere especificamente à vida vegetal que existe nas principais regiões que incluem desertos e florestas coníferas. "Domínios" se refere à distribuição dos animais nas regiões do mundo e incluem áreas como neártica (próximo ao ártico) e neotropical.

O sistema original "zonas de vida", criado por volta da virada do século, tenta combinar plantas e animais em um único esquema e divide o oriente e o ocidente da Terra em faixas transcontinentais. Uma teoria mais recente é o Sistema de Zona de Vida Holdridge, um sistema complexo que leva em conta numerosas variáveis e inclui altitudes e latitudes.

Provavelmente o termo mais aceito para descrever as zonas de vida seja o **bioma**. Os biomas usam as formações de plantas (como descrito acima) e a vida animal associada com essas plantas para descrever zonas de vida distintas sobre o planeta.

zoneamento do uso da terra O uso específico da terra é freqüentemente regulado por leis de zoneamento local ou regional. A terra pode ser zoneada, por exemplo, como agrícola, comercial, industrial, recreativa ou residencial. Os indivíduos que decidem sobre as regulamentações de zoneamento deveriam, teoricamente, ser planejadores profissionais qualificados com acesso a consultores ambientais. Os responsáveis pelas regulamentações de zoneamento deveriam ser indivíduos que não só estivessem preocupados com o bem-estar econômico da área, mas também esclarecidos sobre o bem-estar ambiental da área. (Veja *Espaço urbano aberto; Crescimento urbano desordenado; Crescimento desordenado em faixa*)

Zoo Doo Única alternativa empresarial aos **fertilizantes** químicos usados em plantas ornamentais domésticas. Economicamente, ele não é um grande investimento, já que custa duas vezes mais do que os outros fertilizantes, mas é um bom investimento ambiental e um presente interessante. Vendido

Zoologia

por uma empresa de Memphis, no estado norte-americano do Tennessee, ele é uma mistura de estercos de elefante e rinoceronte coletados em jardins zoológicos de todo o país. O esterco é decomposto em um **composto** orgânico e embalado para venda. O Jardim Zoológico de Woodland, em Seattle, converte o equivalente a 2 toneladas de esterco produzidos a cada dia por seus residentes em Zoo Doo, o que representa uma economia para o zoológico de mais de 30.000 dólares por ano em taxas com o despejo em aterros sanitários e conseqüentemente uma economia para o contribuinte. Ligue para (001) (800) I LUV DOO. (Veja *Kricket Krap; Compostagem em larga escala*)

Zoogeografia Estudo de onde os animais vivem e do porque os animais vivem em determinados locais; uma subdivisão da biogeografia.

Zoologia Estudo dos animais.

zoonose Doença que pode ser transmitida naturalmente dos animais para o homem.

zooplâncton Grupo de animais microscópicos encontrados no **plâncton**, que se compõe de crustáceos, rotíferos e protozoários. Esses animais geralmente desempenham o papel de consumidores primários em muitos **ecossistemas aquáticos**. (Veja *Fitoplâncton*)

UMA NOTA ESPECIAL PARA EDUCADORES

Este livro pode ser usado nos cursos secundários e universitários (não-especializados). Ele pode complementar um texto de Biologia existente quando se deseja uma ênfase nas ciências ambientais ou pode ser usado como o livro básico de um curso de Ciência ambiental. Os estudantes que procuram por definições de termos ambientais ou pesquisam temas específicos poderão usar este livro para selecionar um tópico e começar seu trabalho.

Para auxiliar você no desenvolvimento do curso, alguns esquemas de tópicos são sugeridos abaixo. Eles podem ser seguidos da maneira que estão, ou modificados para se adequarem às suas necessidades. Os esquemas são interdisciplinares, com verbetes sobre as ciências, as pessoas e as leis envolvidas no "grande painel". Essa é a única maneira de verdadeiramente entender uma questão ambiental.

Apenas dez esquemas estão relacionados aqui. O número potencial de esquemas de tópicos é tão vasto quanto sua imaginação. Estou interessado em saber sobre qualquer esquema que você tenha criado e usado durante as aulas.

(Cada item, em todos os níveis, é um verbete do livro.)

Esquema do Tópico: Pesticidas

1. Pesticidas
2. Perigos dos pesticidas
   - Amplificação biológica
   - Bioacumulação
   - Carson, Rachel
   - Círculo do veneno
   - DDT
   - Organismos não-visados
   - Regulamentação para pesticidas
   - Resíduos de pesticidas nos alimentos
3. Manejo integrado de pragas
   - Controle biológico
   - Esterilização de insetos

Inseticidas naturais
Iscas sexuais
Métodos de controle biológico
Plantas resistentes
4. Inseticidas
Carbamatos
DDT
Hidrocarbonos clorados
Organofosfatos
Piretróides
5. Herbicida
Agente Laranja
Exterminadores hormonais de erva daninha
6. Fungicida
7. Rodenticida

Esquema do Tópico: Reciclagem

1. Reciclagem
2. Projetos-lei para garrafas
3. Ciclo da grama
4. Reciclagem de papel
5. Reciclagem de plásticos
Embalagens assépticas
Styropeanuts
6. PIRG, U.S.
7. Pneus, reciclagem
8. Reciclagem de óleo do motor
9. Reciclagem de automóveis
10. Reciclagem de aparelhos
11. Cartuchos de tinta reciclados para copiadoras
12. Compostagem em larga escala
13. Descarte de postes telefônicos
14. *Garbage magazine*
15. *Kricket Krap*
16. *Zoo Doo*

Esquema do Tópico: Vida na Cidade

1. Urbanização e crescimento urbano
2. Crescimento urbano desordenado
Crescimento desordenado em faixa
Desenvolvimento conjunto

3. Megalópole
4. Perda de terras agrícolas
5. Transporte de massa
6. Alternativas de combustível para automóveis
7. Efeito ilha de calor urbana
8. Zoneamento do uso da terra
9. Aliança para a Moratória da Pavimentação
10. Ecocidade
       Espaço urbano aberto
       Transformação de vias em ciclovias
       Vias verdes
11. Cidades verdes, EUA
       Aquários públicos
       Centros da natureza
       Jardim zoológico

Esquema do Tópico: Alimento, Agricultura e Saúde

1. Monocultura
2. Fertilizantes
3. Pesticidas
4. Perigos dos pesticidas
5. Irrigação
6. Irrigação por gotejamento
7. Agricultura sustentada
8. Manejo integrado de pragas
9. Agricultura orgânica
       Cultivo conservacionista
       Cultivo de superfície
       Rotação de culturas
       Terraceamento
10. Fertilizante orgânico
       Adubo de origem humana
       Adubo verde
       Composto
11. Supermercados de alimentos orgânicos
       Aqüicultura hidropônica
       Rótulo orgânico
12. Irradiação em alimentos
13. Fazenda industrial
14. Gado orgânico
15. Centro para a Ciência de Interesse Público

Esquema do Tópico: Na Casa e no Trabalho

1. Poluição de interiores
2. Sistemas de aquecimento, ventilação e ar-condicionado
3. Liberação de gases
4. Febre de umidificadores
5. Ozônio de impressoras a *laser*
6. Formaldeído
7. Amianto
8. Radiação eletromagnética
9. Rádom
10. Baubiologia
11. Casas saudáveis
12. Fumante passivo
13. HEAL
14. Água de beber
15. Conservação da água doméstica
       Calafetagem
       Isolamento
       Isolamento térmico, construções
       Portas de geladeiras
       Superisolante
       Valor R

Esquema de Tópico: Água

1. Água
2. Usos da água para consumo humano
3. Poluição da água
4. Estatuto da Água Limpa
5. Sociedade Costeira
6. Ecossistemas aquáticos
7. Margens úmidas
       Destruição de estuários e margens costeiras úmidas
       Everglades
       Douglas, Marjory Stoneman
       Margens úmidas continentais
8. Oceanos
       Centro de Conservação Marinha
       Cousteau, Jacques-Yves
       Ecossistemas da zona oceânica
       Poluição dos oceanos

9. Água de beber
   Águas subterrâneas
   Águas superficiais
   Aqüíferos
   Poluição da água subterrânea
10. Tratamento da água
11. Cloração
12. THM

Esquema do Tópico: Descarte de Resíduos

1. Lixo
2. Resíduo sólido municipal
3. Descarte de resíduos sólidos municipais
   Taxas (despesas) de descarte
   Taxa verde
4. Aterro sanitário
5. Problemas dos aterros sanitários
6. Incineração
7. Usinas de energia de resíduos
8. Problemas de incineração
   Carbonizado
   Cinza residual
   Cinzas flutuantes
9. Água de esgoto
   Descarte de lama de esgoto
   Efluente
   Lama de esgoto
   Tratamento de esgoto
10. Compostagem em larga escala
11. Minimização de resíduos
12. Redução das fontes
13. Resíduos perigosos
    Canal do Amor
    Gibbs, Lois
14. Inform
15. Programa Piloto de Isolamento de Resíduos

Esquema do Tópico: O Movimento Ambiental

1. Informações básicas sobre o meio ambiente
2. Ambientalista

3. Liga dos Eleitores Conservacionistas
        Discurso verde
        Hipocrisia verde
4. Síndrome de NIMBY
5. NOPE
6. Organizações ambientais
7. Ética ambiental
8. Instituto Worldwatch
9. Liga da América Izaak Walton
10. Ecoconservacionista
11. Ecoterrorismo
12. Ecologia profunda
13. Hipótese Gaia
14. Filósofos ambientalistas
        Brown, Lester R.
        Leopold, Aldo
        Muir, John

Esquema do Tópico: Energia Renovável

1. Fontes de energia, histórico
2. Consumo de energia, histórico
3. Combustível fóssil
4. Energia alternativa
5. Energia solar
        Células fotovoltaicas
        Reservatórios solares
        Sistemas ativos de aquecimento solar
        Sistemas passivos de aquecimento solar
        Usina de energia termo-solar
6. Energia eólica
7. Energia hidrelétrica
        Conversão da energia térmica do oceano
        Energia das ondas
        Energia lunar
8. Energia geotérmica
9. Energia de biomassa
        Biomassa de combustão direta
                Plantações de energia
                Usinas de energia de resíduos

Biocombustíveis
Conversão bioquímica, biocombustível
Biogás
Digestor de metano (biodigestor)
Conversão termoquímica, combustível
Gaseificação
Singás
Combustíveis de óleos vegetais
Óleo de girassol, combustível *diesel*

Esquema do Tópico: Energia Nuclear

1. Fontes de energia, histórico
2. Consumo de energia, histórico
3. Combustível fóssil
4. Energia alternativa
5. Energia nuclear
6. Reator nuclear
7. Fissão nuclear
   Reator gerador
   Reator nuclear de água leve
   Reator nuclear de água pesada
   Reator nuclear refrigerado a gás, de alta temperatura
8. Descarte de resíduos nucleares
   Montanhas Yucca
   Programa Piloto de Isolamento de Resíduos
9. Problemas e segurança dos reatores nucleares
   Chernobyl
   Desativação de reatores nucleares
   Fusão
   Rejeitos, mineração de urânio
   Three Mile Island, acidente de
   União dos Cientistas Interessados
10. Ciclo do combustível nuclear
    Perigos do ciclo do combustível nuclear
    Torta amarela
11. Fusão nuclear

FONTES BIBLIOGRÁFICAS

BROWER, Michael. *Cool Energy*. Cambridge, MA, Union of Concerned Scientists, 1990.

BROWN, Lester R. *State of the World*. New York, W. W. Norton & Company, 1991.

——. *State of the World*. New York, W. W. Norton & Company, 1992.

——. *Saving the Planet*. New York, W. W. Norton & Company, 1991.

BUZZWORM. *1992 Earth Journal*. Boulder, CO, Buzzworm Books, 1992.

CLAPHAM, W. B. *Natural Ecosystems*. New York, Macmillan, 1973.

COFFEL, Steve & FEIDEN, Karyn. *Indoor Pollution*. New York, Fawcett Columbine, 1990.

ENGER, Eldon D. *Environmental Science*. Dubuque, IA, W. C. Brown Publishers, 1991.

FROST, S. W. *Insect Life*. New York, Dover Publications, Inc., 1959.

GRUPENHOFF, John T. & FARLEY, Betty. *Congressional Directory : Environment*. Bethesda, MD, Grupenhoff Publications, Inc., 1989.

HENRY, J. Glynn & HEINKE, Gary W. *Environmental Science and Engineering*. Englewood Cliffs, NJ, Prentice Hall, 1989.

KRAUS, David. *Concepts in Modern Biology*. New York, Cambridge Book Company, 1974.

LAPEDES, Daniel N. *Encyclopedia of the Geological Sciences*. New York, McGraw-Hill, 1978.

LEAGUE OF CONSERVATION VOTERS. *Vote for the Earth*. Berkeley, CA, Earthworks Press, 1992.

LEAN, Geoffrey; HINRICHSEN, Don; MARKHAM, Adam. *Atlas of the Environment*. New York, Prentice-Hall Press, 1990.

LEWIS, Walter H. *Ecology Field Glossary, A Naturalist Vocabulary*. Westport, CT, Greenwood Press, 1977.

LINCOLN, R. J. & BOXSHALL, G. A. *The Cambridge Illustrated Dictionary of Natural History*. Cambridge, MA, Cambridge University Press, 1990.

MILLER, G. Tyler, Jr. *Environmental Science, Sustaining the Earth*. Belmont, CA, Wadsworth Publishing Company, 1991.

NATIONAL ACADEMY OF SCIENCES. *One Earth, One Future*. Washington DC, National Academy Press, 1990.

NATIONAL AUDUBON SOCIETY. *Audubon Wildlife Report 1987*. Orlando, FL, Academic Press, Inc., 1987.

NATIONAL WILDLIFE FEDERATION. *1990 Conservation Directory*. Washington DC, 1990.

——. *1993 Conservation Directory*. Washington DC, 1993.

NULL, Gary. *Clearer, Cleaner, Safer, Greener*. New York, Villard Books, 1990.

PARKER, Sybil P. *Encyclopedia of Science and Technology*. New York, McGraw-Hill, 1992.

PELCZAR, Michael J., Jr. & REID, Roger D. *Microbiology*. New York, McGraw-Hill, 1965.

RAVEN, Peter H.; EVERT, Ray F.; CURTIS, Helena. *Biology of Plants*. New York, Worth Publishers, Inc., 1976.

RIFKIN, Jeremy. *Green Lifestyle Handbook*. New York, Henry Holt & Company, 1990.

RITTNER, Don. *Ecolinking*. Berkeley, CA: Peachpit Press, 1992.

ROGERS, Adam. *The Earth Summit: a Planetary Reckoning*. Los Angeles, Global View Press, 1993.

SEREDICH, John. *Your Resource Guide to Environmental Organizations*. Irvine, CA, Smiling Dolphins Press, 1991.

SMITH, Robert Leo. *Elements of Ecology*. New York, HarperCollins Publishers Inc., 1992.

STEIN, Edith C. *The Environmental Sourcebook*. New York, Lyons & Burford, 1992.

VILLEE, Claude A. *Biology*. Philadelphia, W. B. Saunders Company, 1977.

WEISBERGER, Berbard A. *Family Encyclopedia of American History*. Pleasantville, NY, Reader's Digest Association, 1975.

WORLD RESOURCES INSTITUTE. *World Resources, A Guide to the Global Environment.* New York, Oxford University Press, 1992.

WORLDWATCH RESOURCES INSTITUTE. *Environmental Almanac.* New York, Houghton Mifflin Company, 1992/1993.

WRIGHT, John W. *The Universal Almanac.* Kansas City, MO, A Universe Press Syndicate Company, 1992.

Jornais & Relatórios

DRIESCHE, Roy Van & CAREY, Eileen. *Opportunities for Increased Use of Biological Control in Massachusetts.* Amherst, MA, University of Massachusetts, 1987.

GRAY, Irving; NEALE, Joseph; GRAY, Lisa. *Journal of the Washington Academy of Sciences.* Arlington, VA, Washington Academy of Sciences, 1987.

As seguintes revistas foram largamente utilizadas

Audubon. Boulder, CO, National Audubon Society.

BioCycle. Emmaus, PA, J. G. Press, Inc.

Buzzworm. Boulder, CO, Buzzworm Inc.

Earth. Waukesha, WI, Kalmbach Publishing Co.

E Magazine. Westport, CT, Earth Action Network, Inc.

Environment. Washington DC, Heldreff Publications.

Garbage. Gloucester, MA, Cld House Journal Corp.

In Business. Emmaus, PA, J. G. Press, Inc.

Issues in Science and Technology. Washington DC, National Academy of Sciences.

National Parks. Washington DC, National Parks and Conservation Assoc.

Newsweek. New York, Times Mirror Magazines, Inc.

Popular Science. New York, Times Mirror Magazines, Inc.

Sierra. San Francisco, Sierra Club.

Smithsonian. Washington DC, Smithsonian Institution.

U.S. News & World Report. Washington DC, U.S. News & World Report, Inc.

Wilderness. Washington DC, Wilderness Society.

Wildlife Conservation. Bronx, NY, New York Zoological Society.

Worldwatch. Washington DC, Worldwatch Institute.

O *New York Times* foi largamente utilizado para atualizar os verbetes.

LISTA DE VERBETES

abertura de clareira, 21
abertura de clareira diminuta, 21
abiota, 21
aclimatada, 21
adubo de origem humana, 21
adubo verde, 21
Aerobiologia, 22
Agência de Proteção Ambiental, 22
Agência de Proteção Ambiental,
  passado e presente, 22
Agenda 21, 24
agente laranja, 24
agente patogênico, 25
agricultura sustentada, 25
água, 25
água de beber, 26
água de esgoto, 26
água potável, 26
água salobra, 27
águas subterrâneas, 27
águas superficiais, 27
alar, 27
albedo, 27
Além das Fronteiras Norte-
  Americanas, 28
alga, 28
Aliança para a Moratória da
  Pavimentação, 28
alternativas de combustível para
  automóveis, 28
aluvião, 29
ambientalista, 29
amianto, 30

Amigos da Terra, 30
amplificação biológica, 31
análise de risco ambiental, 31
Antártida, 31
antropocêntrico, 32
anzol sem farpa, 32
apartação, 32
aquários públicos, 32
aquecimento global, 32
aqüicultura hidropônica, 33
aqüíferos, 33
aquisição de terras, áreas selvagens, 34
arboricida, 34
arboricultura, 34
arbusto, 34
áreas agrícolas com alto valor de
  mercado, 35
áreas selvagens, 35
áreas selvagens, os dez principais
  países com, 35
areia, 35
árido, 35
árvore, 35
assassino silencioso, o, 35
Associação Ambiental dos Meios de
  Comunicação, 35
Associação dos Empregados do
  Serviço Florestal para a Ética
  Ambiental, 36
Associação de Escritores pró Ar Livre
  da América, 36
Associação Norte-Americana para a
  Educação Ambiental, 36

aterro sanitário, 36
atmosfera, 37
atum que salva golfinhos, 37
aufwuchs, 37
auto-ecologia, 37
autotróficos, 38
avifauna, 38

baby boomers, 39
bacia hidrográfica, 39
bactéria, 39
baía, 40
bancos de terra escavada, 40
banho de banheira *versus* banho de
   chuveiro, 40
barril de petróleo, 40
baterias, 40
Baubiologia, 40
besouros, 41
bicicleta, 41
bifenil policlorado, 42
bioacumulação, 42
biocida, 42
biocombustíveis, 42
biodegradável, 43
biodiversidade, 43
biodiversidade, perda de, 43
biogás, 44
Biogeoquímica, 45
bioincrustação, 45
bioluminescência, 45
bioma, 45
biomassa, 46
biomassa de combustão direta, 46
biominerais, 47
biorremediação, 47
biosfera, 47
Biosfera 2, 47
biota, 48
Boone and Crockett Club, 48
Bopal, 48
botânica, 48

Brower, David R., 48
Brown, Lester. R, 49
BTU, 49
Buzzworm, 49

caça ilegal, 50
cadeia alimentar, 50
calafetagem, 50
Caliologia, 50
camadas encharcadas, 50
campina, 51
canal do amor, 51
cancerígeno, 51
capacidade de suporte, 51
carbamatos, 52
carbonizado, 53
carnívoro, 53
Carson, Rachel, 53
cartuchos de tinta reciclados para
   copiadoras, 53
carvão, 53
casas saudáveis, 54
cascalho, 54
células fotovoltaicas, 54
células solares, 55
Centro de Conservação Marinha, 55
Centro de Política da Mineração, 55
Centro de Recursos para Filmes
   Ambientais, 55
Centro Nacional de Pesquisas de
   Flores Silvestres, 56
Centro para a Ciência de Interesse
   Público, 56
centros da natureza, 56
CFC, 56
Charles A. Lindbergh, Fundação, 57
Chefe Seattle, 57
Chernobyl, 58
chernozém, 58
chorume, 58
churrasco, 59
chuva ácida, 59

ciclismo, melhores cidades para, 60

ciclo da água, 60

ciclo da grama, 60

ciclo do carbono, 61

ciclo do combustível nuclear, 61

ciclo do fósforo, 61

ciclo do nitrogênio, 62

ciclo hidrológico, 62

ciclos biogeoquímicos, 62

ciclos biogeoquímicos, gás *versus* sedimento, 62

ciclos biogeoquímicos, intervenção humana nos, 63

cidades verdes, EUA, 63

ciência ambiental, 64

cinza residual, 64

cinzas flutuantes, 64

círculo do veneno, 64

clareira, 64

classificação cancerígena, 64

cledofito, 65

cleptoparasitismo, 65

cloração, 65

clorofila, 65

coeficiente de sexo, 65

co-geração, 65

colônia da rainha, 66

coloração aposemática, 66

coloração diretiva, 66

combustíveis de óleos vegetais, 66

combustíveis sintéticos, 66

combustível fóssil, 67

comensalismo, 67

comércio de marfim, 67

Comissão de Estudos de Meio Ambiente e Energia, 67

Comissão Internacional Conjunta, 68

Commoner, Barry, 68

competição, 68

compostagem, 68

compostagem em larga escala, 69

composto, 69

compostos de nitrogênio, 69

compostos orgânicos voláteis, 69

comunicação de risco ambiental, 70

comunidade, 70

comunidade ecológica, 70

comunidade máxima, 70

comunidade pioneira, 70

comunidade sere, 70

CONCERN, 70

condicionamento espacial, 71

Conquiliologia, 71

Conselho para a Defesa dos Recursos Naturais, 71

Conselho para a Proteção do Deserto, 71

Conselho para a Salvação das Dunas, 71

Conselho do Presidente para a Competitividade, 71

Conselho para o Aumento dos Hábitats de Vida Selvagem, 72

Conselho Rachel Carson, Inc., 72

conservação da água doméstica, 72

Conservação da Natureza, 72

conservação do solo, 73

consórcio, 73

constância, 73

consumidor, 73

consumo de energia, histórico, 74

CONTRA-SLAPP, 74

controle biológico, 74

Convenção sobre as Mudanças Climáticas, 75

Convenção sobre o Comércio Internacional de Espécies Ameaçadas, 75

conversão bioquímica, biocombustível, 75

conversão da energia térmica do oceano, 76

conversão termoquímica, combustível, 76

conversão da dívida em projetos ambientais, 76

conversor catalítico, 77
coprófagos, 77
corrente de resíduo, 77
corte seletivo, 77
coruja sarapintada do norte, 77
Cousteau, Jacques-Yves, 78
cratera, 78
crescimento desordenado em faixa, 78
crescimento populacional nulo, 78
Crescimento Populacional Nulo, 78
crescimento urbano desordenado, 79
crescimentomania, 79
Criptozoologia, 79
cultivo conservacionista, 79
cultivo de superfície, 79
Cúpula da Terra, 80
cúpula de poeira, 80
curva J, 80
curva S, 81

Darling, J. N. "Ding", 82
DDT, 82
decídua, 83
décimo primeiro mandamento, 83
Declaração do Rio sobre Meio
    Ambiente e Desenvolvimento, 83
Declaração dos Princípios da
    Floresta, 83
declínio, 84
decompositores, 84
dedução da folha de pagamento
    ambiental, 84
degelo de estradas, 84
demanda bioquímica de oxigênio, 85
demografia, 85
dendrochore, 85
depleção de ozônio, 85
deposição ácida, 86
derivação da água, 86
desativação de reatores nucleares, 86
descarga zero, 87

descarte das minas de plutônio, 87
descarte de lama de esgoto, 87
descarte de postes telefônicos, 87
descarte de resíduos nucleares, 87
descarte de resíduos perigosos, 88
descarte de resíduos perigosos,
    novas tecnologias para, 89
descarte de resíduos radioativos, 89
descarte de resíduos sólidos
    municipais, 90
descoloração de corais, 91
desenvolvimento conjunto, 91
desertificação, 91
deserto, 91
desgaste, 92
desmatamento, 92
desmatamento e queimada para
    cultivo, 93
destruição das florestas tropicais, 93
destruição de estuários e margens
    costeiras úmidas, 94
detectores de fumaça, 94
detrito, 95
Dia da Terra, 95
diatomáceas, 95
dientomófilas, 95
digestor de metano, 95
dinâmica das populações, 95
dióxido de carbono, 96
dióxido de enxofre, 96
dioxina, 97
discurso verde, 97
dispositivo para exclusão de
    tartarugas, 97
distribuição etária, 97
distribuição etária nas populações
    humanas, 98
distritos de conservação, 98
DL50, 98
doença contagiosa, 98
doença infecciosa, 98
doenças relacionadas com as
    construções, 98

dominantes, 99
domínios, 99
Douglas fir, 99
Douglas, Marjory Stoneman, 99
dragagem, 99
drenagem ácida de minas, 100
dulosis, 100

Earth Island Institute, 101
eclosão, 101
eco-, 101
ecocidade, 101
ecoconservacionista, 102
ecoempresário, 102
ecolinking, 102
Ecologia, 102
Ecologia aplicada, 102
Ecologia de sistemas, 102
Ecologia descritiva, 103
Ecologia experimental, 103
Ecologia populacional, 103
Ecologia profunda, 103
Ecologia teórica, 104
Ecologia terrestre, 104
EcoNet, 104
economia *versus* desenvolvimento
 sustentado, 104
economia *versus* meio ambiente, 104
eco-revistas, 105
ecossistema, 105
ecossistema abissal, 106
ecossistemas aquáticos, 106
ecossistemas da zona oceânica, 106
ecossistemas de água doce, 107
ecossistemas marinhos, 107
ecossistemas marinhos pelágicos, 107
ecoterrorismo, 108
ecoturismo, 108
ecoviagem, 108
ectoparasita, 108
Edafologia, 109
educação ambiental, 109

efeito estufa, 109
efeito ilha de calor urbana, 109
efluente, 109
Ehrlich, Paul R., 109
E-lamp, 110
elementos-traço, 110
elementos vitais, 110
E Magazine, 110
embalagens assépticas, 110
embalagens para refeições
 rápidas, 110
emigração, 111
empresa aprovada pelo certificado
 verde, 111
endêmico, 111
endoparasita, 111
energia, 111
energia alternativa, 111
energia das ondas, 112
energia de biomassa, 112
energia eólica, 112
energia fria, 113
energia geotérmica, 113
energia hidrelétrica, 114
energia lunar, 115
energia não-renovável, 115
energia nuclear, 116
energia renovável, 117
energia solar, 118
Entomologia, 118
envenenamento por chumbo, 118
envenenamento por mercúrio, 119
Environet, 119
enxágue da máquina de lavar
 louça (*"rinse hold"*), 119
equação de impacto, 119
Era do Prospecto, 119
Eras do Gelo, 119
erosão de regatos, 120
erosão do solo, 120
erosão laminar, 120
erva daninha, 120

Escala Richter, 120
Escatologia, 120
escoamento superficial, 121
Escritório de Avaliação Tecnológica, 121
Escritório de Comunicações da
   Terra, 121
Escritório de Referência
   Populacional, 121
espaço urbano aberto, 122
especiação, 122
espécie, 122
espécie básica, 122
espécie exótica, 123
espécies ameaçadas, 123
espécies constantes, 123
espécies em extinção, 123
espécies vulneráveis, 124
espectro de luz visível, 124
Espeleologia, 124
Esquadrão de Deus, 124
estabilidade populacional, 124
Estatuto da Água Limpa, 124
Estatuto das Espécies Ameaçadas, 124
Estatuto de Amplo Compromisso,
   Responsabilidade e Compensação
   Ambiental, 125
Estatuto de Pesquisa e Controle da
   Poluição por Plásticos, 125
Estatuto do Ar Limpo, 125
Estatuto dos Direitos da Comunidade
   em Saber, 125
estepe, 126
esterco, 126
esterco animal, 126
esterilização de insetos, 126
estramônio, 126
estrategistas K, 126
estrategistas R, 127
estresse antropogênico, 127
estuário, 127
estudos ecológicos, 128
estudos qualitativos, 128

estudos quantitativos, 128
etanol, 128
Ética ambiental, 128
Etnobiologia, 128
Eugenia, 128
euroky, 129
eutrofização cultural, 129
eutrofização natural, 129
Everglades, 130
existente, 130
Exobiologia, 130
exploração mineral, 130
explosão populacional, 130
exterminadores hormonais de erva
   daninha, 131
extinção e impacto extraterrestre, 131
extinto, 132
extirpação, 132
extração de gás natural, 132
extração do petróleo, 133
Exxon Valdez, 133

faixa de tolerância, 135
falcão peregrino, 135
fator limitante, 135
fauna, 135
fazenda industrial, 135
fazenda orgânica, 135
febre de umidificadores, 136
Federação Nacional de Vida
   Selvagem, 136
feromônio, 136
feromônio de alarme, 136
fertilizante, 137
fertilizante orgânico, 137
filósofos ambientais, 137
fissão nuclear, 137
f toplânctons, 138
fiorremediação, 138
fixação do nitrogênio, 138
floculação, 138
flor imperfeita, 138

flora, 138
flores, 139
florescimento algáceo, 139
floresta boreal, 139
floresta conífera, 139
floresta decídua temperada, 139
floresta diminuta, 139
Floresta Nacional de Tongass, 139
floresta tropical úmida, 140
florestas de árvores grandes, 140
florestas virgens, 140
fluvial, 141
fogo-de-Santelmo, 141
folhas mortas, 141
fontes de energia, histórico, 141
formação do carvão, 142
formação do petróleo, 143
formações, 143
formaldeído, 143
forrageira, 143
fossa séptica, 144
fotossíntese, 144
fraldas descartáveis, 144
freatófita, 144
friabilidade, 144
frutas parafinadas, 144
fumaça industrial, 145
fumaça passiva, 145
fumante passivo, 145
fundações arrecadadoras de
    subsídios, 145
Fundo das Nações Unidas para a
    População, 146
Fundo de Defesa Ambiental, 146
fundos de ações ambientais, 146
fungicida, 146
fungo, 146
fusão, 146
fusão nuclear, 147

gado orgânico, 148
galha, 148

Garbage magazine, 148
gás de hidrogênio, 148
gás de petróleo liquefeito, 149
gás metano, 149
gás natural, 149
gás natural liquefeito, 150
gás natural sintético, 150
gaseificação, 150
gaseificação e liquefação do carvão, 150
gaseificadores do carvão, 150
gases-estufa, 150
gases que provocam a depleção de
    ozônio, 151
gasohol, 151
GATT, 151
geleiras, 152
Geologia, 152
Gibbs, Lois, 152
gley, 152
Goodall, Jane, 152
Grand Canyon, 152
Greenpeace, 153
Grupo dos 10, 153
guano, 153
guilda, 153

hábitat, 154
hábitat virgem, 154
hábitats de água parada, 154
hábitats de águas correntes, 155
hábitats de águas correntes, impacto
    humano sobre, 156
halon, 156
HCFC, 156
HDPE, 156
HEAL, 157
herbicidas, 157
herbívoros, 157
hermafrodita, 157
Herpetologia, 158
heterotróficos, 158
hidrocarbonos, 158

hidrocarbonos clorados, 158
hidropônico, 158
hidrosfera, 158
hinterlândia, 159
hiperacumuladores, 159
hipocrisia verde, 159
hipótese de atração e repulsão, 159
Hipótese Gaia, 159
História natural, 160
horizontes do solo, 160
hospedeiro, 160
húmus (1), 160
húmus (2), 160

Ictiologia, 161
iluminação fluorescente, 161
imaturo, 161
imigração, 161
imigração, nível de substituição, 161
imposto do carbono, 161
In Business, 161
incineração, 162
Índice do Bem-Estar Econômico
    Sustentado, 162
indústria de minioficinas, 163
Inform, 163
informações básicas sobre o meio
    ambiente, 163
Iniciativa para a Biosfera Sustentada, 163
inseticidas, 163
inseticidas naturais, 164
insetívoro, 164
insetos, 164
Instituição Smithsoniana, 164
Instituto de Recursos Mundiais, 164
Instituto Worldwatch, 165
intrusão de água salina, 165
invasão, 165
inversão térmica, 165
invertebrados, 165
irradiação, 166
irradiação em alimentos, 166

irrigação, 166
irrigação por gotejamento, 166
iscas sexuais, 166
isolamento, 167
isolamento térmico, construções, 167

jactação, 168
jardim zoológico, 168
jazz da Terra, 168
joule, 168

Kricket Krap, 169

lagos oligotróficos, 170
lama de esgoto, 170
lâmpada de bulbo de ondas de
    rádio, 170
LD50, 170
LDPE, 171
Lei da Água de Beber Segura, 171
Lei da Extração e da Conservação de
    Recursos de 1976, 171
Lei de Controle de Substâncias
    Tóxicas de 1976, 171
Lei de Informação ao Consumidor e
    Proteção das Florestas Tropicais, 171
Lei de Mineração de 1872, 172
Lei de Proteção dos Mamíferos
    Marinhos, 172
lei e meio ambiente, 172
Lei Federal do Inseticida, do
    Fungicida e do Raticida, 172
Lei Magnuson de Manejo e
    Conservação da Pesca, 173
Lei Nacional de Santuários
    Marinhos, 173
leite materno e toxinas, 173
lençol d'água, 173
lêntico, 173
Leopold, Aldo, 173
liberação de gases, 173
Liga da América Izaak Walton, 174

Liga de Salvação das Sequóias-
 Sempre-Verdes, 174
Liga dos Eleitores Conservacionistas, 174
Lighthawk, 174
Limnologia, 175
limo, 175
linha costeira, 175
líquens, 175
lixeiros, 175
lixiviação, 175
lixo, 175
locais de injeção em poço
 profundo, 175
logotipos de reciclagem, 175
lótico, 176
LUST, 176

macronutrientes, 177
malhas de pesca, 177
Malthus, Thomas, 177
manejo da vida selvagem, 177
manejo de hábitat, 178
manejo de risco ambiental, 178
manejo integrado de florestas, 178
manejo integrado de pragas, 179
Mar do Aral, 179
Maraniss, Linda, 179
marés vermelhas, 180
margens costeiras, 180
margens úmidas, 180
margens úmidas continentais, 181
marketing verde, 182
matéria inorgânica, 182
matéria orgânica, 182
material de calafetagem, 182
material particulado, 183
megalópole, 183
megawatt, 183
meio ambiente, 183
melanismo industrial, 184
melhor tecnologia disponível, 184
metabolismo, 184

metamorfose, 184
Meteorologia, 184
método de pilar e escora, 184
métodos de controle biológico, 184
métodos de estudos ecológicos, 185
microfauna, 185
micronutrientes, 185
migração, 185
mimetismo, 185
mimetismo agressivo, 185
mimetismo batesiano, 186
mimetismo muelleriano, 186
mineração a céu aberto, 186
mineração de água, 186
mineração profunda, 187
mineração superficial, 187
minhocas, 187
minimização de resíduos, 187
MNS On-line, 187
modelos ecológicos para
 computador, 187
monocultura, 188
monóxido de carbono, 188
montanha, 189
Montanhas Yucca, 189
morbidade, 189
mortalidade, 189
Muir, John, 189
mutagênico, 190
mutualismo, 190

natalidade, 191
nativo, 191
negawatts, 191
nematóides, 191
nenhuma perda líquida, 191
nicho, 192
níveis de organização biológica,
 estudo dos, 192
níveis tróficos, 192
noosfera, 192
NOPE, 192

nutrientes essenciais, 192
nuvem marron, 192

Oceanografia, 193
oceanos, 193
ocorrência, 193
óleo de girassol, combustível *diesel*, 193
onívoros, 193
Oologia, 193
OPEP, 193
organismo visado, 194
organismos aeróbicos, 194
organismos anaeróbicos, 194
organismos bênticos, 194
organismos do solo, 194
organismos não-visados, 195
Organização das Carreiras
   Ambientais, 195
organizações ambientais, 195
organizações não-governamentais, 195
organofosfatos, 196
ovíparos, 196
ovovivíparos, 196
óxido nitroso, 196
ozônio, 196
ozônio de impressoras a *laser*, 197
ozônio estratosférico, 197

padrão de vida, 198
padrão, 198
países mais desenvolvidos, 198
países subdesenvolvidos, 198
países verdes, 199
Palinologia, 199
Pangéia, 199
panspermia, 199
pântano, 199
parasita, 199
parasitoidismo, 200
Parque Nacional de Yosemite, 200
partenogênese, 200
partes por milhão, 200

partículas do solo, 200
partículas suspensas respiráveis, 201
pastagem temperada, 201
pastagem tropical, 201
pastagem polar, 201
pasto, 201
pavimento inferior, 201
pedra-pomes, 202
pedregulho, 202
percevejo, 202
percolação, 202
perda de terras agrícolas, 202
perfil do solo, 202
perigos do ciclo do combustível
   nuclear, 202
perigos dos pesticidas, 203
período interglacial, 204
persistência, 204
pesca indesejada, 204
pesticidas, 204
pesticidas biológicos, 205
pesticidas leves, 205
pesticidas persistentes, 205
pesticidas resistentes, 205
PET, 205
petróleo, 205
petroquímicos, 206
pirâmides de energia, 206
piretróide, 207
PIRG, U. S., 207
plâncton, 207
planejamento de gestão integrada da
   água, 208
planície aluvial, 208
Plano Verde Canadense, 208
plantação em alas, 208
plantação em contorno, 208
plantações de energia, 208
plantas anuais, 209
plantas C3, 209
plantas C4, 209
plantas emergentes, 209

plantas perenes, 209
plantas resistentes, 209
plástico, 209
pneus, reciclagem, 210
poço artesiano, 210
podsol, 210
polícia de poluição, 210
polinização, 210
poluentes secundários do ar, 210
poluição, 211
poluição da água, 211
poluição da água doméstica, 212
poluição da água subterrânea, 212
poluição de petróleo na Guerra do
    Golfo Pérsico, 213
poluição de aviões, 213
poluição de fonte pontual, 213
poluição de interiores, 213
poluição de metais pesados, 214
poluição de navios de cruzeiro, 215
poluição de petróleo no Golfo
    Pérsico, 215
poluição de plásticos, 215
poluição difusa, 216
poluição do ar, 216
poluição do cortador de grama, 216
poluição dos oceanos, 217
poluição estética, 218
poluição industrial da água, 218
poluição não-pontual, 218
poluição por entulho espacial, 218
poluição produzida por
    computador, 218
poluição sonora, 219
poluição térmica da água, 219
poluição tóxica, 220
poluição visual, 220
população, 220
portas de geladeiras, 221
PP, 221
pradaria, 221
praga, 221
predador, 221

presa, 221
Princípio de Allen, 221
Princípios Valdez, 221
problemas de incineração, 222
problemas dos aterros sanitários, 222
problemas e segurança dos reatores
    nucleares, 223
produção primária líquida, 223
produtores, 223
produtos verdes, 224
Programa das Nações Unidas para o
    Meio Ambiente, 224
Programa de Controle de Animais
    Danosos, 224
Programa Piloto de Isolamento de
    Resíduos, 225
programas ambientais para
    computador, 225
programas de captura e soltura, 225
programas de etiquetas, 226
Projeto do Dióxido de Carbono
    Urbano, 226
Projeto Energético de James Bay, 226
projetos-lei para garrafas, 226
propriedade particular, 227
Protocolo de Montreal, 227
PS, 227
PVC, 227

quebra-ventos, 228
quietude, 228
quilowatt, 228
quilowatt-hora, 228
Quimatologia, 228
quimiozoofobia, 228

radiação, 229
radiação eletromagnética, 229
radiação fotossinteticamente ativa, 230
radiação magnética em freqüência
    extremamente baixa, 230
rádom, 230
radura, 231

reator de regeneração rápida do
metal líquido, 231
reator nuclear de alta temperatura
refrigerado a gás, 231
reator gerador, 231
reator nuclear, 232
reator nuclear de água leve, 232
reator nuclear de água pesada, 233
reciclagem, 233
reciclagem de aparelhos, 234
reciclagem de automóveis, 234
reciclagem de óleo do motor, 234
reciclagem de papel, 235
reciclagem de plásticos, 236
recifes de corais, 236
recreação ao ar livre, 237
recreação ao ar livre, veículos
motorizados, 237
recursos de combustíveis fósseis, 237
recursos naturais, 237
redemoinho, 238
redes alimentares, 238
redes ambientais de computador, 238
redes de arrastão, 238
redes de pesca, 239
redução das fontes, 240
reflorestamento, 240
Refúgio Nacional Ártico de Vida
Selvagem, 240
refugo, 241
refugo de correspondência, 241
regeneração de sulcos, 241
região limnética, 241
região profunda, 241
regulamentações para pesticidas, 241
reino, 242
rejeitos, mineração de urânio, 242
relacionamento predador-presa, 243
relacionamento simbiótico, 243
Relatório Verde, 243
REM, 243
remediação de resíduos perigosos, 243
reprodução assexuada, 243

reprodução sexuada, 244
Reserva Nuclear de Hanford, 244
reservas de combustíveis fósseis, 244
reservatórios solares, 244
resíduo sólido municipal, 245
resíduos de pesticidas nos
alimentos, 245
resíduos militares perigosos, 246
resíduos perigosos, 246
resíduos tóxicos, 247
resiliência populacional, 247
resistência, 247
resistente ao frio, 247
respiração, 247
riscos, realidade *versus* suposição, 247
RIYBY, 248
rocha ígnea, 248
rocha original, 248
rodenticida, 248
rotação de culturas, 248
rotas migratórias, 249
rótulo orgânico, 249
Rótulo X da Lei do Serviço de Saúde
Pública, 249
RTC, 249

salinidade, 250
salinização do solo, 250
saltadores, 250
saprófita, 250
savana, 250
sedimento, 251
seixo, 251
seleção natural, 251
Selo Flipper de Aprovação, 251
Selo Verde, 252
selos de aprovação ambiental, 252
selva, 252
sempre-verde, 252
sequóia-sempre-verde, 252
Serviço de Notícias do Meio
Ambiente, 253

Serviço Florestal, passado e presente, 253
Sierra Club, 254
silvicultura, 254
síndrome da doença das construções, 254
síndrome de NIMBY, 254
síndrome de NIMEY, 255
síndrome de NIOC, 255
Sinecologia, 255
singás, 255
Sistema de Monitoramento Global do Meio Ambiente, 255
Sistema Holdridge de Zonas de Vida, 255
Sistema Nacional de Preservação de Parques e Regiões Selvagens, 256
sistemas ativos de aquecimento solar, 256
sistemas de aquecimento, ventilação e ar-condicionado, 256
sistemas de rodovias inteligentes, 257
sistemas passivos de aquecimento solar, 257
SLAPP, 258
smog, 258
smog cinza, 258
smog fotoquímico, 258
sobrecarga, 259
Sociedade Costeira, 259
Sociedade das Áreas Selvagens, 259
Sociedade Nacional Audubon, 259
Sociedade Xerces, 259
Sociobiologia, 259
solo, 259
solo arável, 260
styropeanuts, 260
sucessão, 260
sucessão aquática primária, 261
sucessão secundária, 261
sucessão terrestre primária, 262
sudd, 263

sumidouro, 263
Superfundo, 263
superisolante, 263
supermercados de alimentos orgânicos, 263
superpastoreio, 264
superpopulação, 264

taiga, 265
tarn, 265
Taxa Nacional de Energia, 265
taxa verde, 265
taxas de descarte, 266
taxol, 266
Taxonomia, 266
tecnologias primitivas, 266
tempo de decomposição, 266
tempo de duplicação nas populações humanas, 267
teratogênico, 267
Termodinâmica, Segunda Lei da, 267
terraceamento, 268
terra firme, 268
terra inativa, 268
terra preta (marga), 268
terras áridas, 268
terreno cárstico, 268
teto vegetal, 268
textura do solo, 268
THM, 269
Three Mile Island, acidente de, 269
tijela de pó, 269
tipos de solo, 269
torta amarela, 270
toxicidade aguda, 270
toxicidade crônica, 270
Toxicologia, 270
tragédia dos bens públicos, 270
tranqueira, 270
Transformação de Vias em Ciclovias, 270
transição demográfica, 271

transpiração, 271
transporte de massa, 271
Tratado sobre a Biodiversidade Biológica, 272
tratamento da água, 272
tratamento de esgoto, 272
três R, 273
trópicos, 273
tundra, 273
tundra alpina, 273
turfa, 273

ubac, 274
último pavimento, 274
União dos Cientistas Interessados, 274
upwelling, 274
urbanização e crescimento urbano, 274
usina de energia termo-solar, 275
usinas de energia de resíduos, 275
uso da energia, 275
uso de água corrente, 276
uso doméstico da água, 276
uso industrial da água, 276
usos da água para consumo humano, 276

valeira, 277
valor R, 277
válvula de PCV, 277
várzea, 277
vazamentos de petróleo nos Estados Unidos, 277
vegetariano, 277

veículo leve sobre trilhos, 277
verdes, 277
vetor, 278
vias verdes, 278
vida-padrão, 278
vida selvagem, 278
vidro fundido, 278
viroses, 278
vitrificação, 278
viveiro, 278
vivíparos, 278

watt, 279

xenobiótico, 280
xerófita, 280

YIMBY–FAP, 281

zona batial, 282
zona costeira, 282
zona de saturação, 282
zona eufótica, 282
zona litorânea, 282
zona nerítica, 282
zonas de vida (1), 283
zonas de vida (2), 283
zoneamento do uso da terra, 283
Zoo Doo, 283
Zoogeografia, 284
Zoologia, 284
zoonose, 284
zooplâncton, 284

SOBRE O AUTOR

H. Steven Dashefsky é professor-adjunto de Ciência Ambiental no Marymount College em Tarrytown, Nova York, e ex-funcionário da Agência de Proteção Ambiental dos Estados Unidos em Washington, D.C. É fundador do Centro de Informações Básicas sobre Meio Ambiente, criado para informar e educar o público e a comunidade empresarial acerca das complexas questões ambientais de hoje. É graduado em Biologia e Entomologia. Steve vive em Ridgefield, Connecticut, com sua esposa e seus dois filhos.

O CENTRO DE INFORMAÇÕES BÁSICAS SOBRE O MEIO AMBIENTE

Usando uma variedade de meios de comunicação, o Centro de Informações Básicas sobre o Meio Ambiente oferece material informativo e de entretenimento sobre o meio ambiente: boletins informativos estão disponíveis para o público em geral, corporações e professores do nível básico; folhetos para informar clientes e funcionários de empresas acerca de temas ambientais específicos; H. Steven Dashefsky coordena seminários e *workshops* sobre informações básicas do meio ambiente. Para maiores informações, entre em contato com o Center for Environmental Literacy, 383 Main Street, Ridgefield, Connecticut 06877, telefone: (001)(203) 438-8080.

Obras na área do Meio Ambiente publicadas pela Editora Gaia

Atividades Interdisciplinares de Educação Ambiental
Genebaldo Freire Dias

Avaliando a Educação Ambiental no Brasil – Materiais Impressos
Rachel Traiber e Lúcia Helena Manzochi (orgs.)

Bases Conceituais da Bioética – Enfoque Latino-americano
Volnei Garrafa (org.)

Cadernos do III Fórum de Educação Ambiental
Marcos Sorrentino, Rachel Traiber e Tânia Braga (orgs.)

Cavernas – O Fascinante Brasil Subterrâneo
Clayton F. Lino

40 Contribuições Pessoais para a Sustentabilidade
Genebaldo Freire Dias

Desenvolvido para a Morte – Repensando o Desenvolvimento do Terceiro Mundo
Ted Trainer

Ecopercepção – Um Resumo Didático dos Desafios Socioambientais
Genebaldo Freire Dias

Educação Ambiental – Princípios e Práticas
Genebaldo Freire Dias

Espiritualidade Verde – Doze Lições sobre Espiritualidade Ecológica
Albert LaChance

Fragmentos de um Discurso Ecológico
Liszt Vieira

Gaia – Uma Teoria do Conhecimento
William Irwin Thompson (org.)

Iniciação à Temática Ambiental – Antropoceno
Genebaldo Freire Dias

O Labirinto – Ensaios sobre o Ambientalismo e Globalização
Héctos Ricardo Leis

Manifesto Verde – O Presente é o Futuro
Ignácio de Loyola Brandão

Manual Latino-americano de Educ-Ação Ambiental
Moema L. Viezzer e Omar Ovailles

Mente Aberta/Mente Integral – Uma Visão Holonômica
Bob Samples

Monoculturas da Mente – Perspectivas da Biodiodiversidade e Biotecnologia
Vandana Shiva

O Novo Dilúvio – População, Poluição e Clima Futuro
Antony Milne

Olhando pela Terra – O Despertar para a Crise Espiritual/Ecológica
James George

A Paz Também se Aprende
Naomi Drew

Pegada Ecológica e Sustentabilidade Humana
Genebaldo Freire Dias

Pesquisas em Bioética no Brasil de Hoje
Volnei Garrafa e Jorge Cordón (orgs.)

A Vida Oculta de Gaia – A Inteligência Invisível da Terra
Shirley Nicholson e Brenda Rosen